Power BI
数据分析从零开始

张 煜 著

清华大学出版社

北京

内 容 简 介

随着企业对数据分析的需求越来越多，BI（商业智能）作为当前热门的数据解决方案正处于快速上升阶段。其中，可视化的数据探索分析功能作为 BI 平台的核心组件之一，有着广泛的市场需求和应用前景。微软作为全球领先的 BI 解决方案提供厂商，近几年花大力开发了交互式数据可视化 BI 工具 Power BI。

本书共分为 6 章，详细讲解 Power BI 的产品结构、主要功能、使用方法等基础知识。同时，为了提升用户数据分析能力，还重点介绍数据查询分析用到的 Power Query 语言和数据建模分析使用的 DAX 语言。

通过阅读本书，初学者可以快速了解使用 Power BI 进行数据分析并获得图形报表的方法，并且可以亲自动手，创建自己的 BI 可视化报表。

图书在版编目（CIP）数据

Power BI 数据分析从零开始 / 张煜著.— 北京：清华大学出版社，2020.1（2023.2 重印）
ISBN 978-7-302-54647-4

Ⅰ．①P… Ⅱ．①张… Ⅲ．①可视化软件－数据分析 Ⅳ．①TP317.3

中国版本图书馆 CIP 数据核字（2020）第 005191 号

责任编辑：夏毓彦
封面设计：王　翔
责任校对：闫秀华
责任印制：刘海龙

出版发行：清华大学出版社
　　　　　网　　　址：http://www.tup.com.cn，http://www.wqbook.com
　　　　　地　　　址：北京清华大学学研大厦 A 座　　　邮　　　编：100084
　　　　　社 总 机：010-83470000　　　　　　　　邮　　　购：010-62786544
　　　　　投稿与读者服务：010-62776969，c-service@tup.tsinghua.edu.cn
　　　　　质量反馈：010-62772015，zhiliang@tup.tsinghua.edu.cn

印 装 者：三河市龙大印装有限公司
经　　销：全国新华书店
开　　本：190mm×260mm　　　印　　张：23.5　　　字　　数：602 千字
版　　次：2020 年 2 月第 1 版　　　　　　　　　印　　次：2023 年 2 月第 3 次印刷
定　　价：79.00 元

产品编号：081011-01

前　言

　　Power BI 作为微软 BI 解决方案中的核心产品，正在被越来越多的企业和政府部门所使用。Power BI 可连接数百个数据源、简化数据准备并提供即席分析，生成美观的报表并进行发布，供组织在 Web 和移动设备上使用。通过 Power BI 可以简化数据管理、实现合规性，并保持数据安全，使企业能将行业数据转变为重要的决策依据。

　　本书以简洁、清晰、明了的语言介绍 Power BI 的使用方法，包括安装部署、逻辑架构、主要功能模块、数据查询方法、数据建模方法以及内置图形表单的使用方法等。从讲解最基础的概念开始一步步深入，带领读者了解数据分析的全过程，并掌握数据分析的基本方法。

　　本书适合于 Power BI 初学者以及希望学习可视化商务数据分析工具的初学者使用。当前正在使用 Excel 做数据分析的工作者也可以从本书中获取更多可视化数据的方法。

　　读者在阅读本书过程中，如果发现错误或者存在疑问，请联系 booksaga@163.com，邮件主题为"Power BI 数据分析从零开始"。

著　者

2020 年 1 月

目　录

第 1 章

◀ 初识Power BI ▶

Power BI 是由微软公司研发的用于商业数据分析的软件套装。它可以轻松地连接多种数据源，拥有丰富的可视化交互式图形工具，并提供了强大的数据加载和分析引擎，以及简单友好的操作界面。

Power BI 诞生自微软的 SQL Server Reporting Services Team，它最初作为微软 Office Excel 产品中的一个插件提供给用户使用。2015 年 7 月作为独立产品正式发布了 Power BI 系列中的第一个产品——Power BI 桌面应用（Power BI Desktop）。此后，历经几年的不断完善，微软为整个 Power BI 生态系统打造了多个核心产品，适用于各种不同的应用场景，主要包括：

- Power BI 桌面应用（Power BI Desktop）：安装在 Windows 桌面版的客户端，主要用于创建数据分析模型，使用对象主要定位于数据分析报表的创建者。
- Power BI 在线应用（https://app.powerbi.com）：基于微软云平台的商业分析服务，主要用于数据分析报表的发布和共享，使用对象主要定位于数据分析报表的使用者。
- Power BI 移动应用（Power BI Mobile）：基于移动设备的客户端，用于在移动设备上显示数据分析报表，使用对象定位于移动端用户。
- Power BI 嵌入版（Power BI Embed）：提供一套丰富的 RESTAPI，允许用户对 Power BI 进行二次开发，使其可以嵌入到第三方应用程序中作为报表来使用。使用对象定位为开发人员。

相比于微软旗下其他主流应用类软件系统，Power BI 属于年轻一代的产品，目前正处于快速发展期。微软每月都会对 Power BI 进行更新，除了常规的修复产品漏洞和缺陷以外，还会根据用户反馈不断添加新的功能。这种高频度的软件维护与更新频率是其他厂商所无法匹及的，从而保证了 Power BI 产品在商业数据分析市场中的领先地位。

1.1 为什么选择 Power BI

图 1-1 是高德纳（Gartner）咨询公司关于商业智能数据分析工具 2019 版的市场分析报告，微软作为传统的 BI 解决方案提供厂商已经连续 12 年占据领先者地位。

图 1-1

Power BI 作为微软 BI 解决方案的核心产品，它的主要特点是：

● 免费的数据建模创建工具

微软允许所有用户免费使用 Power BI 桌面应用程序，并且提供定期更新服务。此外，微软还创建了 Power BI 社区，并安排了多名客服人员在线解答用户在使用产品时遇到的各种问题，响应非常及时，让免费用户在一定程度上也享受到收费客户的答疑服务待遇。

● 价格低廉的数据报表共享服务

不用在本地搭建任何数据报告共享平台，只需要每月每人 65 元人民币的价格就可以享受 Power BI 在线应用服务，包括创建、浏览、修改数据报表，与其他 Power BI 用户共享报表信息；使用特制的报表分析模板创建数据模型；定时与外部数据源同步刷新报表数据等功能。在免去 IT 维护成本的同时也赋予终端用户有更多创造数据报表的能力。

● 简单易用的产品使用界面

由于 Power BI 的架构起源于 SQL Server Reporting Services，因此其内部运算逻辑天然地融合了 SQL 中对数据表处理的理念。之后经过和 Excel 不断融合和进一步开发，使得 Power BI 在用户使用上的体验更加贴近常规 Excel 操作。这就使得无论是传统的 Excel 用户，还是开发背景出身的 SQL 用户，都可以很快地掌握 Power BI 使用要领来进行数据分析。此外，即使是刚刚接触数据分析的入门者也不用担心，Power BI 很好地继承了最近几年微软关于软件易用化的开发理念，很多功能都有用例说明。Power BI 还提供了一套数据智能分析机制，可以自动对列中数据做聚合运算，判断表之间的关联关系，并迅速生成简单的可视化对象来满足初步分析的需要。

● 支持多种类型的数据源

Power BI 除了可以完美地从 Excel、SQL、Access 等微软家族数据存储软件获取数据以外，还可以处理很多其他公司的主流数据存储软件，包括 Oracle、IBM DB2、Teradata、Sybase、Informix 数据库软件以及 Hadoop 和 Spark 之类的大数据源，还支持连接其他可以使用 OLEDB/ODBC 协议进行访问的数据源。

● 多样化的可视化交互图形工具

除了常见的柱形图、饼形图、直线曲线图以外，Power BI 还内置矩阵图、气泡图、地图、热点图、蛛网图、股票图等日常工作中比较常用的可视化对象。此外，Power BI 还支持自定义开发可视化对象工具插件。用户还可以在微软的 Power BI 社区中免费下载到很多微软或第三方开发的可视化对象工具，以丰富其创建的报表。

● 丰富的报表设计功能

Power BI 中的每一个可视化对象都可以自定义显示样式、大小以及位置。用户可以根据自身的生产需要，灵活地进行报表设计与排版，添加各类图片显示元素来提示报表的视觉效果。

● 快速强大的数据处理能力

Power BI 后台数据分析使用了微软全新研发的 xVelocity 内存分析引擎。该引擎的特点是可以将数据进行列式存储并进行高效压缩，再通过将数据加载到内存当中进行缓存，从而实现高效的数据查询、分析和计算能力。在该技术的帮助下，Power BI 可以轻松处理百万级的数据条目，并实现以秒为单位的响应速度。

除此之外，相比于传统的 BI 工具，Power BI 最显著的特点还在于可以让没有任何编程经验的用户只通过简单的学习操作就能创建数据分析报表。这使得数据分析工作可以交由最了解核心商业需求的数据收集者或者数据使用者来完成，而不必通过 IT 部门研发人员去间接实现。这种改变不但可以节省人力资源成本，还可以在很大程度上提高企业的商业数据分析的效率，为企业带来额外增值效益。

1.2 Power BI 与 Excel

Power BI 虽然是微软在 2015 年才向用户推出的全新产品，但其实它的核心功能模块早被 BI 用户所熟知，并且已经经历了近 10 年的用户检验。这些功能模块就是微软 Excel 产品中一套以 Power 单词开头的子模块，分别是 Power Pivot、Power Query 以及 Power View。

● Power Pivot

Power Pivot 最早是作为 Excel 2010 中的一个插件被引入数据分析市场的。随着使用者的增多，Power Pivot 在 Excel 2013 做了大幅度的功能提升和性能改进，并在 Excel 2016 中升级成为内置工具。Power Pivot 可以看作原型版的 Power BI，其架构基于 SQL Server Reporting Service，工作原理是将数据加载到内存当中进行快速分析和计算。因此，相比传统的 Excel 功能，Power Pivot 拥有更加强大高效的数据处理能力，可以轻松地加载和分析远超过 Excel 表所允许存储的最大行数的数据。但是由于 Excel 整体架构限制，Power Pivot 大数据的分析处理比较困难，加之其自身并不提供报表发布共享等功能，因此导致它很难成为商业分析的首选工具。

● Power Query

Power Query 的诞生晚于 Power Pivot，最初问世于 Excel 2013，后来由于用户需求量庞大，微软又对应地开发了支持 Excel 2010 版本的插件。Power Query 专注于对数据连接的管理。在将数据导入 Power Pivot 进行数据建模前，Power Query 可以对源数据进行特定提取、转换以及加载。通过使用 Power Query 服务，可以将来自不同数据源的数据进行合并，然后生成一个新的数据集，对原始数据的格式进行调整，去除原始表中的特定行或列数据，批量替换原始数据内容，还可以对指定列中的数据进行拆分或者合并等。此外，Power Query 还可以对数据做简单的整理，包括聚合、排序和过滤等操作。有了 Power Query 服务，就可以在数据加载过程中对其进行预处理，这样可以在很大程度上减少后续加载到 Power Pivot 中进行处理的数据量，从而显著提高数据分析的效率。

● Power View

跟它的名字一样，Power View 是一个数据可视化服务，提供了丰富的图形工具，用以展现数据分析结果。Power View 起源于 SQL Server 2012 的 Server Reporting Services，并被 SharePoint 2010 所引用，之后被添加到 Excel 2013。与 Power Pivot 自带的 Table 和 Chart 相比，Power View 提供的可用数据图形模板更加丰富、更加便于操作，大大提升了报表整体的视觉体验。

Power BI 在融合 Power Query、Power Pivot 和 Power View 三者功能的基础之上进行了全面的前提和后台优化，同时新增了其他 BI 相关工具，允许在没有 Excel、SQL Server 或者 SharePoint 的环境上对数据进行可视化分析处理。

1.3　Power BI 核心产品概述

1.3.1　Power BI 桌面服务

Power BI 桌面服务虽然是以免费形式授权给用户使用，却是整个 Power BI 生态系统的基础核心。Power BI 桌面服务提供了强大的数据查询与分析功能，承担了整个数据建模的过程。因此，所有想利用 Power BI 产品去完成商业数据分析需求的用户都需要学会使用 Power BI 桌面服务。

如图 1-2 所示，Power BI 桌面服务总体上可以分为三大模块：数据查询、数据分析与数据可视化设计。

图 1-2

● 数据查询

数据查询指的是利用 M 语言（Power Query Formula Language）在数据加载到 Power BI 桌面服务之前对原始数据进行加工整理的过程。其作用主要是对数据进行合并、拆分、去除冗余项等操作，以便提高后续数据分析的效率。

数据查询相关详细介绍以及 M 语言基础知识详见本书第 2 章和第 4 章。

● 数据分析

数据分析指的是利用 DAX 语言（Data Analysis Expressions Language）对加载到 Power BI 桌面服务中的数据进行建模分析的过程。在这一步中可以对数据进行算术运算、关系运算以及逻辑运算等相关分析，同时还可以为多张数据表建立关联关系，从而实现表之间的联合查询。

数据分析相关详细介绍以及 DAX 语言基础知识详见本书第 2 章和第 5 章。

● 数据可视化设计

数据可视化设计指的是将数据分析结果通过各种可视化对象，例如表、线形图、饼图、气泡图、热点图等展现给报表使用者，使其可以一目了然地获取所需的实用信息。好的数据可视化设计可以将枯燥的数据变成生动易懂的图表，使用户可以更快地理解数据分析结果，从而提高工作效率。

数据可视化设计详细内容详见本书第 2 章。

1.3.2 Power BI 在线服务

Power BI 在线服务是微软在 Azure 云服务器上为用户搭建的一套 Power BI 报表管理平台，为用户提供 Power BI 报表的发布、修整以及共享等服务，主要功能如图 1-3 所示。

图 1-3

利用 Power BI 桌面应用创建的数据分析报表可以通过"一键发布"模式上传到 Power BI 在线服务并共享给指定用户。同时，拥有特定权限的 Power BI 在线服务用户还可以根据自己的需求，基于发布到平台上的数据模型来创建全新的数据报表。此外，用户还可以自己创建或使用第三方的 Power BI 应用去快速连接特定数据源，通过预设模型来获取数据分析结果。有了 Power BI 在线服务，用户就不必再花费人力和物力在本地搭建和维护报表管理系统，在降低 IT 部门维护成本的同时又提高了 BI 团队的工作效率。

1.3.3 Power BI 桌面服务与在线服务的功能区别

Power BI 桌面服务专注于数据模型的创建，而 Power BI 在线服务则专注于数据报表的管理，两者的主要功能以及差别如表 1-1 所示。

表 1-1　Power BI 桌面服务与在线服务的主要功能与差别

功能	Power BI 桌面版	Power BI 在线版
运行平台	本地 Windows 操作系统	Azure 云服务器
主要面向对象	数据分析报表设计者	数据分析报表用户
授权模式	免费	部分免费，部分收费
从 Excel 以及 CSV 文件中导入数据	支持	支持
从 Azure SQL Database、Azure SQL Data Warehouse、SQL Server Analysis Service 以及 Sparkon Azure HDInsight 源端导入数据	支持	支持
从其他文件、数据库、在线服务数据源中导入数据	支持	不支持
直接输入数据	支持	不支持
创建自定义数据源连接器	支持	不支持
使用 Power BI 应用连接数据源	不支持	支持
创建自定义数据源连接器	支持	不支持
使用 M 语言进行数据查询	支持	不支持
使用 DAX 语言进行数据分析	支持	不支持
创建可视化图表	支持	支持
创建仪表盘	不支持	支持
向公网发布数据报表	支持	支持
向指定用户共享数据报表	不支持	支持

1.3.4　Power BI 本地服务

Power BI 报表服务器是微软推出可以在本地部署的用于管理 Power BI 报表的平台。它提供的功能与 Power BI 在线服务基本类似，主要服务对象是那些想自主管理报表数据的大型企业用户。在本地搭建 Power BI 报表服务器的优势在于可以按需分配硬件资源、提高数据访问效率，同时还可以保证所有数据信息完全存放在公司本地服务器中。因此，一些安全性要求高且不能使用云存储功能的企业可以使用 Power BI 报表服务器满足工作要求。

目前，Power BI 报表服务器有两种授权方式：

（1）通过购买 Power BI 增值版本服务来获得。在这种授权方式下，微软会限制 Power BI 报表服务器所能使用的本地处理器核数，其最多只能等于所购买的 Power BI 增值版服务套餐对应的虚拟处理器核数。例如，当用户购买的 Power BI 增值版套餐可以独享 Azure 云上的 8 核处理器时，该用户在本地环境上部署的 Power BI 报表服务器最多也只能使用 8 核处理器。

这种授权方式适用于想搭建混合模式 Power BI 报表管理平台的用户。对于一般类型的报表数据，可以直接发布到 Power BI 在线服务上进行管理。对于隐私性较高不适合放在云存储平台的数据，可以选择使用本地的 Power BI 报表服务器进行管理。

（2）通过购买 SQL Server 企业级服务软件保障许可来获得（SQL Server Enterprise Software Assurance）。对于这种授权，Power BI 报表服务器可使用的处理器核数将不受限制。客户如果需要同时使用 Power BI 在线服务功能，就必须单独购买相应许可。对于正在使用 SQL Reporting Services（SSRS）的用户，可以使用这种授权方式将报表管理平台升级为 Power BI 报表服务器以便获得更多的增值功能服务。

1.3.5　Power BI 在线服务与本地服务以及 SQL Reporting Services 之间的功能差异

作为报表管理系统的 Power BI 在线服务、本地服务以及 SQL Server Reporting Services 的主要功能对比如表 1-2 所示。

表 1-2　三者的主要功能对比

功能	Power BI 在线服务	Power BI 本地服务	SQL Server Reporting Services
部署	云	本地服务器或托管云	本地服务器或托管云
所需授权	Power BI 专业许可（Power BI Pro）或 Power BI 增值许可（Power BI Premium）	Power BI 增值许可或 SQL Server 企业级许可	SQL Server 企业级许可（全部功能）
服务器维护商	微软	购买公司	购买公司
更新周期	每个月一次	每 4 个月一次（最新功能和修补程序首先更新于在线服务器，之后逐步更新于本地报表服务器）	每 2 个月一次（随着 SQL 累计更新包进行更新）

功能	Power BI 在线服务	Power BI 本地服务	SQL Server Reporting Services
加载多种源数据	支持	支持	支持
加载 Power BI 桌面程序报表（.pbix 文件）	支持	支持	不支持
加载 Excel 程序报表（.xlsx 文件）	支持	支持	不支持
加载 SQL Server Reporting Services 分页报表（.rdl 文件）	不支持	支持	支持
通过浏览器创建报表	支持	不支持	不支持
是否需要设置网关同步本地数据源数据	是	否	否
仪表板	支持	不支持	不支持
在 Excel 中分析	支持	不支持	不支持
Power BI 应用	支持	不支持	不支持
移动端应用查看报表	支持	支持	支持
电子邮件订阅（Power BI 类型报表）	支持	不支持	不支持
电子邮件订阅（SQL Server Reporting Services 分页报表）	不支持	支持	支持
设置数据警报	支持	不支持	不支持
通过行级别安全性设置限定用户对表内数据的访问	支持以导入模式和表模式连接的数据源	只支持以 DirectQuery 形式连接的数据源	只支持以 DirectQuery 形式连接的数据源
R 可视化对象	支持	不支持	不支持
自定义可视化对象	支持	支持	支持
ARC GIS 地图	支持	不支持	不支持
问答和快速见解	支持	不支持	不支持
报表使用情况智能分析	支持	不支持	不支持
与 Office 365 Groups 产品集成	支持	不支持	不支持

1.4 Power BI 定价

微软目前对 Power BI 生态系统产品有三种授权许可，分别是 Power BI 免费版（Power BI Free），Power BI 专业版（Power BI Pro），以及 Power BI 增值版（Power BI Premium）。前两种主要适用于个人以及中小型企业；后一种适用于对数据分析报表有高度需求的大中型企业，也适用于打算基于 Power BI 进行二次产品开发的公司。

1.4.1　Power BI 免费版

在 Power BI 免费版许可下，用户可以使用 Power BI 桌面服务、Power BI 移动应用以及一部分 Power BI 在线服务。Power BI 免费版主要面向个人用户，可以帮助其分析个人相关数据以及获得对应的分析报表。

需要注意的是，Power BI 桌面服务不需要进行任何注册即可使用；但要使用 Power BI 在线服务中的免费功能，则必须使用企业或者学校邮箱进行注册，例如以 163.com、qq.com、outlook.com、gmail.com、yahoo.com 等为后缀的个人邮箱无法在 powerbi.com 中进行注册。

1.4.2　Power BI 专业版

当用户以每人每月 9.9 美元（约 70 元人民币，视当时汇率影响会有所不同）的价格购买 Power BI 专业版许可后，就可以在免费版的基础上获得全部 Power BI 在线应用提供的服务。

Power BI 专业版与免费版最明显的区别在于，专业版用户可以向其他专业版用户共享他创建的数据报表，或者查看其他专业版用户共享给他的报表。因此，是否购买 Power BI 专业版主要取决于是否需要与特定用户共享数据分析报表。在 Power BI 免费版中，如果想跟他人共享数据，只能通过将报表发布到公网上进行。但是这种发布没有任何权限设置，所有公网用户都可以通过发布地址查看到报表中的信息，有很严重的隐私与安全风险。Power BI 专业版可以指定向某几个特定用户共享数据，同时还能指定这些用户具体能看到报表中的哪部分信息，有很高的安全性和隐私性保证。

此外，相比通过共享盘或者邮件与他人分享数据报表的方式，使用 Power BI 在线应用服务向指定用户发送共享报表更加安全可靠。后者不但可以如图 1-4 所示去控制被共享者是否还有权限向他人分析该数据表，还能如图 1-5 所示去查看报表日志来获知有哪些人、在哪些时间访问过该数据表。因此，如果日常工作中需要多人共享使用分析报表，还是十分有必要购买微软 Power BI 专业版授权的。如果已经拥有了微软 Office 365 E3 版本授权，也可以通过升级为 E5 版本来获得 Power BI 专业版授权。

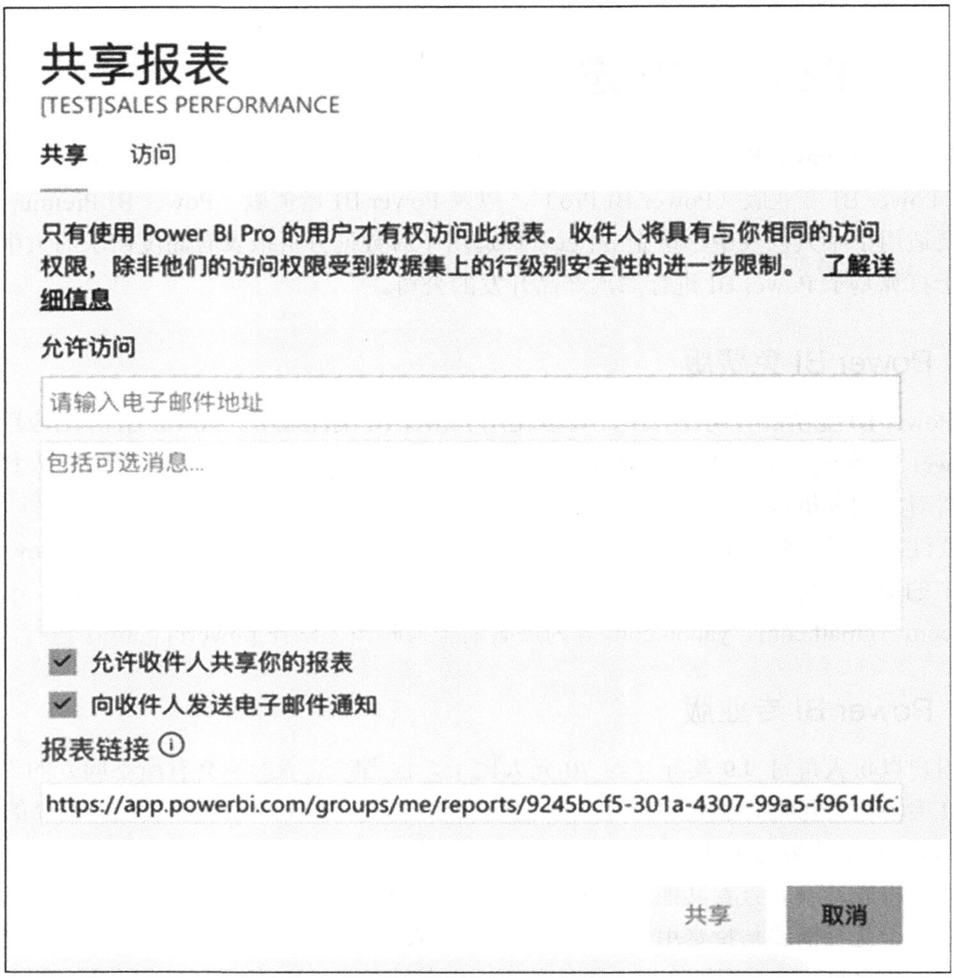

共享报表
[TEST]SALES PERFORMANCE

共享　　访问

只有使用 Power BI Pro 的用户才有权访问此报表。收件人将具有与你相同的访问权限，除非他们的访问权限受到数据集上的行级别安全性的进一步限制。　**了解详细信息**

允许访问

请输入电子邮件地址

包括可选消息...

☑　允许收件人共享你的报表

☑　向收件人发送电子邮件通知

报表链接 ⓘ

https://app.powerbi.com/groups/me/reports/9245bcf5-301a-4307-99a5-f961dfc:

共享　　　取消

图 1-4

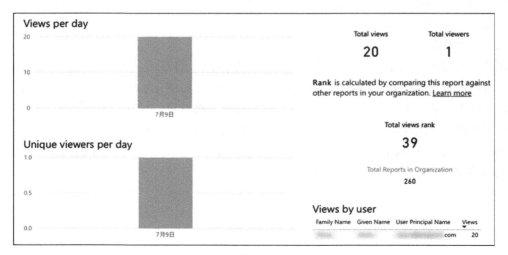

图 1-5

小贴士
通过 Power BI 在线应用向他人共享数据报表时，不但报表拥有者需要拥有 Power BI 专业版授权，共享对象也需要有专业版授权，否则无法查看共享数据。

1.4.3　Power BI 增值版

　　Power BI 增值版无论是面向对象还是收费方式都与专业版不同。增值版主要适用于专门从事数据分析相关业务的公司或日常对数据分析工作依赖度比较高的企业购买。拥有增值版授权后，数据发布者可以向任何组织内或者组织外的对象共享数据分析报表，而无须为共享者购买 Power BI 授权服务。在数据报表使用的发布载体方面，增值版用户可以选择使用微软提供 Power BI 在线服务，也可以选择在本地搭建自己的 Power BI 服务器。前者的优点在于可以减少 IT 部门的维护成本，后者则满足了对数据隐私性和保密性有高度要求企业的需求。此外，拥有增值版授权还意味着用户可以使用 Power BI REST API 做嵌入开发，将 Power BI 的分析报表嵌入第三方程序或者网站中，作为一般的报表页面提供给用户使用。

　　Power BI 增值版的价格不再与用户绑定，而是按照用户使用的数据分析资源进行收费。这种收费方式意味着用户可以选择从微软购买一定数量的处理器和内存用的使用权，用来专门处理分析其名下的数据。目前，Power BI 增值版授权有三种套餐可供用户选择。表 1-3 简述了三种授权方式的区别。

表 1-3　授权方式

套餐名	虚拟处理器	内存/GB	DirectQuery/Live 每秒最大连接数	高峰期最多可渲染页面数	每月价格/美元
P1	8	25	30	1201~2400	4995
P2	16	50	60	2401~4800	9995
P3	32	16	120	4801~9600	19995

　　企业级用户可以根据自身需求来决定购买哪种类型的 Power BI 增值版授权套餐，主要考虑方面包括：

● 同一时间段报表被访问的频率以及被刷新的频率。
● 同一时间段用户对数据报表操作的频率。
● 数据建模的复杂程度，也就是使用的数据分析表达式（DAX）的复杂程度。
● 所需分析数据量大小以及日后该数据的增值情况。
● 数据连接方式。相比以导入模式向 Power BI 加载数据而言，使用 DirectQuery 或者 SSAS 活动连接方式加载数据需要使用大量的查询请求，且需要占用更多的系统资源。
● 使用 Power BI 系统分析报表功能的频率。

　　需要特殊说明的是，虽然 Power BI 增值版授权允许没有 Power BI 专业版授权的用户去查看数据报表，但是发布数据报表这一步骤仍然必须由拥有 Power BI 专业版授权的用户来进行。也就是说，对于一个企业，必须同时购买 Power BI 增值版和 Power BI 专业版两种授权才能完成数据报表构建、发布以及共享的全过程。因此，对于打算购买 Power BI 增值版授权的用户，每月最少花费 5 004.99 美元（4 995 美元+ 9.99 美元）。

1.4.4　三种 Power BI 授权功能的对比

三种 Power BI 授权服务都可以无差别地使用 Power BI 桌面应用以及移动应用，其主要功能差别都集中在对 Power BI 在线应用功能的使用上。表 1-4 展示了在三种 Power BI 授权下可以使用的在线应用相关功能。

表 1-4　在线应用相关功能

功能描述	Power BI 免费版	Power BI 专业版	Power BI 增值版
将数据报表发布到 Power BI 在线服务器	支持	支持	支持
将数据报表发布到 Power BI 本地服务器	不支持	支持	支持
单个数据集最大的容量	1GB	1GB	1GB
最大数据存储容量	10GB/人	10GB/人	100TB/人
最大数据流量	每小时 100 万行	每小时 100 万行	不限
数据刷新最高频率	每天 8 次	每天 8 次	每天 48 次
连接所有 Power BI 支持的数据源	支持	支持	支持
自定义交互式报表	支持	支持	支持
使用自定义可视化对象	支持	支持	支持
使用第三方应用	支持	支持	支持
使用智能"问答"功能快速创建报表	支持	支持	支持
导出内容到 PowerPoint、Excel 和 CSV 文件	支持	支持	支持
使用"在 Excel 中分析"功能	不支持	支持	支持
使用"Power BI 服务活动连接"功能	不支持	支持	支持
按用户角色设定其可访问的报表数据	不支持	支持	支持
使用微软或第三方开发的 Power BI 应用（App）快速连接数据源并获得分析报表	不支持	支持	支持
电子邮件订阅	不支持	支持	支持
向公网发布数据报表	支持	支持	支持
向其他拥有 Power BI 专业版授权的用户共享数据报表	不支持	支持	支持
向没有 Power BI 授权用户发布只读类型应用报表	不支持	不支持	支持
查看他人共享的数据报表	不支持	支持	支持
查看报表分析数据	不支持	支持	支持
创建并发布应用	不支持	支持	支持
创建并发布组织内容包	不支持	支持	支持
使用多租户服务架构	是	是	否
专属处理器和内存的使用权	否	否	是
使用 RESTAPI 将报表嵌入第三方应用程序	不支持	支持	支持
与 Office 365 Group 产品集成	不支持	支持	支持

（续表）

功能描述	Power BI 免费版	Power BI 专业版	Power BI 增值版
与 Azure 活动目录集成	支持	支持	支持
在 Azure 数据目录中共享查询	不支持	支持	支持

1.4.5　不同 Power BI 授权适用的场景

Power BI 的使用场景非常广泛：个人用户基本使用免费版授权即可满足全部需求；企业用户则需要根据自身对商业分析报表的需求，从成本最小化角度出发来考虑购买何种授权。通常情况下，企业用户需要考虑的因素主要包括以下几点：

（1）有多少人有制作 Power BI 数据分析报表的需求。

（2）有多少人需要查看 Power BI 制作出来的数据分析报表。这些人全部是企业内部员工还是有部分人员来自于企业外部。

（3）用户是否会频繁访问操作数据分析报表。

（4）需要进行分析的数据源有哪些，这些数据源内的数据大部分是保存在企业内部服务器上还是在外部云存储服务器上。

（5）需要进行分析的数据量有多大，是否会持续不断地高速增长。

（6）数据复杂程度如何，是否需要 Power BI 对外部数据源进行大量的复杂查询才可以获得适用于数据建模的元数据。

（7）对数据时效性要求有多高，数据刷新频率是多少。

（8）是否需要对敏感信息进行数据分析。

（9）是否已经购买 Office 365 套餐。

（10）是否有专业的 IT 团队做 Power BI 相关运维。

从以上因素出发，不同 Power BI 授权适用的场景初步可以归类为表 1-5 所示的几种情况。

表 1-5　不同 Power BI 授权适用的场景

用户类型	主要需求	所需 Power BI 授权
个人用户	制作数据分析报表供个人使用	Power BI 免费版
常规企业内部某几个团队或部门	制作数据分析报表供团队内部人员使用	Power BI 专业版
常规中小型企业内部全体员工（500 人以下规模）	制作数据分析报表供全体内部员工使用	Power BI 专业版
常规大型企业内部全体员工（500 人以上规模）	制作数据分析报表供全体内部员工使用	Power BI 专业版 + Power BI 增值版
拥有高度敏感信息的企业（无论规模人数）	常规数据分析报表可以提供给企业内部员工使用，敏感数据分析生成的报表只能存储于企业内部服务器并严格限制员工访问	Power BI 专业版 + Power BI 增值版
专门从事数据分析相关业务的公司	将 Power BI 分析报表嵌入第三方平台供用户使用	Power BI 专业版 + Power BI 增值版

微软在 Office 365 E5 套装中包含了 Power BI 专业版授权。如果企业已经购买了 Office 365 E3 套装，那么可以升级为 E5 套装来获得 Power BI 功能授权。此外，对于一些大型企业或者政府、学校等团体，微软还提供优惠折扣，可以让团体进一步降低数据分析应用方面的花销。

小贴士
国内微软云服务运营商世纪互联暂时还没有提供 Power BI 增值版服务，企业只能购买国际版授权来获得 Power BI 增值版提供的相关功能。

1.5 Power BI 部署方案

根据不同的用户需求，所需使用的 Power BI 产品和相关服务稍有不同，通常有以下几种部署方案供参考。

1.5.1 个人用户

对于使用 Power BI 免费版授权的用户，由于其数据分析主要是为了满足个人需求，几乎不需要与他人分享互动，因此需要安装和配置的 Power BI 产品组件相对简单，包括：

● Power BI 桌面服务

主要功能是连接外部数据源，之后对数据进行建模分析。目前 Power BI 提供两种类型的数据连接方式，分别是导入式和直连式（DirectQuery 或活动连接）。如果是以导入方式连接的数据源，Power BI 桌面服务可以对其生成相应的数据集，并上传到 Power BI 在线服务器上进行报表创建。如果是以直连式方法连接数据源，Power BI 桌面服务会将连接配置发布到 Power BI 在线服务器上进行实时数据连接。

● Power BI 在线服务——免费版

主要功能是作为数据报表载体，方便用户随时随地地浏览数据分析结果。

● Power BI 网关——个人模式

主要功能是实现对于导入到 Power BI 在线应用上的数据集进行定时刷新。个人模式的 Power BI 网关只允许一名用户进行数据连接。Power BI 网关可以在用户本地环境与 Power BI 在线应用之间建立安全连接，使得本地数据可以定时发布更新到在线应用上。

个人用户部署 Power BI 的结构图可以参见图 1-6。

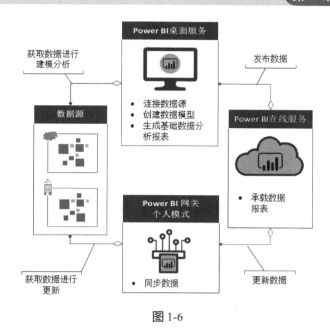

图 1-6

1.5.2　中小型企业用户

对于购买了 Power BI 专业版授权的中小型企业，他们使用 Power BI 进行数据分析后的主要目的是在企业内部特定人群中共享数据报表。大多数 Power BI 用户只有浏览数据报表的需求，少部分用户有创建特殊报表的需求，他们所需安装和配置的 Power BI 产品组件包括：

● Power BI 桌面服务

使用目的与个人用户相同。

● Excel

对于没有安装 Power BI 桌面应用的用户，如果想创建数据报表，可以使用 Excel 中提供的 Power Pivot、Power Query 以及 Power View 进行。Power BI 在线应用提供了一个"在 Excel 中分析"的功能，允许用户使用本地 Excel 服务去连接存储在 Power BI 在线应用上的数据集。活动连接创建成功后，用户可以在 Excel 中对数据集进行二次建模，生成其他类型的数据分析报表。该功能既可以提高数据集利用率，也能减少数据集创建的更新时间。

需要注意的是，Excel 中的这套 Power 数据分析组件可以提供的功能少于 Power BI 桌面应用，并且 Excel 产品的更新速度也慢于 Power BI。

● Power BI 在线服务——专业版

主要目的是获取数据分析报表以及与其他用户共享数据报表。

● Power BI 应用

Power BI 中的应用分为两种类型。一种是自定义应用，主要指的是用户可以将一些与特定主题相关的数据集及其分析报表打包成一个应用在企业内部进行发布,之后其他用户可以直接使用该应用去快速地获取数据分析结果。另外一种是第三方应用,是由微软或者其他公司开发的可以用于快速连接某一数据源并生成相应数据分析报表的应用。

● Power BI 移动端应用

允许移动端客户查看 Power BI 仪表板和报表中的相关数据。

● Power BI 网关

目的是将本地数据源同步到云服务器当中。Power BI 网关帮助多个用户在本地与多个数据源建立连接并同步数据,能支持更为复杂的数据访问场景。

中小型企业用户部署 Power BI 的结构示意图可以参考图 1-7。

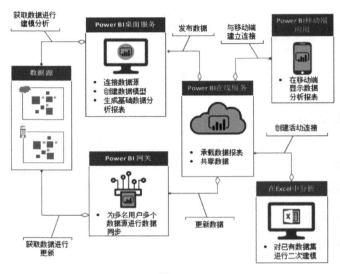

图 1-7

1.5.3 大型企业用户

与中小型企业相比,大型企业通常所拥有的数据源更多,所需要分析的数据量更庞大,要使用的数据报表种类更丰富,报表的使用人群也更广泛。通常情况下,大型企业会购买 Power BI 增值版授权,同时组建专门的 BI 团队来创建和维护数据报表。所需安装和配置的 Power BI 产品组件包括:

● Power BI 桌面服务

使用目的与个人用户相同。

● Power BI 在线服务——增值版

主要目的是使用微软提供的专属处理器和内存生成数据分析报表,并向所有没有 Power BI 专业版授权的用户共享分析报表。

● Power BI 应用

使用目的与中小型企业相同，由公司内部开发人员或第三方人员设计和维护，通过这些应用用户能快速连接某些特定主题相关的数据集并形成相应的分析报表。

● Power BI 移动端应用

使用目的与中小型企业相同。

● SQL Server Analysis Services（SSAS）或 Azure Analysis Services（AAS）

如果企业需要从多个数据源中获取数据进行合并分析，可以使用 SQL Server Analysis Services（SSAS）或者 Azure Analysis Services（AAS）对需要合并的数据进行处理，生成语义层面统一的原始数据模型供 Power BI 使用。

● Power BI 网关

使用目的与中小型企业相同，用于将本地数据源同步到云服务器当中。

大型企业用户部署 Power BI 的结构示意图可以参考图 1-8。

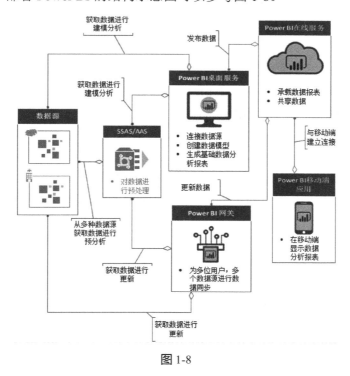

图 1-8

如果企业内部有敏感数据不适于存放在云端服务器上，可以在当前结构基础上再搭建本地版的 Power BI 服务器来存储敏感数据报表。此外，如果企业之前部署并使用了 SQL Server Reporting Services，就可以将数据迁移至 Power BI 服务器当中以获得更多功能。

第 2 章
◀Power BI桌面服务 ▶

作为 Power BI 生态系统的基石，Power BI 桌面服务的主功能是对数据进行查询加载、分析建模以及报表设计。因此，灵活掌握并使用 Power BI 桌面版是进行数据分析的必要条件。本章主要介绍 Power BI 桌面应用的安装、部署，以及数据建模和报表创建的相关方法。

2.1 安装与登录

Power BI 简体中文版桌面应用安装包可以在微软官方网站进行下载，参考地址如下：

https://www.microsoft.com/zh-CN/download/details.aspx?id=45331

微软提供了两种类型的 Power BI 桌面应用安装包，PBIDesktop.msi 适用于 32 位 Windows 操作系统，PBIDesktop_x64.msi 适用于 64 位 Windows 操作系统，支持的操作系统版本为 Windows 7、Windows 8、Windows 8.1、Windows 10、Windows Server 2008 R2、Windows Server 2012 以及 Windows Server 2012 R2。除此之外，Power BI 桌面应用对系统中的 Internet Explorer 版本也有要求，必须是 10 或以上版本。支持 Microsoft Edge，Google Chrome 以及 Apple Safari。

Power BI 桌面应用的安装配置非常简单，只需两步即可。第一步是接受授权许可，第二步是选择安装目录。需要特别注意的是，Power BI 桌面应用在进行数据分析时会创建临时文件，因此在安装前需要确保安装目录所在磁盘有足够的剩余空间，以免对日后 Power BI 的使用造成影响。配置完这两处设置后就可以等待 Power BI 桌面应用进行自动安装，安装完毕后即可使用。

打开 Power BI 桌面应用，会看到如图 2-1 所示的欢迎界面。如果已经拥有 Power BI 在线应用服务的账号，就可以在此处进行登录。如果没有该账户并暂时不想申请注册，可以关闭当前窗口去直接使用桌面应用功能。

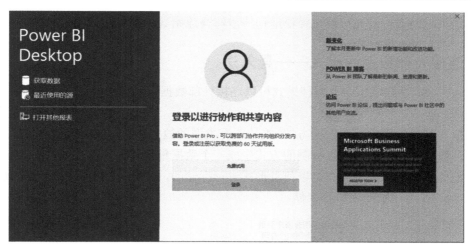

图 2-1

小贴士
目前 Power BI 在线应用服务在中国区有两个版本：由世纪互联运营的国内版目前不提供免费试用服务；由微软运营的国际版提供 60 天的免费试用，并提供中文语言操作界面。

2.2　数据导入

2.2.1　获取数据与输入数据

　　要使用 Power BI 桌面应用对数据进行分析，首先需要进行数据导入操作。Power BI 桌面版提供两种导入数据的方式：一种是使用"获取数据"功能连接外部数据存储设备来导入数据；另一种是使用"直接输入"功能将数据一个一个地输入到 Power BI 桌面应用当中进行存储。

　　目前，Power BI 桌面版的"获取数据"功能支持连接 70 多种外部数据源，基本覆盖了市场当中常用的主流数据存储介质：从常见的文件类型数据载体（如 Excel、文本/CSV）到数据库类型的数据源（SQL Server、Oracle、MySQL 等），再到应用程序类数据源（例如 Dynamics、Salesforce、Google Analytics），甚至是 Hadoop 等分布式文件系统。此外，Power BI 桌面应用还支持用户使用通过微软认证的第三方数据连接器加载特殊类型数据源，从而进一步满足了广大用户群的需求。

　　如果需要分析数据量非常小，并且都是常量，也是使用"直接输入"的方式将数据直接存储在 Power BI 桌面文件当中。通常情况下，当需要添加一些辅助表来帮助分析加载进来的外部数据源时，可以通过直接输入数据的方法创建表。例如，很多基于时间进行的数据分析都需要使用一张日历表作为时间轴常量。但很多原始数据中关于时间的记录会比较凌乱，日期不连续且分布不均匀，很难从外部数据源中构建覆盖全部原始数据时间点的日历。对于这种情况，可以使用直接输入数据的方法来构建辅助表去创建时间轴。由于可以完全自主掌控表中的起始时间点和结束时间点，因此可以很轻松地构造出符合原始数据需要的日历表。

2.2.2 连接外部数据源模式——导入法

在 Power BI 桌面应用中有两种模式可以连接外部数据源：一种是导入（Import）；另一种是 DirectQuery。

导入模式是最常用的连接数据方法，支持所有类型的数据源。它的工作原理如图 2-2 所示，就是将外部数据源中的数据通过复制的方式生成一个数据集，然后存储在 Power BI 中。也就是说，无论外部数据源中的数据是以何种形式进行存储的，在导入到 Power BI 当中后都会被转换成 Power BI 可识别的表进行存储。

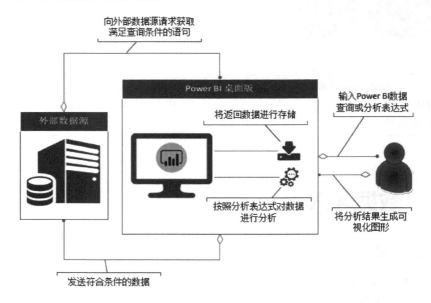

图 2-2

当外部数据源数据以导入方式加载到 Power BI 后，用户对其进行的建模分析都将基于 Power BI 复制存储的数据来进行，而不再需要与数据源进行交互。在这种模式下，Power BI 可以将存储的数据加载到内存中进行高速计算，并且由于原始数据已经被复制存储，即使 Power BI 与数据源无法再次连接，用户仍然可以对数据进行加工处理，并创建数据报表。

使用导入方式连接不同数据源的配置步骤基本类似。例如，图 2-3 和图 2-4 就展示了连接 SQL Server 数据库的配置选项。用户首先选择数据源所在位置，之后输入有效的用户凭据即可进行数据连接。

图 2-3

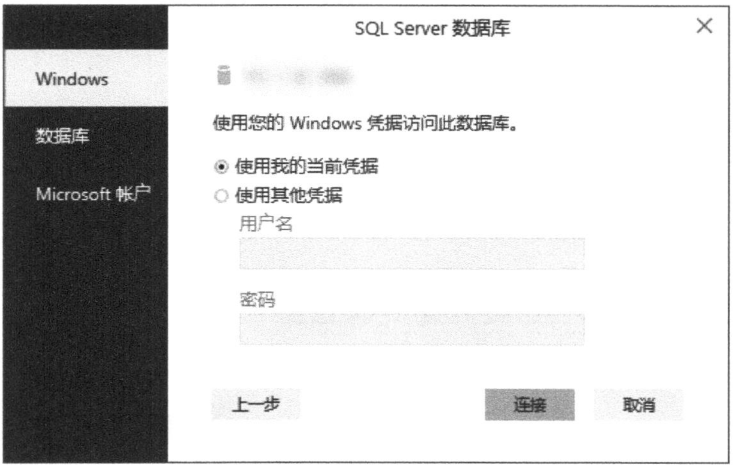

图 2-4

对于一些非微软旗下的数据管理软件，例如 Oracle、MySQL 数据库等，Power BI 会提示安装一个特定的应用程序以便进行数据加载。例如，图 2-5 就展示了首次连接 Oracle 数据库时 Power BI 的相关提示语。

图 2-5

以连接 Web 端数据为例，如果想要制作一张全球票房收入较高影片的相关信息报表，可以使用 Power BI 导入模式连接如图 2-6 所示的 BoxOfficeMojo 上关于电影票房记录的网页（https://www.boxofficemojo.com/alltime/world/），具体方法如下。

Rank	Title	Studio	Worldwide	Domestic /	s / %	Year^
1	Avatar	Fox	$2,788.0	$760.5 27	72.7%	2009^
2	Titanic	Par.	$2,187.5	$659.4 36	9.9%	1997^
3	Star Wars: The Force Awakens	BV	$2,068.2	$936.7 4	54.7%	2015
4	Avengers: Infinity War	BV	$2,044.2	$677.5	6.9%	2018
5	Jurassic World	Uni.	$1,671.7	$652.3 3	61.0%	2015

图 2-6

首先单击 Power BI 中的获取数据源按钮，选择其他分类下的 Web 数据源，之后如图 2-7 所示，填入获取数据的网页地址。

图 2-7

单击"确定"按钮后 Power BI 会让用户选择连接网页的认证方式。对于 BoxOfficeMojo 这种公网类型数据源，可以直接使用匿名访问方式进行数据连接，如图 2-8 所示。

图 2-8

单击"连接"按钮后 Power BI 就开始对当前 Web 页面进行分析，并对所有可能是表类型的数据给出预览，供用户进行选择。例如，图 2-9 所示的导航器中就罗列出了 Power BI 在当前 Web 页面中查找到的所有表信息。用户通过选择表名称就可以在"表视图"中查看到表中的相关内容。

图 2-9

由于 Power BI 在进行加载时会将原始数据按照 Power BI 可识别的表结构形式进行导入存储，因此生成的 Power BI 报表可能会与原数据显示形式稍有不同。如图 2-10 所示，原始表中名为"Domestic / %"的列下包含了两类数据——货币金额和百分比。当加载到 Power BI 后，为了符合 Power BI 数据存储的要求，该列被进行了拆分，%所对应的数据被单独放到另外一列中进行存储。

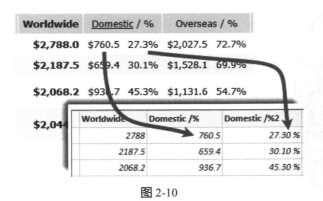

图 2-10

此外，为了方便用户快速识别其要加载的 Web 页面信息，在导航器中还提供了一种 Web 视图模式，可以直接浏览原始网页并选择要加载的表。例如，图 2-11 就展示了如何在 Web 视图中选择电影票房数据表。

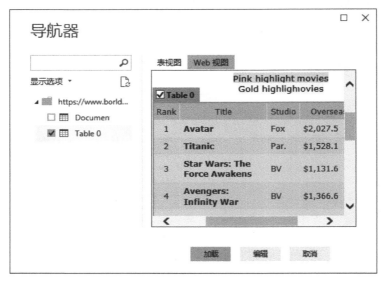

图 2-11

2.2.3　连接外部数据源模式——DirectQuery 法

Power BI 桌面应用中提供的另外一种连接外部数据模式被称为 DirectQuery。它的特点是可以在外部数据源与 Power BI 之间建立直接连接关系，将外部数据源中的表名称和列名映射到 Power BI 桌面应用内供用户分析使用，但不会向 Power BI 中加载具体的数据。

例如，图 2-12 显示了分别以导入法和 DirectQuery 法加载一个 SQL Server 数据库到 Power BI 桌面应用的场景。在导入模式下，左侧导航栏中有 3 个功能视图，分别是报表、数据和关系，并且在数据视图页面下能看到复制到 Power BI 中的原始数据。在 DirectQuery 模式下，左侧导航栏中没有数据视图，用户只能看到加载进来的数据库表名和其下的列名。

图 2-12

在 DirectQuery 模式下，Power BI 桌面应用承担的主要任务是生成可视化图形报表，对数据的查询、分析以及计算部分主要由外部数据源所在的服务器完成。其逻辑处理过程可简述为图 2-13。当用户使用 Power BI 的数据查询表达式（M 语言）或者数据分析表达式（DAX 语言）对数据进行查询分析时，Power BI 会先将这些表达式转换成外部数据源可识别的查询语句，然后发送给该数据源去执行查询操作。查询结束后，外部数据源会将结果返回给 Power BI，之后 Power BI 就可以使用该结果来生成相应的可视化图形报表。由此可见，在 DirectQuery 模式下，Power BI 进行数据分析的效率主要取决于其连接的外部数据源的运算效率。

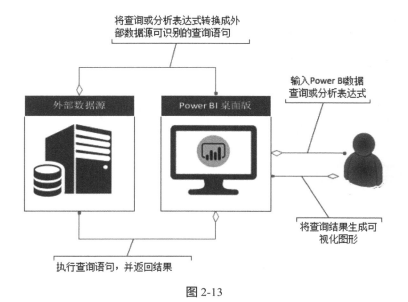

图 2-13

根据 DirectQuery 模式的工作原理，当加载或更新一个表中的可视化对象时，Power BI 都会根据其使用的计算列或者度量值中的表达式去外部数据源进行至少 1 次查询操作(有一些复杂的数据分析表达式会涉及使用复杂函数，或引用其他计算列结果，因此需要 1 次以上的查询操作)。假设一个报表页面上部署了 10 个可视化对象，每次页面进行刷新时，Power BI 都会向外部数据源发送至少 10 次查询请求。如果对该报表还设置了给予用户角色来进行数据访问，那么当报表被发布到 Power BI 在线服务应用上并共享给 10 名用户时，每次进行页面刷新，Power BI 都需要向数据源服务器发送至少 100 个查询请求。

由此可见，使用 DirectQuery 模式会对外部数据源服务器带来一定的影响，特别是当需要进行大量数据分析或短时间内有大量的查询请求需要执行时，外部数据源服务器可能会由于负载过大而出现无响应的情况，从而导致 Power BI 无法返回查询结果。

因此，如果使用 DirectQuery 模式连接外部数据源，就需要在数据建模时尽量做到以下几点：

（1）使用简单的查询表达式（M 语言）

连接外部数据源后如果需要使用 Power Query（M）语言进行查询分析，应该尽量使用简单的查询表达式。每次更新可视化对象中的数据时 Power BI 都会向外部数据源提交至少一次查询请求，当使用的查询步骤过多、运算过于复杂时，生成的数据查询语句会过于复杂，外部数据源可能需要很长时间才能返回查询结果，从而严重影响用户对数据分析报表的使用体验。

如果想获知 Power Query（M）语言表达式编写的查询条件是如何转换成数据查询语言的，那么可以在"Power Query 编辑器"下的"查询设置"处选择需要查看的"应用的步骤"，用鼠标右键单击相应的步骤，然后从快捷菜单中选择"查看本机查询"选项，如图 2-14 所示。

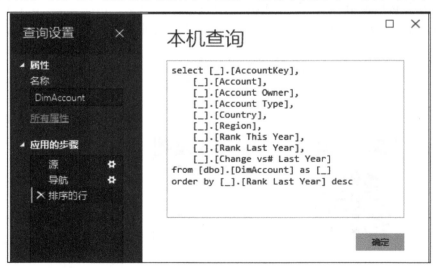

图 2-14

（2）使用简单的分析表达式（DAX 语言）

越复杂的数据分析表达式就意味着越复杂的数据查询语言，也就意味着数据源将会花费更长时间才能返回查询结果，这不但会严重影响用户对可视化报表使用体验的，也会对数据源所在服务器造成巨大的压力。

微软考虑到一般用户无法知晓什么算是复杂的数据分析表达式，因此在 Power BI 桌面应用中限制了用户在 DirectQuery 模式下可使用的 DAX 函数。特别是对于计算列类型表达式，其使用受限更多，主要包括：

- 在逻辑类型函数中无法使用 IFERROR 函数。
- 在时间日期类型函数中无法使用 CALENDAR、CALENDARAUTO 以及 YEARFRAC 三个函数。
- 在信息类型函数中无法使用 CODE、CONCATENATEX、REPLACE 以及 UNICHAR 四个函数。
- 只能使用部分数学和三角函数，例如可以使用 DIVIDE、COS、LOG 函数等，但无法使用 SUM 和 SUMX 这种具有聚合和迭代意义的函数。
- 在统计类型函数中只可以使用 MIN、MID 和 MAX 三个函数。
- 在信息类型函数中只有 ISERROR 函数可以使用。
- 过滤类型函数都无法使用。
- 父子关系类型函数都无法使用。
- 时间智能函数都无法使用。

对于度量值来说，虽然在 DirectQuery 模式下可以使用全部类型的 DAX 函数，但是考虑到一些函数暂时还未进行优化，转换成查询语句后其运行效率比较低，因此默认情况下 Power BI 不提供这些低效率函数供用户使用。如果在度量值中启用全部的 DAX 函数，可以在"选项"页面下找到"DirectQuery"面板，然后勾选"允许 DirectQuery 模式下的度量值不受限制"复选框，如图 2-15 所示。

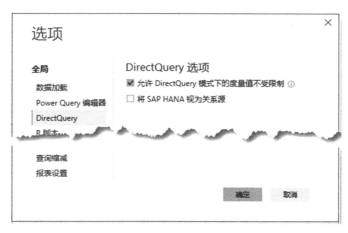

图 2-15

（3）避免使用计算列来创建表之间的关联关系

通过在 Power BI 中创建表之间的关联关系可以实现多表之间数据的相互引用，实现跨表

27

数据的计算。目前在 Power BI 中只允许使用单列来创建表之间的关联关系，如果想使用多列来建立两个表之间的关联关系，通常解决办法就是先在表中创建一个计算列，将要使用的多列进行合并运算，之后再利用这个计算列来创建关联关系。

这种解决方案在导入模式下执行并不存在效率问题。因为在导入模式下，Power BI 会在本地存储计算列的结果，然后将其加载到内存当中以便进行高速运算。在 DirectQuery 模式下，计算列属于通过查询语句生成的临时信息。当使用计算列创建两个表之间的关联关系时关联关系会被作为上下文条件参与表间数据的运算，因此会导致每次更新都需要数据源所在服务器执行一次生成该计算列的查询语句，从而影响数据分析效率。

关于 Power BI 中表之间的关联关系详细说明，请参考 2.5 节。

（4）尽量避免使用双向交叉筛选器

当在 Power BI 中对两张表创建"一对多"（1:*）关联关系时，默认情况下使用的是单一交叉筛选器，即筛选关系都是从"一对多"的"一"方朝"多"方进行。双向交叉筛选器在单向基础上实现了允许筛选从"多"方朝"一"方进行。实现这种双向筛选功能的查询分析比较复杂，在 DirectQuery 模式下会使外部数据源需要执行的查询语句更加复杂，从而使查询效率变慢，因此应该避免使用。

关于 Power BI 表直接交叉筛选器的详细内容介绍，请参考 2.5.4 小节。

除了在应用 DirectQuery 模式进行数据建模分析时需要注意以上几点内容外，在创建可视化报表时应该尽可能从以下几个方面进行优化：

（1）限制页面中可视化对象的数量

在一页报表中尽可能少部署可视化对象。因为在 DirectQuery 模式下，每次页面刷新，Power BI 都会依据当前页面下可视化对象中使用的字段向外部数据源发送查询指令。一个可视化对象至少会递交一次查询请求，控件越多，需要外部数据源处理的查询请求越多，报表刷新的速度也就越慢。因此，限制一页报表中部署的可视化对象能减少查询次数，从而提高页面加载速度，提升用户体验。

（2）预定义数据筛选条件

在 DirectQuery 模式下预定义可视化对象、页面或报表上的筛选条件可以限制 Power BI 从外部数据源加载的数据量，从而缩小数据分析范围，以便更快获得数据查询结果。例如，在产品销售报表中，可以默认设置只加载当前年份数据，过滤掉其他历史数据，从而减少所需进行计算分析的数据量，提高报表生成速度。

同时，应该培养报表使用者在浏览报表数据时先设定筛选条件再选择可视化对象的习惯，这样能减少需要载入的数据量，减轻外部数据源的查询负担，从而提高报表生成的效率。

（3）设置查询缩减功能

Power BI 为 DirectQuery 模式提供了一套可以减少向源端数据源发送查询请求的设置，如图 2-16 所示。

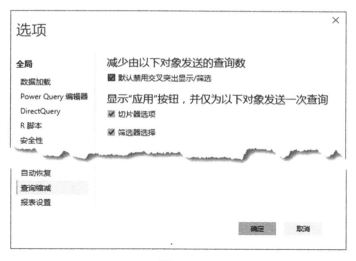

图 2-16

该功能主要包括两类，三项内容。

一类是"默认禁用交叉突出显示/筛选"，目的是关闭可视化对象之间的交互功能。默认情况下，Power BI 中的可视化对象之间有相互联动显示功能。例如，在图 2-17 中，单击饼图中的一个区域，与之相对应的柱形图中的数据也会发生变化。如果应用了"默认禁用交叉突出显示/筛选"功能，就意味着当单击饼图区域时，柱形图中的数据不会随之发生变化。也就是说，当前 Power BI 向外部数据源发送的查询请求只包含饼图相关数据，而不再包括柱形图中的数据，从而实现降低向外部数据源发送查询请求的次数。但是该选项会导致可视化对象失去交互功能，会对用户在使用体验上造成不小的影响，因此，应该谨慎使用该选项。

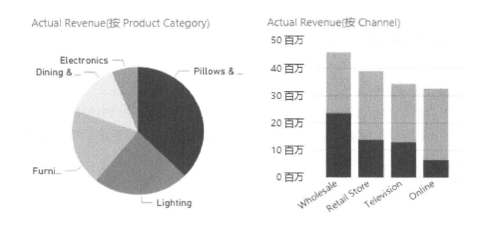

图 2-17

另外一类用来控制是否在"切片器选项"和"筛选器"选项上显示"应用"按钮，如图 2-18 所示。选中"切片器选项"复选框后，当在切片器中选择某个选项时，Power BI 不会立刻向外部数据源发送查询请求，而是等用户单击"应用"按钮后才执行，以避免由于用户选错选项而造成外部数据源执行一次多余查询的情况。该类功能还可以将在切片器选项或筛选器选项上配置的多选条件转换成一个查询语句让外部数据源来执行，而不再需要执行多次查询，从而提高报表中数据生成的效率。显示"应用"按钮对用户使用报表方面产生的影响不大，因此在 DirectQuery 模式下应该开启该功能来减少对数据源查询的请求次数。

图 2-18

2.2.4　导入模式和 DirectQuery 模式优缺点比较

导入模式和 DirectQuery 模式最根本的区别在于是否会存储外部数据源中的数据。

- 在导入模式下，被选中的表和列会被复制到 Power BI 桌面应用程序当中。当进行数据分析时，Power BI 使用的是存储在本地的数据。因此，如果原始数据有更新，就必须进行刷新操作，将新表重新复制到 Power BI 中才能看到更新后的结果。

- 在 DirectQuery 模式下，Power BI 仅会加载原始数据的表名称和列名称，其全部查询计算都需要实时从外部数据源中获取数据。所以，在 DirectQuery 模式下，每次可视化对象中显示的计算结果都是依据最新数据来生成的。因此，当外部数据源有更新时，通过刷新可视化对象即可获取最新结果。

导入模式最大的优势在于：

（1）分析计算不对外部数据源产生影响

Power BI 会将外部数据源中的数据复制到本地进行分析，所有的计算过程都发生在运行 Power BI 桌面应用的服务器上，因此不会对外部数据源的日常工作产生影响。

（2）可以基于内存进行数据分析

Power BI 会将存储的数据加载到内存之后再进行处理，从而大大提高了数据运算引擎的处理效率。

（3）可以使用全部的 M 函数以及 DAX 函数

所有数据查询函数（M）以及数据分析函数（DAX）在导入模式下均可使用，大大提高了数据建模的能力。

（4）支持同时连接多个数据源

来自不同数据源的数据可以在导入模式下进行合并加工，不同数据源的表之间也可以创建关联关系。同时，还可以根据需要随意修改表名称和列名称，增加报表的可读性。

相比导入模式，使用 DirectQuery 模式加载数据的主要优势在于：

（1）可以对大数据进行分析

无论是导入模式还是 DirectQuery 模式，Power BI 最大支持分析的单个数据集文件大小都是 1GB。由于导入模式下会复制存储原始数据，因此，如果分析的数据量较大，那么生成的数据集文件就有可能超过 1GB，从而导致数据加载失败。但在 DirectQuery 模式下，由于 Power BI 仅存储表属性、数据建模公式以及可视化对象相关参数等信息，因此，即使是对大数据进行分析，其生成的数据集文件大小也几乎不会达到 1GB，所以 DirectQuery 模式可以支持对大数据进行分析建模。

（2）能实现近似实时的数据刷新

在导入模式下，要对数据进行刷新必须重新加载表中全部内容，需要经历数据传送、复制、存储、运算等一系列过程，消耗一定的时间。因此，导入模式不太适合创建对数据实时度要求高的报表。相反，由于 DirectQuery 模式下 Power BI 都是基于当前最新数据生成可视化对象，因此更适用于创建对时效性要求高的报表。

（3）降低数据泄漏风险

由于在导入模式下 Power BI 会对原始数据进行复制存储，因此一旦数据集文件丢失，原始数据就有泄漏的风险。而在 DirectQuery 模式下，Power BI 仅存储表和列的相关，每次加载数据前都需要跟外部数据源进行身份验证，因此即使数据集文件丢失，原始数据也不存在很大的泄漏风险。

（4）可分析的数据量不受 Power BI 所在服务器内存限制

在导入模式下，由于需要将原始数据加载到内存中进行建模分析，因此 Power BI 桌面应用所在的服务器内存大小决定了其可以承受分析的原始数据量大小。当内存不足时，会导致 Power BI 加载数据失败，从而使得无法进行后续的数据分析工作。而在 DirectQuery 模式下，由于不需要加载原始数据，因此 Power BI 桌面版服务器内存大小几乎不会影响数据分析相关工作。

虽然使用 DirectQuery 模式进行数据分析有一定优势，但比起导入模式，其劣势也很明显，主要包括：

（1）报表生成效率高度依赖外部数据源性能

由于所有的数据查询分析过程都由外部数据源来执行，因此在 DirectQuery 模式下数据报表生成的快慢完全取决于外部数据源执行查询语句的效率。由于很多外部数据源都不支持基于内存的高速运算，因此其数据建模效率要远低于 Power BI 内置计算引擎的效率。

（2）增加外部数据源服务器运行负荷

所有的查询分析工作都由外部数据源服务器来执行，当 Power BI 发送的查询请求过多或者过于复杂时，就会大大增加外部数据源服务器的运行压力，这不仅会降低 Power BI 图形报表的更新速度，还会对其他运行或使用外部数据源服务器的程序及用户造成影响。

（3）无法跨数据库或数据源进行分析

DirectQuery 模式要求所要分析的数据必须来自于同一个数据库，即使是同一种数据源下，也不允许跨数据库进行分析。这一限制降低了数据分析的灵活性，不便于一些复杂数据分析场景使用。

（4）无法使用全部查询函数（M）

很多查询函数无法在 DirectQuery 模式下使用。例如，用于拆分列中数据的 M 函数 Table.SplitColumn 就不支持拆分以 DirectQuery 模式连接的数据。当使用查询编辑器下的"拆分列"功能时，Power BI 会就给出如图 2-19 所示的提示，告知用户需要将 DirectQuery 模式切换为导入模式才能完成数据拆分。

图 2-19

此外，即使某些查询函数可以在 DirectQuery 模式下使用，当创建的 M 语言查询脚本过于复杂时，Power BI 也无法将其转换成外部数据源可识别的查询语句。此时，用户会收到提示，告知其需要删除复杂的查询脚本或将 DirectQuery 模式切换成导入模式再应用该脚本。

（5）在计算列中只能使用部分数据分析函数（DAX）

在 DirectQuery 模式下，创建计算列时也有很多 DAX 函数无法使用，原因是这些函数无法有效地转换成外部数据源可识别的查询条件，或者即使能转换，但是查询效率很低，也不适合使用。因此，在 DirectQuery 模式下对数据的处理不如导入模式下灵活。

（6）无法创建计算表

在导入模式下，用户可以使用很多 DAX 函数创建计算表对原始表中的内容进行提取合并等操作。在 DirectQuery 模式下，可使用的 DAX 函数类型受限，无法创建这种功能的计算表，用户只能基于当前数据源提供的表结构进行数据分析。

（7）一次最多返回一百万条数据查询结果

虽然 DirectQuery 模式拥有处理大数据的能力，但是为了提高数据分析效率，Power BI 对其做了限制，一次查询最多只能返回一百万条数据。如果原始数据超过一百万条，在 Power BI

设置查询语句时最好多添加筛选条件，以便将数据返回结果限制在一百万条之内。如果原始数据实在过多，也可以考虑先在数据源端进行一次数据聚合整理，再让 Power BI 连接聚合后的数据进行下一步分析。

基于以上的比较信息，通常如果需要分析的数据量不超过导入模式可以支持的最大量，就可以优先考虑使用导入模式创建 Power BI 报表。因为在导入模式下不但可以使用所有的数据查询函数（M）和数据分析函数（DAX）对原始数据进行高效分析，还能不对数据源所在服务器产生影响，获得更好的用户体验。

如果必须使用 DirectQuery 模式进行数据分析，当原始数据量过大，或者包含过多冗余数据及无关数据时，应该先对数据源中的数据进行清理、拆分、整合等操作，从而减少需要 Power BI 进行分析的数据量，进而提高数据分析效率。

2.2.5　活动连接模式

对于 SSAS 类型的数据源，Power BI 专门额外提供了一种数据连接方法，即活动连接（Live Connection）。跟 DirectQuery 类似，在活动连接模式下，所有数据查询分析计算过程都由外部数据源所在的服务器来完成。与 DirectQuery 不同的是，由于 Power BI 本身的运算引擎技术来自于 SQL Server Analysis Services，因此 SSAS 类型的数据源本身对数据进行处理的效率与 Power BI 导入模式下的运行效率相近。所以，使用活动连接模式连接数据源既可以获得导入模式下的高速数据分析效率，又可以拥有 DirectQuery 模式下对大数据处理的能力。

如图 2-20 所示，使用活动连接模式连接 SQL Server Analysis Services 数据库后，左侧导航栏只有"报表"视图这一个功能面板，也就意味着所有的数据建模过程都需要在 SSAS 类型数据源中进行。Power BI 桌面应用主要专注于创建可视化图形报表。

图 2-20

需要注意的是，虽然在活动连接模式下用户也可以创建度量值进行数据分析，但是这个度量值只会保存在当前的 Power BI 文件中，并不会同步到外部 SSAS 类型的数据源上。因此，如果希望对原始数据进行分析计算的公式可以共享给所有使用该数据源的用户，就需要到 SSAS 数据源端创建相关公式，而不能在 Power BI 端进行。

与 DirectQuery 模式类似，活动连接模式主要缺点也在于只能连接同一个数据库下的表，无法像导入模式那样对多种数据源数据进行合并分析。此外，在活动连接模式下几乎所有的数据查询分析设定都需要在外部数据源上进行，在 Power BI 端仅有少量功能可用于数据加工，在一定程度上会限制 Power BI 用户对数据报表的开发能力。

活动连接模式的优点显而易见，它拥有对大数据进行分析处理的能力，数据运算效率仅次于导入模式，快于 DirectQuery 模式。同时，Power BI 数据集文件本身不会存储任何原始数据信息，其安全性高于导入模式。因此，如果是 SSAS 类型的数据源，那么可以优先考虑使用活动连接模式进行数据连接。

2.2.6　查询折叠

为了加快数据查询效率，Power BI 中引入了查询折叠（Query Folding）的概念。查询折叠是指在对某些外部数据源进行查询时，Power BI 中使用的 Power Query（M）语言中的部分函数可以转换成该外部数据源自身可识别的查询语句，并在外部数据源中直接执行该查询，之后将返回结果再发送给 Power BI 进行后续处理。

假设一个 Microsoft SQL Server 数据库中有 100 万行数据，其中的 20 万行数据为有效数据，需要加载到 Power BI 中进行分析。当使用 M 语言对数据进行筛选时，通过查询折叠技术，M 脚本会被转换成对应的 T-SQL 脚本，并直接在 SQL Server 端执行。这样，原本需要加载 100 万行数据到 Power BI 中再进行过滤，通过在 SQL Server 中执行 T-SQL 查询语句现在就只有 20 万行数据会被加载到 Power BI 中，从而大大降低了数据传输量，提高了数据查询效率。

要想查看当前在 Power BI 界面进行的查询操作是否进行了查询折叠，可以在查询编辑器中单击相应查询应用步骤，然后右击，从快捷菜单中选择"查看本机查询"选项。例如，在 Power BI 中对两张 SQL Server 数据库中的表进行了追加操作，选择"查看本机查询"选项后即可获得如图 2-21 所示的相应 T-SQL 查询语句。

图 2-21

目前查询折叠在使用上有一些限制，主要包括以下两项：

● 只有部分本身拥有特定查询机制的数据源支持进行查询折叠，例如 SQL Server、

Oracle 以及支持用 ODBC 连接的数据源。Excel、CSV、Website 等数据源则不支持查询折叠。

● 即使是支持进行查询折叠的数据源，也并不代表所有 M 函数都可以转换成对应数据源使用的查询语言。例如，当在 Power Query 查询编辑器中对 SQL Server 数据库表中的某个值进行提取首字母操作时，就无法进行查询折叠。因为 T-SQL 查询语言中没有相应的提取首字母的函数。此时，Power BI 必须将数据源中的数据加载进来之后才能进行提取操作。

要确定当前查询步骤是否可以进行查询折叠，只需要打开 Power Query 查询编辑器，找到"查询设置"面板中的"应用的步骤"子面板，选中需要查看的步骤，然后右击，查看快捷菜单中的"查看本机查询"选项（见图 2-22）是否可用即可。如果不可选，就表明无法进行查询折叠。

如果在连接数据源之前如图 2-23 所示预先配置了"高级选项"中的查询条件，那么查询折叠就不再起作用了。

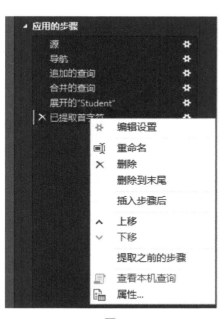

图 2-22

图 2-23

对于支持进行查询折叠的数据源，当在 Power Query 查询编辑器对其进行设置时，应该尽可能先使用可以直接在数据源执行的查询操作，之后再使用 M 语言独有的功能对其进行加工。这样的操作顺序可以减少需要传输到 Power BI 中进行处理的数据量，从而提高数据查询效率。

2.2.7 数据源支持列表

Power BI 可支持连接 70 多种数据源。常用数据源可用的数据加载模式情况如表 2-1 所示。

表 2-1 常用数据源可用的数据加载模式

数据源	导入	DirectQuery	定时刷新
SQL Server Database	支持	支持	支持
SQL Server Analysis Services	支持	支持	支持
Azure SQL Database	支持	支持	支持
Azure SQL Data Warehouse	支持	支持	支持
Excel	支持	不支持	支持
Access Database	支持	不支持	支持
Active Directory	支持	不支持	支持
Azure Table Storage	支持	不支持	支持
Dynamics 365 (online)	支持	不支持	不支持
Facebook	支持	不支持	不支持
Folder	支持	不支持	支持
Google Analytics	支持	不支持	不支持
Hadoop File (HDFS)	支持	不支持	不支持
IBM DB2 Database	支持	不支持	支持
JSON	支持	不支持	支持
Microsoft Exchange	支持	不支持	不支持
Microsoft Exchange Online	支持	不支持	不支持
MySQL Database	支持	不支持	支持
ODBC	支持	不支持	支持
OLE DB	支持	不支持	支持
Oracle Database	支持	支持	支持
SharePoint Folder (on-premises)	支持	不支持	支持
SharePoint List (on-premises)	支持	不支持	支持
SharePoint Online List	支持	不支持	不支持
Text/CSV	支持	不支持	支持
Web	支持	不支持	支持
XML	支持	不支持	支持
Azure Analysis Services Database	支持	支持	不支持

2.3 数据查询编辑

在将数据加载到 Power BI Desktop 之前，可以通过设置查询条件对数据进行过滤、合并、拆分、转换类型等初步整理操作，生成结构更加清晰、信息更加完整的数据模型，从而提高后续数据分析建模的效率。

要设置查询条件，需要使用查询编辑器。该编辑器也称为 Power Query 编辑器，是 Power BI 桌面应用当中一个重要的组成模块。

图 2-24 是查询编辑器主页面，可划分为 4 个区域。

- 区域 1 是导航栏，上面摆放了各种可以对数据进行加工处理的功能选项。
- 区域 2 是查询导航栏，里面记录了当前 Power BI 文件连接过或创建过的数据表、列、记录或自定义函数等项目名称。
- 区域 3 是查询设置栏，里面记录了对一个数据表、列、记录或自定义函数等项目设置过的应用步骤。
- 区域 4 是表预览窗口，显示了原始表前 200 行数据在经过每一步查询应用修改后的情况，便于用户随时查看每一步功能应用对数据的处理结果。

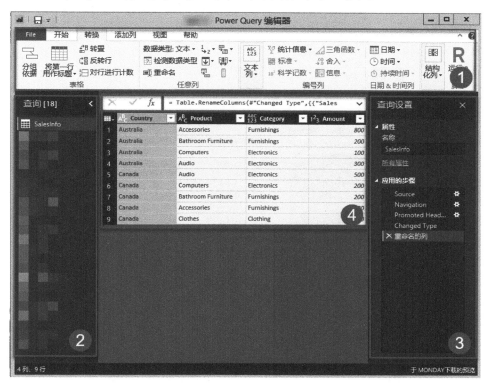

图 2-24

本节会着重介绍查询编辑器中常用的几个功能，以方便日后进行数据整理。

2.3.1　将第一行用作标题

对于导入到 Power BI 中的数据，首先需要检查表内列名是否正确。通常，在数据加载过程中 Power BI 会自动对数据进行检测并判断列名，然后将其提升为标题。例如，当从 Excel 中加载数据到 Power BI 后，可以在"查询设置"中看到一个步骤名"提升的标题"（见图 2-25）。该步就是 Power BI 对列数据进行判断后自动将第一行判断成列名并将其设置成标题的。

图 2-25

有一些数据源，例如来自 CSV 文件的数据，在加载过程中 Power BI 不确定其第一行是否应该作为列名进行使用，因此不会有自动提升第一行用作标题的动作。对于这种数据，需要手动将第一行提升为标题。方法是选择当前表，然后选择"转换"导航栏下的"将第一行用作标题"选项（见图 2-26）。

图 2-26

在"将第一行用作标题"菜单下有两个操作：

● 将第一行用作标题：该选项意味着将当前表中序号为 1 的行作为当前列名，然后将其提升为标题。当使用该选项对图 2-26 中的表进行操作后可以得到图 2-27 所示的结果。

图 2-27

● 将标题作为第一行：这个选项代表将当前标题降级成第 1 行，作为列值使用。相当于在原始表上新建一行作为标题。使用该选项对图 2-26 中的表进行操作后可以得到图 2-28 所示的结果。

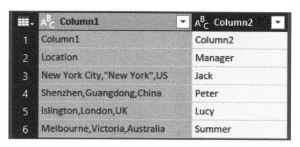

图 2-28

2.3.2　调整数据类型

在 Power BI 中，对数据进行分析可使用的函数与该数据所属类型有关。例如，文本类型数据就不能使用运算函数来分析处理。因此，在加载数据到 Power BI 进行建模之前，需要在查询编辑器中确认当前原始数据列使用的数据类型是否真实反映出其下数据的情况。

默认情况下，Power BI 会自动对加载进来的数据进行检测并设置相应的数据类型。如图 2-29 所示，可以在"选项"功能窗口下的"数据加载"栏中，通过勾选或不勾选"类型检测"选项下的"自动检测未结构化源的列类型和标题"复选框来控制 Power BI 是否在数据加载时自动设置数据类型。关闭自动类型检测选项虽然可以加快数据加载速度，但是也意味着增加了人工设置数据类型的工作量，因此需要根据实际数据复杂度来选择是否关闭该选项。

图 2-29

除了自动检测匹配数据类型以外，查询编辑器中还提供了两种手动更改数据类型的方法。

● 一种方法如图 2-30 所示，选择需要进行修改的列，单击"转换"导航栏，在"任意列"组中单击"数据类型"选项即可。

图 2-30

● 另一种方法如图 2-31 所示，选中要更改的列，之后用鼠标右键单击，选择要更改的数据类型即可。

图 2-31

两种更改数据类型的方法稍有差别，以右键快捷方式更改会比从导航栏中更改数据类型多一个选项：使用区域设置。该选项的作用是为了兼容导入不同国家地区日期类型的数据。不同国家地区风俗不同，其使用的日期格式也不一样。例如，我国和很多亚洲国家使用的是年、月、日的日期格式（YYYMMDD），即 2018/01/12，代表 2018 年 1 月 12 日。大部分欧洲国家以及其前殖民地使用的是日、月、年的日期格式（DDMMYYYY），如英国、法国、澳大利亚、新西兰等。在这种格式下，01/12/2018 代表 2018 年 1 月 12 日。还有少部分像美国一样的国家使用的是月、日、年日期格式（MMDDYYYY），而在这些国家中 01/12/2018 则代表 2018 年 1 月 12 日，与日月年格式的意义有很大差别。因此，对于日期类型的数据，在导入到 Power BI 时需要特别留意数据源中日期所在区域，以免使用错误的区域设置而导致日期解读出错。

当安装 Power BI 桌面应用时，安装程序会自动将图 2-32 中所示的"导入区域设置"设定为当前服务器系统所使用的地区。这样，当进行数据加载时，Power BI 会自动按照当前导入区域设置中国家使用的日期格式对数据进行截图。例如，当导入区域设置为英语（美国）时，就会按照月、日、年（MMDDYYYY）的格式导入日期。当原始数据表中的值是 01/12/2018 时，Power BI 就会将其解析为 2018 年 1 月 12 日。当原始数据值是 2018/01/12 时，也会自动将其转换成 01/12/2018 的格式进行存储。

图 2-32

如果所导入的原始日期区域与系统设置区域有冲突时，可能会出现日期导入错误的现象。例如，当导入区域设置为美国但数据源中所有日期类型数据都是按照英国格式进行存储时，Power BI 就无法自动识别类似于 13/01/2018 这样的日期。因为美国使用的月、日、年格式（MMDDYYYY）的日期规定前两位代表月份的数字必须小于 12。要解决该问题，可以将 Power BI 中的导入区域改为英语（英国），再重新刷新数据即可。需要特别注意，选项中的导入区域设置是全局变量，今后 Power BI 对所有导入的数据都会按照此处的设定进行解析。

如果需要导入的数据中既有 MMDDYYYY 格式的日期，又有 DDMMYYYY 格式的日期，此时就无法通过修改全局区域设置来解决日期导入问题。要解决该类问题，需要针对每个日期列单独设定其所属区域，让 Power BI 对其进行逐一解析。

例如，在图 2-33 所示的原始表中，需要导入两列日期，一列是按美国的格式（MMDDYYYY）进行存储，另外一列是按英国的格式（DDMMYYYY）进行存储。当导入区域设定的是美国时，Power BI 会按照 MMDDYYYY 要求对所有日期进行解析，当它发现有月份数大于 12 时就会抛出错误，认为当前日期数据非法。

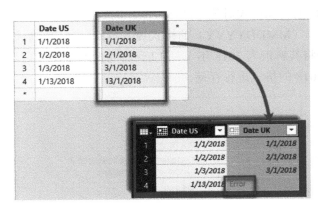

图 2-33

实际上，对于 Date UK 列中的数据来说，其原始数据含义需要按照 DDMMYYYY 格式进行解读，分别代表了 1 月 1 日、2 日、3 日和 13 日，与对应的 Date US 一列中的日期相同。但是 Power BI 将其按照美国使用的 MMDDYYYY 格式进行解读，这一列数据就变成了 1 月 1 日、2 月 1 日、3 月 1 日和无法解析的 13 月 1 日，明显与原始数据含义不符，无法被使用。要解决该问题，需要让 Power BI 将 Date UK 列按照英国日期数据进行转换。可以先选择 Date UK 数据列，再用鼠标右键单击，选择"更改类型"→"使用区域设置"选项，如图 2-34 所示。

图 2-34

在如图 2-35 所示的"使用区域设置更改类型"窗口中，将"数据类型"设为"日期"，然后将"区域设置"改为"英语（英国）"。这步操作的目的是告知 Power BI 当前导入的数据是按照英国日期格式进行存储的，需要按照日、月、年（DDMMYYYY）格式进行解析。之后单击"确定"按钮，加载完数据后就可以获得正确的日期信息了。

图 2-35

小贴士
这里面需要特别注意，在更改 Date UK 列的区域设置时，必须在原始数据上进行，即 Date UK 列下没有任何 Error 数据，否则会出现转换失效的情况，如图 2-36 所示。

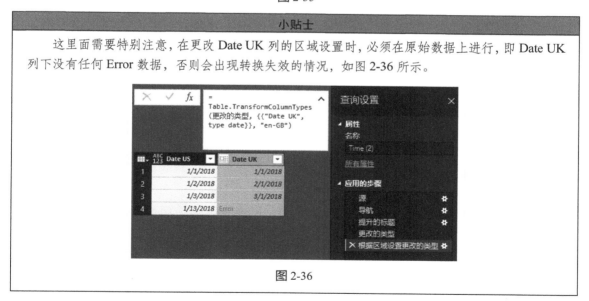

图 2-36

2.3.3　拆分数据列

在查询编辑器中提供了拆分列功能，可以对数据列按特定分隔符或者字符数进行拆分，适用于拆分具有一定排列规律的字符串，方便用户对数据进行二次分类，以便于后续的数据分析使用。

例如，要拆分图 2-37 所示的 Location 数据列。通过观察可知，数据列中不同类型的信息通过逗号分隔，因此可以使用逗号作为分隔符来进行拆分。方法是先选择该列，之后选择"转换"导航栏下的"拆分列"→"按分隔符"选项。

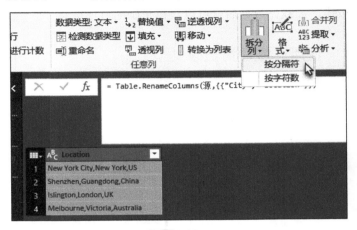

图 2-37

之后 Power BI 会弹出如图 2-38 所示的"按分隔符拆分列"设置窗口，供用户配置拆分条件。

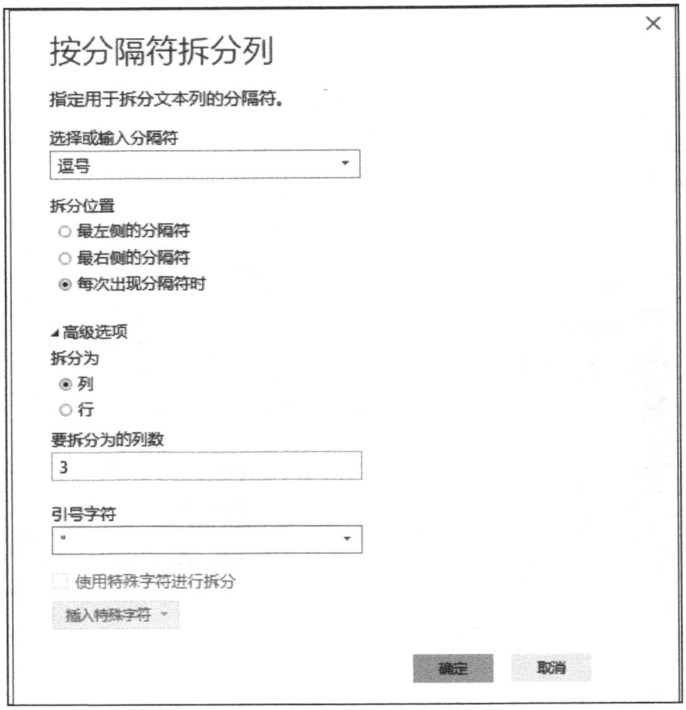

图 2-38

按分隔符拆分列的设置中，常规选项有两个：

● 选择或输入分隔符：指定按什么标准对数据进行拆分。默认选项下提供了 5 种分隔符，包括冒号、逗号、等号、分号和空格。同时，还支持用户自定义分隔符，可以输入破折号、竖线等不同类型符号。此外，Power BI 会对分隔符进行预判断，在弹出该窗口时默认显示要使用的分隔符。

● 拆分位置：用来指定数据提取方式。

➤ 最左侧的分隔符：从当前列最左侧字符开始，当指定的分隔符第一次出现时，就对当前文本以分隔符为界定拆分成两个数据列。

➤ 最右侧的分隔符：从当前列最右侧字符开始，当指定的分隔符第一次出现时，就对当前文本以分隔符为界定拆分成两个数据列。

➤ 每次出现分隔符时：可以将当前文本列拆分成多列，即每出现一次分隔符，其左右两边的文本就会被拆分，然后独立存储在相对应的数据列中。

高级选项有 4 个：

● 拆分为列：拆分出来的文本数据将以列的方式进行存储，是最常用的拆分方式。如果对图 2-37 中的 Location 列按照拆分成列的方式做设定，默认条件下可以获得如图 2-39 所示的结果。

A^B_C Location.1	A^B_C Location.2	A^B_C Location.3
New York City	New York	US
Shenzhen	Guangdong	China
Islington	London	UK
Melbourne	Victoria	Australia

图 2-39

当选中"拆分为列"时，还会有一个子选项，询问用户需要将当前列拆分成几列。如果原始数据有 N 个间隔符，原则上按照每次出现分隔符时进行拆分，可以拆分出 N+1 列。如果当前指定要拆分的列数小于 N+1，那么 Power BI 会从数据最左侧开始进行拆分，当拆分出来的列数达到指定列标准时，后面文本部分将被舍弃。例如对图 2-37 中的 Location 列进行拆分，若指定要拆分的列数为 2，则可以得到如图 2-40 所示的结果。如果当前指定要拆分的列数大于 N+1，那么 Power BI 会根据设定的拆分列数在原始文本全部拆分完毕后创建空的数据列，以满足设定列数要求。例如对图 2-37 中的 Location 列进行拆分，若指定要拆分的列数为 4，则可以得到如图 2-41 所示的结果。

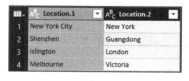

图 2-40

图 2-41

● 拆分成行：拆分出来的数据会作为新的行插入当前文本列中。如果对图 2-37 中的 Location 列按照行进行拆分，可以获得如图 2-42 所示的结果。

	Location
1	New York City
2	New York
3	US
4	Shenzhen
5	Guangdong
6	China
7	Islington
8	London
9	UK
10	Melbourne
11	Victoria
12	Australia

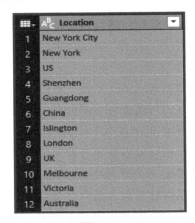

图 2-42

- 引号字符：对 CSV 类型文件存储的数据起作用。CSV 文件是一种字符分隔符文件，对于列中数据的存储有一个规定，如果某列下某一行的数据包含空格、逗号、双引号等特殊字符，就需要在该字符串外围使用一对双引号进行包裹。图 2-43 就是一个包含两列数据的 CSV 文件。图 2-44 则展示了将其加载到 Power BI 中的效果。

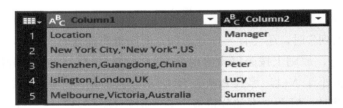

```
Location,Manager
"New York City,""New York"",US",Jack
"Shenzhen,Guangdong,China",Peter
"Islington,London,UK",Lucy
"Melbourne,Victoria,Australia",Summer
```

图 2-43

	Column1	Column2
1	Location	Manager
2	New York City,"New York",US	Jack
3	Shenzhen,Guangdong,China	Peter
4	Islington,London,UK	Lucy
5	Melbourne,Victoria,Australia	Summer

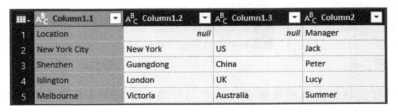

图 2-44

➢ 如果“引号字符”选择“双引号”，就意味着 Power BI 在分割 CSV 类型文件时会将双引号作为字符分隔符舍弃掉，不做保留。例如，对图 2-44 中的 Column1 列进行拆分，“引号字符”选择“双引号”后可以得到如图 2-45 所示的结果，原始数据中“New York”两个单词外的双引号被舍弃。

	Column1.1	Column1.2	Column1.3	Column2
1	Location	null	null	Manager
2	New York City	New York	US	Jack
3	Shenzhen	Guangdong	China	Peter
4	Islington	London	UK	Lucy
5	Melbourne	Victoria	Australia	Summer

图 2-45

➤ 如果"引号字符"选择"无",那么文本中的双引号在进行分割时会被保留。将图
2-44 中的数据以这种方式进行拆分后可以得到如图 2-46 所示的效果。

Column1.1	Column1.2	Column1.3	Column2
Location	null	null	Manager
New York City	"New York"	US	Jack
Shenzhen	Guangdong	China	Peter
Islington	London	UK	Lucy
Melbourne	Victoria	Australia	Summer

图 2-46

● 使用特殊字符进行拆分:如果需要按照 Tab、回车、换行和不间断空格对数据进行拆
分,就可以勾选此项。

文本拆分完毕后 Power BI 会自动对新列命名并分配相应的数据类型。需要对列进行重命
名时,既可以通过双击列名的方式进行修改,也可以先选择列再选择导航栏上的"重命名"选
项进行修改。

2.3.4 透视列和逆透视列

透视列(Pivot)和逆透视列(Unpivot)是在 Excel 当中就经常使用的一对数据聚合和拆
分方法。在 Power BI 桌面应用中,也提供了同样的功能。

1. 透视列

透视列操作是将列下所有的 N 个非重复数据转换成 N 个新列,然后对原始数据进行汇总
合并来计算新列中的每一行值。也就是说,透视列有将行数据转换成列数据的能力。

例如,图 2-47 所示的产品销售表中 Country 列就是一个包含 2 个非重复值的数据列。如
果想将 Country 列下的 Australia 和 Canada 两个行值转换成数据列,就可以使用透视列进行操
作。

Country	Product	Category	Amount
Australia	Accessories	Furnishings	800
Australia	Bathroom Furniture	Furnishings	200
Australia	Computers	Electronics	100
Australia	Audio	Electronics	300
Canada	Audio	Electronics	500
Canada	Computers	Electronics	200
Canada	Bathroom Furniture	Furnishings	200
Canada	Accessories	Furnishings	100
Canada	Clothes	Clothing	700

图 2-47

首先选中 Country 列,然后选择"转换"导航栏下的"透视列"选项,之后 Power BI 会
弹出如图 2-48 所示的透视列设置窗口。

图 2-48

- 值列：用来指定以当前表中哪个列数据为基准对需要进行透视的数据列进行汇总。需要注意的是，被选中作为值列的列将在透视列操作后消失，不会出现在新表中。
- 聚合值函数：用来指定对值列中数据的汇总方式，常见操作包括求和、求最大值、求最小值、求平均值、求中值以及计数等聚合方式，也可以选择不要聚合。

对图 2-47 所示的表，如果"值列"选择 Product、"聚合值函数"选择"计数（全部）"，就可以获得如图 2-49 所示的结果。

Category	Amount	Australia	Canada
1 Clothing	700	0	1
2 Electronics	100	1	0
3 Electronics	200	0	1
4 Electronics	300	1	0
5 Electronics	500	0	1
6 Furnishings	100	0	1
7 Furnishings	200	1	1
8 Furnishings	800	1	0

图 2-49

在这次透视列操作中，原来 Country 列中的两个非重复值数据 Australia 和 Canada 变成了两个新的数据列，其下的行值由原来的 Product 列中值经过计数运算得出。计算过程参考如下：

例如，对于新表中 Category=Clothing、Amount=700 这一行数据来说，原始数据列下 Country=Australia 所对应的所有行数据中没有 Category 值和 Amount 值符合当前要求的，因此 Product 列也没有对应数据，在新表中这一行对应的 Australia 值就为 0。

对于 Canada 列来说，在原始数据中可以找到一行 Country=Canada、Product=Clothes、Category=Clothing、Amount= 700 的数据，符合新表当前行 Category=Clothing、Amount= 700 的要求，此时 Product 列中值的计数为 1，因此新表中当前行对应的 Canada 值就为 1。

如果对图 2-47 所示的表进行透视列操作，当"值列"选择 Amount、"聚合值函数"选择"求和"时，就可以获得如图 2-50 所示的结果。

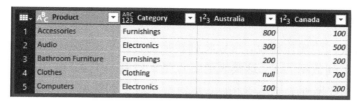

图 2-50

在这次透视列操作中，相当于以 Product 列和 Category 列为条件，在原始表中找到与其对应的 Country 列下是 Australia 值的所有行，然后将这些行对应的 Amount 值进行求和运算来形成新表。例如，对于新表中 Product=Accessories、Category=Furnishings 这一行来说，要获得 Australia 列下对应的结果，就要回到原始表中找到所有符合 Country=Australia、Product=Accessories、Category=Furnishings 的数据，然后将这些行数据中的 Amount 值进行求和。原始表中只有一行数据符合条件，该行的 Amount=800，因此新表中 Australia 列对应的这一行值为 800。

需要注意的是，在新表中第四行 Product=Clothes、Category=Clothing 所对应的 Australia 值是 null。之所以出现这样的结果是因为原始表中并没有一行条件满足 Country=Australia、Product=Clothes、Category=Clothing，因此经过透视列操作后该行值为 null。

小贴士
对于图 2-50 中 Australia 值为 null 这个数值来说，其算术计算意义并不等于 0。如果希望当前 null 值被当作 0 处理，可以使用 Power Query 编辑器中的替换值功能将其替换成 0。

在透视列操作中要特别注意对重复行数据的操作，例如图 2-51 所示的表中就存在重复数据。如果选择对 Activity 列进行透视列操作，并且在"聚合值函数"中使用"不要聚合"选项，那么在生成的新表时中会出现如图 2-52 所示的错误。Power BI 会提示"枚举中用于完成该操作的元素过多。"

图 2-51　　　　　　　　　　　　　　　　图 2-52

2. 逆透视列

逆透视列与透视列的操作相反，可以将列转换为行，并对数据进行拆分操作。逆透视列操作主要针对的是有多列数据的表。这类表的特点是一般有一个主列，主列中的数值多数情况下都是非重复值；其他数据列类型基本相同，数值都是对主列数据某一属性的描述。对于这种有一定汇总关系的表，可以将主列外的其他多列数据合并成一列，即将列转换成行，然后将主列中的原始值扩展成多个重复数值，与合并后的新列产生对应关系，以便进行后续分析计算。

例如，图 2-53 是一张学生考试成绩表，一共包含 6 列，分别是学生姓名以及其对应的五门学科考试成绩。

Name	Math	Chinese	English	Chemistry	Physics
A	80	79	63	87	82
B	90	88	79	73	83
C	75	84	92	80	75
D	55	72	60	63	58
E	68	52	64	70	84
F	70	68	55	47	56

图 2-53

这张原始数据表看似清晰明了，却无法满足某些数据分析的需要。例如，当需要创建一张雷达图，以各科成绩为分布区域来分析每个学生的考试情况时，使用当前原始数据表只能创建一个类似图 2-54 所示的图形。

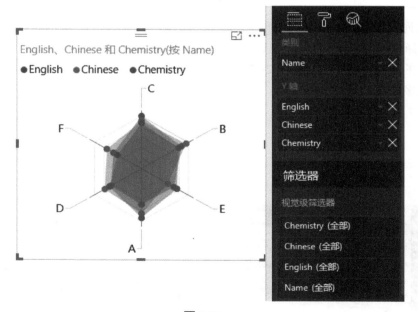

图 2-54

蛛网图中的"类别"属性只能选择一个列作为分布区域名称。当使用 Name 列作为类别、其他学科作为 Y 轴时，看起来可以得到一个雷达图，但是分析的视角变成以每个学生为固定主体，看每个学科在该学生身上的表现情况。这种视图逻辑显然不符合以各个学科为基准分析学生考试成绩的需要。

此外，成绩单的学生人数可能达到成百上千，当用 Name 列作为雷达图的类别属性时会导致成百上千个区域被划分出来，使可视化对象失去了可读性。因此，这种 Name 类型的数据列不适用于作为类别属性来使用。

如果要以各门学科为基准来分析每个学生的考试成绩，实际上要将原始表中的五门学科列转换成行值并存储在一个新列中，然后以这个新列作为蛛网图的类别属性来使用。要将列转换成行，就可以使用逆透视列方法来进行。操作如图 2-55 所示，选择原始表中的 Name 列，之后选择导航栏上的"转换"菜单，选择"逆透视列"下的"逆透视其他列"选项；或者先选中五门学科列，之后选择"逆透视列"中的"逆透视列"选项。

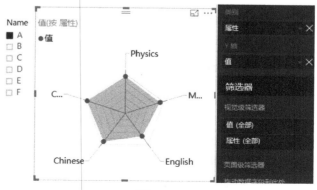

图 2-55

转换完毕后可以获得如图 2-56 所示的表。在新表中，五门学科的学科名称被转换成"属性"列下的相应数据，原来五门学科的分数被存放在"值"列中并与"属性"列中的学科相对应。同时，原来 Name 列中的数值也进行了复制，以便与新生成的属性列和值列相对应。

使用新表去创建蛛网图，就可以获得如图 2-57 所示的效果。通过切片器添加 Name 列到报表中，就可以查看每个学生各科考试成绩情况。

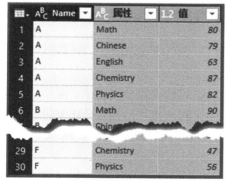

图 2-56

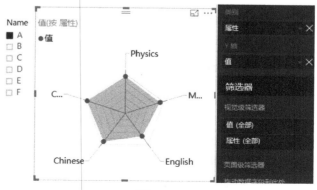

图 2-57

51

目前，Power BI 对逆透视列操作提供了三个选项，其功能区别如下：

● 逆透视列：后台调用了 M 语言中的 Table.UnpivotOtherColumns 函数。该操作意味着对当前列进行逆透视操作，列中数据将被转换成行，未选中列保持不变。

使用该选项对成绩表中的五门课程进行逆透视操作对应的 M 表达式如下：

```
Table.UnpivotOtherColumns(更改的类型, {"Name"}, "属性", "值")
```

● 逆透视其他列：后台也是调用了 M 语言中的 Table.UnpivotOtherColumns 函数，是逆透视列操作的反选操作。使用此选项意味着对选中列以外的其他列进行逆透视操作，选中列保持不变。

使用该选项对成绩表中的五门课程进行逆透视操作对应的 M 表达式如下：

```
Table.UnpivotOtherColumns(更改的类型, {"Name"}, "属性", "值")
```

● 仅逆透视选定列：后台调用了 M 语言中的 Table.UnpivotColumns 函数。该操作意味着仅仅对当前选中列做逆透视操作。

使用该选项对成绩表中的五门课程进行逆透视操作对应的 M 表达式如下：

```
Table.Unpivot(更改的类型, {"Math", "Chinese", "English",
"Chemistry", "Physics"}, "属性", "值")
```

小贴士
"逆透视列"/"逆透视其他列"选项和"仅逆透视选定列"选项的区别在于，当有新的列添加到表中时，"逆透视列"和"逆透视其他列"选项拥有自动将新列进行逆透视操作的能力，而"仅逆透视选定列"选项则不会对新列进行处理。 "逆透视列"和"逆透视其他列"使用的是 Table.UnpivotOtherColumns 函数，该函数明确定义的是不需要进行逆透视的列，不在定义范围内的其他列默认都要进行逆透视操作。所以当数据源中出现新列时，就会被进行逆透视操作。 "仅透视选定列"使用的是 Table.UnpivotColumns 函数，该函数明确定义了需要进行逆透视操作的列，不在定义范围内的列都不会做逆透视操作。因此，当数据源中出现新列时，也不会被进行逆透视操作。

3. 利用透视列和逆透视列进行行列互换

在实际应用中，数据源中表内的行列存储格式有时不满足后续计算分析要求，需要将表中的行列进行调换，这种需求可以通过使用一次"逆透视"操作和一次"透视"操作来进行。例如，对于图 2-55 所示的学生成绩表，如果想将学科名称变成行而将每个学生姓名都按照列进行存储，那么可以通过以下步骤来完成。

首先，选择表中的 Name 列，然后在"转换"导航栏下选择"逆透视列"下的"逆透视其他列"选项，获得如图 2-56 所示的新表。之后，选择 Name 列，再选择"透视列"。在透视列设置中，“值列”选择“值”，“聚合函数”选择“求和”。单击“确定”按钮后就可以得到如图 2-58 所示的结果，即完成了原始表内行列值的调换。

	属性	A	B	C	D	E	F
1	Chemistry	87	73	80	63	70	47
2	Chinese	79	88	84	72	52	68
3	English	63	79	92	60	64	55
4	Math	80	90	75	55	68	70
5	Physics	82	83	75	58	84	56

图 2-58

2.3.5　分组依据

查询编辑器中的分组依据功能允许用户依据选中列中的数据对当前表进行分组。也就是说，Power BI 会对分组依据列进行去重操作，并在去重的过程中将其他数据列按照用户指定的方式对其进行聚合以便生成与依据列相对应的数据。

例如，图 2-59 是一张产品销售表。如果需要以 Country 列为基准、以 Amount 列作为聚合条件对当前表进行分组，可以选中 Country 列，之后选择“转换”导航栏下的“分组依据”选项。

	Country	Product	Category	Amount
1	Australia	Accessories	Furnishings	800
2	Australia	Bathroom Furniture	Furnishings	200
3	Australia	Computers	Electronics	100
4	Australia	Audio	Electronics	300
5	Canada	Audio	Electronics	500
6	Canada	Computers	Electronics	200
7	Canada	Bathroom Furniture	Furnishings	200
8	Canada	Accessories	Furnishings	100
9	Canada	Clothes	Clothing	700

图 2-59

Power BI 的“分组依据”设定页面（见图 2-60）主要包含以下几个选项：

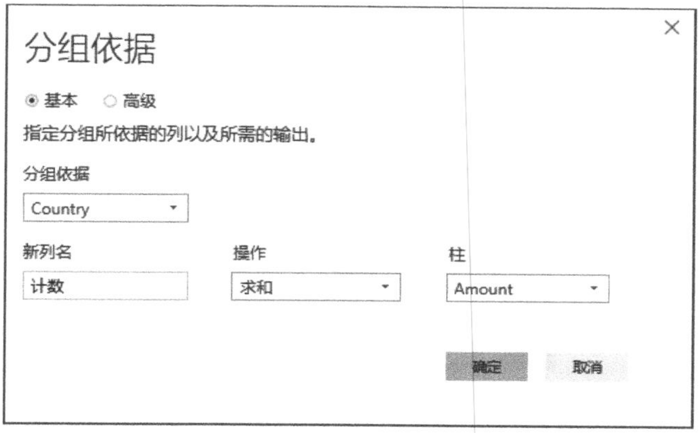

图 2-60

- 分组依据：选择以哪个数据列作为分组条件。
- 新列名：用于承载聚合操作结果的新数据列的列名称。
- 操作：指定具体的聚合操作方法，根据聚合列的数据类型不同，可选的操作也不相同，主要包括"求和""平均值""中值""最大值""最小值""对行进行计数""非重复行计数"以及"所有行"。其中，"所有行"是一个比较特殊的操作，该操作会根据分组依据列值将其他数据列中的行进行分组，然后分别合并成表进行存储。这一操作可以对原始表进行精简拆分，只加载某一特定部分数据。例如，当对图 2-59 中的数据按照 Country 列进行分组，分组操作选择"所有行"，可以得到如图 2-61 所示的分组结果。

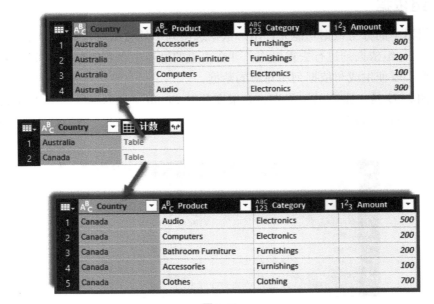

图 2-61

- 柱：指定用于进行聚合计算的数据列。如果前一个操作中选择"对行进行计数""非重复行计数"或者"所有行"，那么"柱"选项无须填写，因为 Power BI 会默认这三种操作使用分组依据列中的行来进行。如果是"求和"或者求"中值""平均值"等其他算术计算相关的操作，则 Power BI 需要用户指定一个数据列来进行计算。

对图 2-59 中的数据，当"分组依据"选择"Country"、"新列名"使用默认值、"操作"选项选择"求和"、"柱"选项选择 Amount 列后可以得到如图 2-62 所示的结果。

图 2-62

在这个新表中，Power BI 只保留了之前表中的分组依据 Country 列，其他的数据列被移除。

同时 Power BI 添加了一个新的数据列，该列值取自于之前表中 Amount 列按照 Country 列中值进行求和操作的结果。

与分组依据基本选项卡中的设置相比，在图 2-63 所示的分组依据高级选项中，Power BI 允许用户使用多个分组数据列以及聚合条件来进行数据分类。

图 2-63

当按照图 2-63 中的设置对产品销售表进行分组后，可以获得如图 2-64 所示的结果。

	Country	Category	Total Amount	Number of Product
1	Australia	Furnishings	1000	2
2	Australia	Electronics	400	2
3	Canada	Electronics	700	2
4	Canada	Furnishings	300	2
5	Canada	Clothing	700	1

图 2-64

通过添加更多的分组条件，可以将原始表做更多元化的分类处理，对数据进行初步加工，方便今后对数据的进一步加工分析。

2.3.6　合并查询和追加查询

在进行数据查询时，可以根据需要将多张表中的数据加载到同一张表中进行分析，这样做的好处是可以避免在日后数据建模时进行跨表查询和计算，从而提高了运算效率。目前 Power BI 查询编辑器中提供两种对表内数据进行合并的方法，一种称为"合并查询"，另外一种叫"追加查询"。

1. 合并查询

合并查询对表的操作如图 2-65 所示，可以实现类似于 SQL Server 中的 JION 函数查询效果。当两张或者多张表中某一个或多个数据列下包含部分相同行值时，可以以这些相同值为基准，通过合并查询将多张表数据合并成一张表。

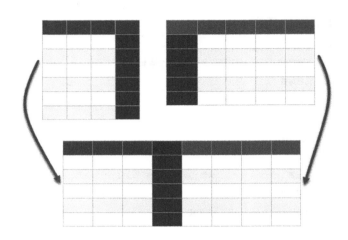

图 2-65

如图 2-66 所示，Exam-A 表是一张包含 A 班学生的考试成绩，Student 表存储的是学生学号和姓名。

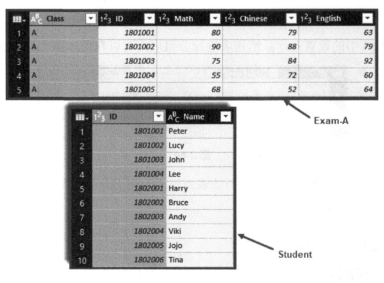

图 2-66

如果想在考试成绩表中显示学生姓名一列，就可以通过合并操作将这两张表以 ID 列为依据进行合并。方法是选择考试成绩表，单击查询编辑"开始"导航栏下的"合并查询"选项，之后可以看到两个子选项：

- 合并查询：在当前选中表基础上进行合并操作，合并后的新表将代替原始表。
- 将查询合并为新查询：创建一个新的表，将选中表的内容复制到新表上再进行合并操作。该操作可以保留原始表内容。

无论选中哪个合并选项，都可以看到如图 2-67 所示的配置界面。

图 2-67

合并查询设置分三部分：

第一部分是选择"左侧表"，也可理解为基准表。

第二部分选择"右侧表"，也可理解为合并对象，即选择将哪个表中的数据与基准表进行合并。确定完两张表之后，分别在其中选择依据哪一个或几个数据列进行合并。

第三部分是"联接种类"。该选项用来指定以何种方式对数据进行合并。目前 Power BI 提供了 6 种联接种类供用户使用。

① 左外部（第一个中的所有行，第二个中的配合行）：该选项代表合并后的表保留左侧信息即基准表中的全部原始行。右侧表即合并对象，则按照左侧表中的行进行匹配。如果左侧表的某一行在右侧表中没有匹配对象，则使用 null 来填充。当左侧表中的所有行都完成匹配后，右侧表的剩余数据将被抛弃。逻辑示意图如图 2-68 所示。

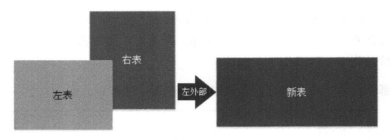

图 2-68

如果按照"左外部"选项对图 2-66 的两张表进行合并，可以得到图 2-69 所示的结果。

	Class	ID	Math	Chinese	English	Student
1	A	1801001	80	79	63	Table
2	A	1801002	90	88	79	Table
3	A	1801003	75	84	92	Table
4	A	1801004	55	72	60	Table
5	A	1801005	68	52	64	Table

图 2-69

合并后的右侧 Student 表以内嵌表的形式存放在左侧 Exam-A 表当中。单击 Student 列旁边的"扩展选项"按钮时，可以看到如图 2-70 所示的内容信息。

图 2-70

在这里，如果选择按照 Name 列进行展开，那么 Power BI 会将内嵌表 Student 中的 Name 列添加到当前学生成绩表中，可以获得如图 2-71 所示的结果。

	Class	ID	Math	Chinese	English	Student.Name
1	A	1801001	80	79	63	Peter
2	A	1801002	90	88	79	Lucy
3	A	1801003	75	84	92	John
4	A	1801004	55	72	60	Lee
5	A	1801005	68	52	64	null

图 2-71

由于 Student 表中没有哪个 ID 与 Exam-A 表中 ID 为 1801005 的数值相匹配，因此合并后没有匹配值的行会用 null 进行填充。

② 右外部（第二个中的所有行，第一个中的匹配行）：该操作与左外部操作相反，保留右侧表即合并对象中的全部原始行，而将左侧表（基准表）按照右侧表中的数据进行截取匹配。逻辑示意图如图 2-72 所示。

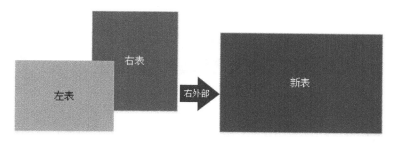

图 2-72

按照"右外部"选项对之前的 Exam-A 表和 Student 表进行合并，可以得到图 2-73 所示的结果。

	ABC Class	1²₃ ID	1²₃ Math	1²₃ Chinese	1²₃ English	Student
1	A	1801001	80	79	63	Table
2	A	1801002	90	88	79	Table
3	A	1801003	75	84	92	Table
4	A	1801004	55	72	60	Table
5	null	null	null	null	null	Table

图 2-73

由于右侧 Student 表中有 6 行数据无法在左侧 Exam-A 表中找到相应匹配项，因此在新表中，左侧 Exam-A 表中会新增加一列，用来存储右侧 Student 表中 6 行无匹配项的数据。

③ 完全外部（两者中的所有行）：该操作会将两张表中的所有行都合并到一张表当中。当缺少对应匹配项时，会用 null 值进行填充。逻辑示意图如图 2-74 所示。

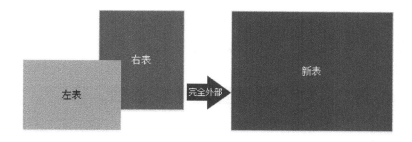

图 2-74

按照"完全外部"选项对 Exam-A 表和 Student 表进行合并后可以得到图 2-75 所示的结果。

	A^B_C Class ▼	1²₃ ID ▼	1²₃ Math ▼	1²₃ Chinese ▼	1²₃ English ▼	⊞ Student ↔
1	A	1801001	80	79	63	Table
2	A	1801002	90	88	79	Table
3	A	1801003	75	84	92	Table
4	A	1801004	55	72	60	Table
5	null	null	null	null	null	Table
6	A	1801005	68	52	64	Table

图 2-75

如果将图 2-75 中的 Student 列上的内嵌表展开，可以获得如图 2-76 所示的结果。

	A^B_C Class ▼	1²₃ ID ▼	1²₃ Math ▼	1²₃ Chinese ▼	1²₃ English ▼	A^B_C Student.Name ▼
1	A	1801001	80	79	63	Peter
2	A	1801002	90	88	79	Lucy
3	A	1801003	75	84	92	John
4	A	1801004	55	72	60	Lee
5	null	null	null	null	null	Harry
6	null	null	null	null	null	Bruce
7	null	null	null	null	null	Andy
8	null	null	null	null	null	Viki
9	null	null	null	null	null	Jojo
10	null	null	null	null	null	Tina
11	A	1801005	68	52	64	null

图 2-76

④ 内容（仅匹配行）：该选项只会将两张表中有匹配关系的数据进行合并，生成新表；没有匹配项的数据将会被抛弃。逻辑示意图如图 2-77 所示。

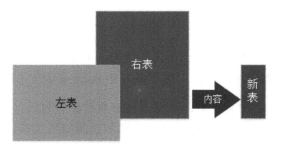

图 2-77

按照"内容"选项对 Exam-A 表和 Student 表进行合并，并在合并后将 Student 列上的内嵌表展开，可以得到如图 2-78 所示的结果。

	A^B_C Class ▼	1²₃ ID ▼	1²₃ Math ▼	1²₃ Chinese ▼	1²₃ English ▼	A^B_C Student.Name ▼
1	A	1801001	80	79	63	Peter
2	A	1801002	90	88	79	Lucy
3	A	1801003	75	84	92	John
4	A	1801004	55	72	60	Lee

图 2-78

⑤ 左反（仅限第一个中的行）：该选项是一个剔除操作，会移除左侧表中与右侧表相匹

配的行，只保留左侧表中独有的数据行。可以用于删减两张表中的相同数据。逻辑示意图如图 2-79 所示。

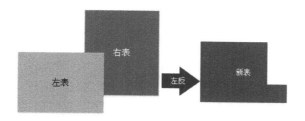

图 2-79

按照"左反"选项对 Exam-A 表和 Student 表进行合并，并在合并后将 Student 列上的内嵌表展开，可以得到如图 2-80 所示的结果。

图 2-80

⑥ 右反（仅限第二个中的行）：与左反选项类似，也是一个剔除操作。当使用右反选项时，Power BI 会只保留右侧表中独有的数据行，而删除与左侧表相匹配项的数据行。逻辑示意图如图 2-81 所示。

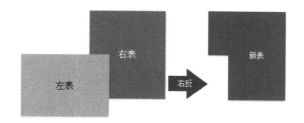

图 2-81

按照"右反"选项对 Exam-A 表和 Student 表进行合并，并将合并后 Student 列上的内嵌表展开，可以得到如图 2-82 所示的结果。

	Class	ID	Math	Chinese	English	Student.Name
1	null	null	null	null	null	Harry
2	null	null	null	null	null	Bruce
3	null	null	null	null	null	Andy
4	null	null	null	null	null	Viki
5	null	null	null	null	null	Jojo
6	null	null	null	null	null	Tina

图 2-82

通过以上操作，可以实现将多个表中的数据进行合并，完成数据整合操作，以方便后续数据分析使用。

如果数据量太大，或者表之间差异性过大时，就不太适用于进行合并操作。因为对这种数据进行合并，新表由于数据量过大或者冗余数据过多会影响后续数据分析效率。

2. 追加查询

追加查询也是一种将表数据进行整合的操作。如果说合并查询是对两张表以左右方式进行整合，那么追加查询是对两张表按照上下方式进行整合。当一张表中的数据列名称和类型与另外一张表中的数据列名称和类型完全相同或者几乎完全相同时，就可以进行追加操作。

例如，图 2-83 是 A 班和 B 班的考试成绩表。两张表中包含的列名和类型都相同，因此可以用追加查询操作将两张表合并成一张表来统计年级学生考试成绩情况。

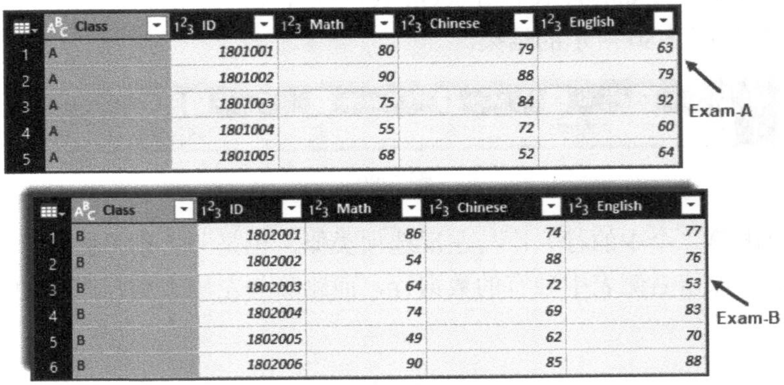

图 2-83

要将 B 班考试成绩追加到 A 班成绩单上，可以选择 A 班考试成绩表，然后选择"开始"菜单下的"追加查询"选项。与合并查询类似，追加查询也有两个子选项：

- 追加查询：在当前选中表的基础上进行追加操作，追加后的新表将代替原始表。
- 将查询追加为新查询：创建一个新的表，将选中表中的内容复制到新表上再进行追加操作。该操作可以保留原始表内的数据。

无论选中哪个追加选项，都可以看到如图 2-84 所示的配置窗口。

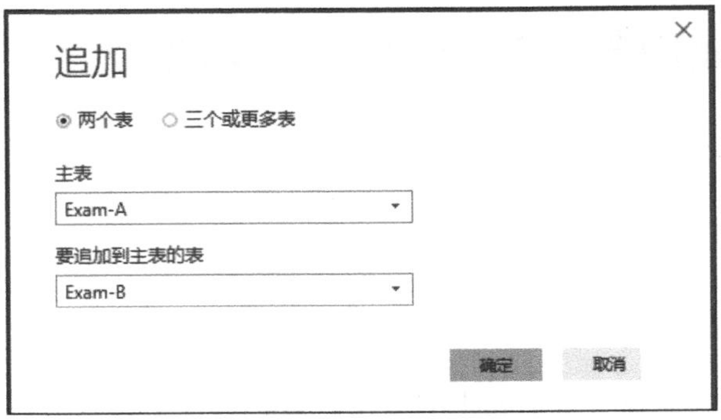

图 2-84

62

在“两个表”的追加设置下共有两个选项：

- 主表：指定以哪个表为基准进行数据追加。
- 要追加到主表的表：指定将哪个表中的数据追加到主表当中。

对 A 班和 B 班的两张成绩表进行追加操作后，可以获得如图 2-85 所示的新表。

	Class	ID	Math	Chinese	English
1	A	1801001	80	79	63
2	A	1801002	90	88	79
3	A	1801003	75	84	92
4	A	1801004	55	72	60
5	A	1801005	68	52	64
6	B	1802001	86	74	77
7	B	1802002	54	88	76
8	B	1802003	64	72	53
9	B	1802004	74	69	83
10	B	1802005	49	62	70
11	B	1802006	90	85	88

图 2-85

如果要追加多张表，可以选中“三个或更多表”选项，如图 2-86 所示。

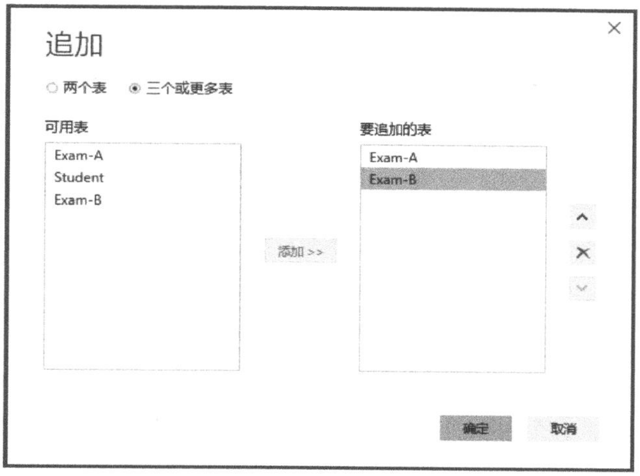

图 2-86

在“可用表”列表框中指定要进行追加的表，并添加到右侧“要追加的表”列表框中。在“要追加的表”中排序最靠上的表将作为主表，其他表将依次追加到主表之后，可以通过最右侧上下箭头来调整表的追加顺序。如果要删除需要追加的表，就可以通过最右侧的删除按钮进行删除。

与合并查询逻辑类似，在进行追加查询操作的表中，如果出现没有对应匹配项的数据列，Power BI 会用空值 null 对追加后的表进行填充。例如，当 A 班多了一门化学学科考试成绩信息，而 B 班多了一门物理学科考试成绩信息时，对这样的两张表进行追加操作后可以获得如图 2-87 所示的结果。

	Class	ID	Math	Chinese	English	Chemistry	Physics
1	A	1801001	80	79	63	87	null
2	A	1801002	90	88	79	73	null
3	A	1801003	75	84	92	80	null
4	A	1801004	55	72	60	63	null
5	A	1801005	68	52	64	70	null
6	B	1802001	86	74	77	null	76
7	B	1802002	54	88	76	null	69
8	B	1802003	64	72	53	null	58
9	B	1802004	74	69	83	null	60
10	B	1802005	49	62	70	null	54
11	B	1802006	90	85	88	null	77

图 2-87

小贴士

如果两张表彼此之间有重复数据，在进行追加查询时，Power BI 并不会进行去重操作，也就是说在新表中会包含一部分重复数据需要手动清除。因此，在完成追加查询后，最好紧跟一次去重操作，以免表中包含重复数据对今后的数据分析产生影响。

2.3.7 展开和聚合

在查询编辑器中允许出现内嵌表的情况。内嵌表指的就是当前表中某一列值由另外一张表、列或者记录组成（关于 Power Query 表数据结构的详细说明，请参见第 4 章）。最常见的例子就是当两张表进行合并操作后，主表中就会新增一个内嵌数据列，用来存储被合并对象表中的内容。例如，在图 2-88 中，Student 列就是一个包含内嵌表的数据列。

	Class	ID	Math	Chinese	English	Student
1	A	1801001	80	79	63	Table
2	A	1801002	90	88	79	Table
3	A	1801003	75	84	92	Table
4	A	1801004	55	72	60	Table
5	A	1801005	68	52	64	Table

图 2-88

对于这种包含嵌套内容的表，如果直接将数据加载到 Power BI 桌面应用上，嵌套内容就不会作为可用列出现在加载后的表当中。例如，将图 2-88 的表加载到 Power BI 后可以得到如图 2-89 所示的结果。由于 Student 列是嵌套类型数据列，在加载后会被移除，因此不会被显示在当前数据表中。

Class	ID	Math	Chinese	English
A	1801001	80	79	63
A	1801002	90	88	79
A	1801003	75	84	92
A	1801004	55	72	60
A	1801005	68	52	64

图 2-89

1. 展开

如果要将嵌套数据中的内容提取出来以常规数据列的形式进行存放，就需要使用查询编辑器中的"展开"功能。提取方法是选择包含内嵌表的数据列，单击"转换"导航栏下的"展开"按钮，或者直接单击内嵌表数据列列名旁边的"左右箭头"符号 ↤↦，获得如图 2-90 所示的展开选项。

图 2-90

- 选择要展开的列：指定需要将内嵌表当中的哪一个或哪几个数据列添加到当前表当中。
- 默认的列名前缀（可选）：默认情况下，Power BI 会将内嵌表表名作为展开后新增列的前缀名称。用户可根据自身需求进行修改。

当对图 2-90 中的 Student 列进行展开，选择保留 Name 列后，可以获得如图 2-91 所示的结果。

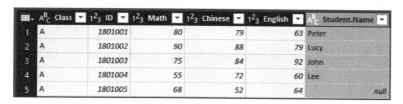

图 2-91

2. 聚合

聚合操作与展开操作类似，都是可以提取内嵌表中的数据列然后将其合并到主表当中。与展开操作单纯的提取元数据不同，聚合操作可以在提取数据列时对其进行聚合计算，然后将聚合结果作为返回值存储在主表中。例如，图 2-92 展示了产品信息表和用户信息表的相关信息。

	Product	Price	Cost
1	Accessories	10	7
2	Bathroom Furniture	30	20
3	Computers	500	420
4	Audio	100	75
5	Clothes	30	22

	Customer	Product	Amount	Date
1	Fourth Coffee	Accessories	150	1/1/2017
2	Blue Yonder Airlines	Bathroom Furniture	45	2/1/2017
3	Fourth Coffee	Computers	50	3/1/2017
4	Blue Yonder Airlines	Bathroom Furniture	55	4/1/2017
5	Fourth Coffee	Accessories	30	5/1/2017
6	Tailspin Toys	Audio	110	6/1/2017
7	Tailspin Toys	Audio	90	7/1/2017
8	Fourth Coffee	Accessories	250	8/1/2017
9	Litware	Computers	20	9/1/2017
10	Fourth Coffee	Computers	30	10/1/2017

图 2-92

如果以产品信息表为主表、以 Product 列为基准用“左外部”方式进行合并操作，就可以得到如图 2-93 所示的新表。其中，合并表下方显示的是 Product.1 列下第一行内嵌表中的具体内容。

	Product	Price	Cost	Product.1
1	Accessories	10	7	Table
2	Bathroom Furniture	30	20	Table
3	Computers	500	420	Table
4	Audio	100	75	Table
5	Clothes	30	22	Table

Customer	Product	Amount	Date
Fourth Coffee	Accessories	150	1/1/2017
Fourth Coffee	Accessories	30	5/1/2017
Fourth Coffee	Accessories	250	8/1/2017

图 2-93

如果想将内嵌表中的 Amount 列以 Product 值为基准做求和操作，之后将结果存储在合并后的新表中，就可以使用聚合操作来实现。具体方法是选择包含内嵌表的数据列，单击“转换”导航栏下的“聚合”按钮，即可获得如图 2-94 所示的聚合选项。

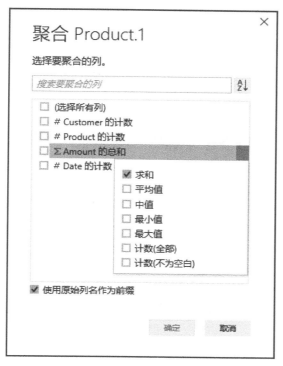

图 2-94

- 选择要聚合的列：选择将哪个数据列以何种聚合方式添加到主表当中。根据不同的数据类型，最多有 7 种聚合方式可选择，分别是"求和""平均值""中值""最大值""最小值""计数（全部）"和"计数（不为空白）"。默认情况下，Power BI 会自动根据当前列的数据类型配置一种聚合方式，如果要进行修改，可以单击列名后的下拉箭头进行修改。
- 使用原始列名作为前缀：选择是否保留原始列名作为前缀。如果不勾选，就会直接使用要添加的数据列的列名作为新列名进行存储。

如果将图 2-93 中的内嵌表以 Amount 列求和的方式进行聚合，就可以获得如图 2-95 所示的结果。

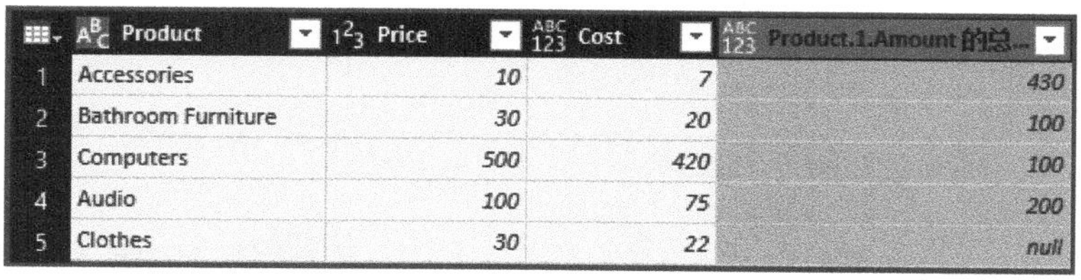

	Product	Price	Cost	Product.1.Amount 的总...
1	Accessories	10	7	430
2	Bathroom Furniture	30	20	100
3	Computers	500	420	100
4	Audio	100	75	200
5	Clothes	30	22	null

图 2-95

通过聚合方式，可以实现在提取内嵌表内容的同时对数据进行聚合整理，以方便进行之后的数据分析。

2.3.8　自定义列

在查询外部数据源数据时，可以根据使用需要，适当添加自定义列以方便后续数据建模。相比在数据分析阶段用 DAX 公式创建数据列，在查询编辑器中添加的自定义列会在数据加载过程中自动生成并进行存储。之后，可作为原始数据列被 DAX 公式使用。例如，图 2-96 是之前经过合并后的一张学生成绩表。

	A^B_C Class	1$^2_3$ ID	1$^2_3$ Math	1$^2_3$ Chinese	1$^2_3$ English	A^B_C Name
1	A	1801001	80	79	63	Peter
2	A	1801002	90	88	79	Lucy
3	A	1801003	75	84	92	John
4	A	1801004	55	72	60	Lee
5	A	1801005	68	52	64	null
6	B	1802001	86	74	77	Harry
7	B	1802002	54	88	76	Bruce
8	B	1802003	64	72	53	Andy
9	B	1802004	74	69	83	Viki
10	B	1802005	49	62	70	Jojo
11	B	1802006	90	85	88	Tina

图 2-96

如果想创建一个自定义列来计算存储每个学生的三门学科平均成绩，可以参考以下步骤来进行。在查询编辑器中的"添加列"导航栏下选择"自定义列"，打开如图 2-97 所示的自定义列配置窗口。

图 2-97

要创建一个自定义列，需要进行以下设置：

68

- 新列名：指定自定义列名。
- 自定义列公式：用来填写生成自定义列所使用的公式。
- 可用列：当前表中可以用来创建自定义列的列。选择需要使用的列后，单击"插入"按钮，可将列名添加到左侧的"自定义列公式"列表框中。

求平均分的自定义列公式非常简单，只需将三门学科成绩相加再除以 3 即可，属于最基本的算术运算公式。单击"确定"按钮后可以获得如图 2-98 所示的自定义列。

	I.	Math	Chinese	English	Name	Average Score
1	1801001	80	79	63	Peter	74
2	1801002	90	88	79	Lucy	85.66666667
3	1801003	75	84	92	John	83.66666667
4	1801004	55	72	60	Lee	62.33333333
5	1801005	68	52	64	null	61.33333333
6	1802001	86	74	77	Harry	79
7	1802002	54	88	76	Bruce	72.66666667
8	1802003	64	72	53	Andy	63
9	1802004	74	69	83	Viki	75.33333333
10	1802005	49	62	70	Jojo	60.33333333
11	1802006	90	85	88	Tina	87.66666667

图 2-98

在自定义列公式中，可以使用任意 M 公式来创建自定义数据列。关于 M 公式的具体介绍，请详见第 4 章。

2.3.9　示例中的列

为了方便用户添加自定义列，避免填写烦琐的 M 表达式，Power BI 提供了"示例中的列"功能。该功能可以在创建自定义列时，让用户先手动输入几个期待结果，之后 Power BI 会自动对这些输入结果进行解析，然后创建相应的 M 表达式来计算该数值，从而获得自定义列中的全部数据。

例如，图 2-99 是一张货物清单表，其中 Period 列存放的数据代表归档的年份和月份信息。

	Period	Key	BU Key	Customer Information
1	201407	AB-46	60	10590-Noca Gas,Irving TX
2	201409	SD-50	60	1023-Spade and Archer,Irving TX
3	201409	TB-77	14	10000-Globo-Chem,Chicago IL
4	201411	AB-75	14	10001-SNC Directly to America,Westchester IL
5	201411	DT-123	14	10002-GHG,Plano TX
6	201310	TB-62	113	1C003-ABC Helicopter,Fort Worth TX
7	201310	TB-77	113	10004-Mr. Sparkle,Toronto ON
8	201311	SD-50	113	10005-GAM Neuro,South Bend IN
9	201312	SD-50	113	10006-Sourced Out,Chestbrook PA
10	201401	DT-80	113	1C007-Processes Inc,Foster City CA

图 2-99

如果要从 Period 列中提取年份信息，可以通过之前介绍的拆分数据列方法来进行，也可以通过创建一个"示例中的列"来提取。方法是在"添加列"导航栏中选择"示例中的列"，之后选择"所选内容"，打开如图 2-100 所示的列配置窗口。

图 2-100

Power BI 会自动在表最后一行添加一个新的可编辑数据列。在第 1 行输入提取的期待结果"2014"，之后 Power BI 会自动根据所输入内容猜测应该使用何种 M 表达式才能获取输入结果，并将剩余行数据自动套入到猜测的表达式中进行求解，结果用灰色字体进行显示。

由于只手动输入的数据过少，导致 Power BI 对数据的提取预测不符合要求。此时，可以将第 4 行不符合要求的数字"201411"更改为"2014"，让 Power BI 更改 M 表达式进行重新计算。完成这次修改后可获得如图 2-101 所示的结果。

图 2-101

表上方的文字描述会显示当前 Power BI 使用何种 M 表达式来计算当前列中的数值。通过对比可知，图 2-100 中 Power BI 使用了 Text.BeforeDelimiter 函数来提取数据，规则是将指定文本列中数字 0 之前的字符进行提取；而图 2-101 中显示 Power BI 使用了 Text.Start 函数来获取数据，规则是提取指定文本列中的前 4 个字符。显然，后者符合提取年份数据的需求。单击"确定"按钮后即可完成自定义数据列的创建，全程无须输入任何 M 表达式。

使用"示例中的列"可以进行很多种类型的数据操作，比如提取文本、合并文本、批量替换、算术运算等。该功能非常适合处理按照一定规律构造的数据列，使得即使没有任何 M 语言基础的用户也能轻松地进行数据修剪。但是，如果数据结构比较复杂，没有特定的规律，或者规律不明显，"示例中的列"功能就可能无法满足计算要求，此时仍然需要手动输入 M 表达式来完成计算。

2.3.10　调用自定义函数

调用自定义函数是指除了可以使用内置的 M 函数来进行数据查询以外，还可以创建自定义函数，然后调用这些函数来进行数据查询。例如，可以如图 2-102 所示，创建一个"空白查询"，之后自定义一个求三个数据平均值的公式。

图 2-102

这个函数中定义了三个参数，分别是 x、y 和 z，运算过程是对三个参数先进行求和，再将结果除以 3 来获得平均值。这个自定义函数准备好之后可以用来计算之前学生成绩表中三门考试科目的平均值。使用方法是在学生成绩表中选择导航栏中"添加列"下的"调用自定义函数"，打开如图 2-103 所示的调用自定义函数配置窗口。

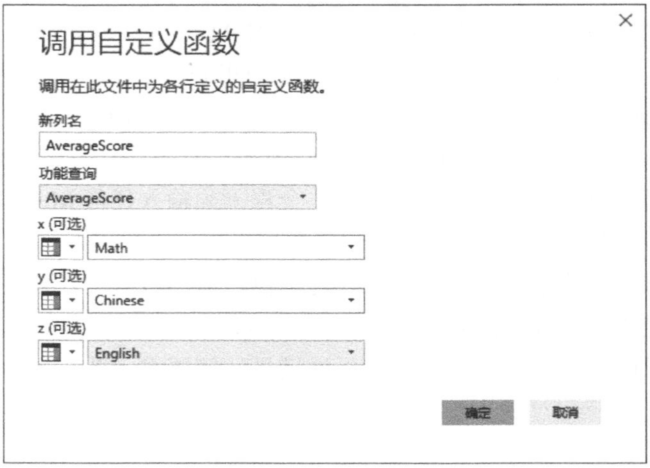

调用自定义函数

调用在此文件中为各行定义的自定义函数。

新列名

AverageScore

功能查询

AverageScore

x (可选)

Math

y (可选)

Chinese

z (可选)

English

确定　取消

图 2-103

要调用一个自定义函数，主要需进行以下配置。

● 新列名：填写要添加的新数据列的列名。

● 查询功能：选择需要调用的自定义函数名称，该函数将会被用来创建新列。

● 参数选项：Power BI 会根据自定义函数中的设定，自动加载需要配置的参数。参数配置分为两部分。第一部分是参数类型，如图 2-104 所示，既可以输入值，也可以使用已存在的数据列，通过下拉列表可以更改参数类型。

图 2-104

第二部分是具体参数。如果选择参数的类型是"任意"，那么在此处需要输入使用的具体参数；如果选择的类型是"列名"，那么需要指定一个数据列，其列中的值会作为函数的参数来使用。配置好参数后单击"确定"按钮，即可获得如图 2-105 所示的结果。

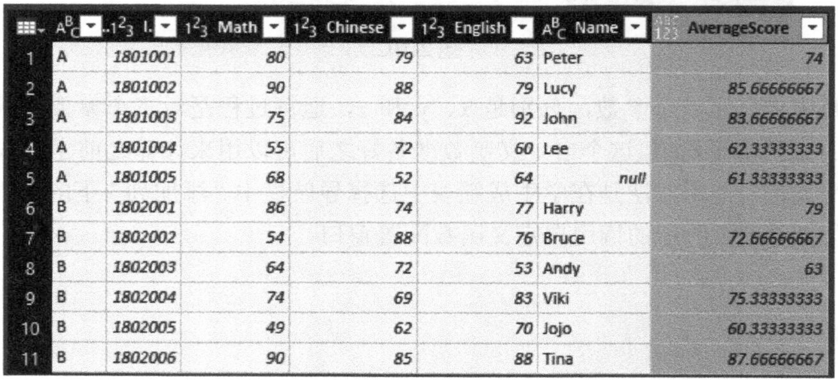

	A	I.	Math	Chinese	English	Name	AverageScore
1	A	1801001	80	79	63	Peter	74
2	A	1801002	90	88	79	Lucy	85.66666667
3	A	1801003	75	84	92	John	83.66666667
4	A	1801004	55	72	60	Lee	62.33333333
5	A	1801005	68	52	64	null	61.33333333
6	B	1802001	86	74	77	Harry	79
7	B	1802002	54	88	76	Bruce	72.66666667
8	B	1802003	64	72	53	Andy	63
9	B	1802004	74	69	83	Viki	75.33333333
10	B	1802005	49	62	70	Jojo	60.33333333
11	B	1802006	90	85	88	Tina	87.66666667

图 2-105

自定义函数在很大程度上可以简化查询公示的书写，方便数据管理，可以在今后数据查询中多多利用。

2.3.11　输入数据

Power BI 除了可以连接外部数据源，还允许用户创建自定义表来手动输入数据并存储在 Power BI 文件当中。要想手动构造数据表，可以选择 Power BI "开始"导航栏下的"输入数据"选项，之后在图 2-106 所示的表中输入自定义数据。

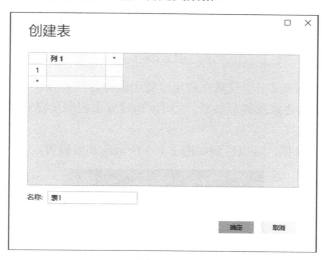

图 2-106

创建自定义表的过程非常简单，只需输入列名和列值即可。支持复制和粘贴操作，可以将外部数据直接粘贴到当前表中来使用。通过单击"确定"按钮即可完成表创建过程。如果需要对表进行修改，可以如图 2-107 所示，双击右侧"查询设置"面板下"应用的步骤"中的第一步"源"，即可重新打开创建表页面来修改数据。

图 2-107

相比从外部数据源中加载的表，在 Power BI 中创建的表数据会被保存到 Power BI 文件当中。无论外部环境如何变化，其表内数据都一直可用，并且可以根据需要随时进行修改。因此，如果是一些少数附属常量信息，可以考虑使用创建表的方式将其存储在 Power BI 文件当中，以方便日常使用和维护。

2.3.12 查询应用步骤与高级编译器

在查询编辑器中每进行一次数据操作，都会在右侧"查询设置"面板下的"应用的步骤"子菜单中生成一个新的步骤，每个步骤背后都会对应当前查询操作所使用的 M 语言表达式。如图 2-108 所示，通过单击具体步骤即可查看当前查询步骤使用的 M 表达式。

图 2-108

如果想删除之前的查询操作，只需在应用步骤中删除对应步骤即可。对于某些需要配置特定参数的查询操作，如果要修改某个参数，也可以通过双击应用步骤来调出对应的查询操作窗口来进行。

右击一个查询步骤名称，可以看到如图 2-109 所示的高级设置。

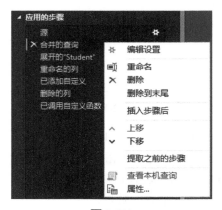

图 2-109

- 编辑设置：当"编辑设置"可选时，选择"编辑设置"选项可以调出当前查询应用步骤配置选项。
- 重命名：对当前查询应用步骤进行重命名。
- 删除：删除当前查询应用步骤。需要注意的是，如果当前步骤不是最后一步，对其进行删除时可能导致后续查询步骤不可用。
- 删除到末尾：将当前查询应用步骤及其以后步骤全部删除。
- 插入步骤后：在当前查询应用步骤后插入一个新的查询步骤。需要注意的是，插入中间步骤可能会影响后续步骤，导致后续步骤不可用。
- 上移：当"上移"可选时，可以选择"上移"选项将当前查询应用步骤顺序向前提一位。
- 下移：当"下移"可选时，可以选择"下移"选项将当前查询应用步骤顺序向后降低一位。

- 提取之前的步骤：将选定步骤之前的查询步骤提取到新查询中。这个操作会将当前表拆分成两部分，一部分是由当前选定步骤之前所有步骤组成的一个新表，另一部分是当前查询以及当前查询之后所有步骤组成的表。在这个表中，其"源"来自于之前被拆分出来的新表。

- 查看本机查询：当"查看本机查询"可选时，可以在此查看通过查询折叠转换成对应数据源可识别的查询语句。

- 属性：用来配置当前步骤属性，包括步骤名称以及相应说明。

查询应用步骤可以分别显示每一次查询所使用的 M 表达式。如果想一次性查看全部函数公式，就可以通过高级编译器来进行。在"开始"菜单下选择"高级编译器"选项，可以打开如图 2-110 所示的窗口。

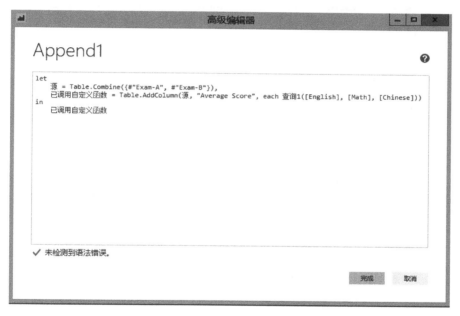

2-110

在高级编译器的编译框内会显示生成当前表使用的全部 M 表达式，可以在此处对表达式进行修改。编辑框底部会有一处语法检测提示，如果当前输入的 M 表达式有明显的语法错误，Power BI 会在此处进行提示，便于用户进行修改。关于 M 表达式的具体使用方法，请详见第 4 章。

2.4　数据建模分析

当通过查询编辑器完成对外部数据源数据的查询编辑之后，就可以单击"应用"按钮，将数据加载到 Power BI 桌面应用当中来进行数据建模并生成可视化图表。目前，Power BI 一共为用户提供了 4 种视图模式来进行数据建模。其中，报表视图、数据视图和关系视图为正式版，而建模视图是 2018 年 12 月份 Power BI 桌面应用更新后推出的预览版本。

如图 2-111 所示，当所有外部数据源数据都使用"导入"模式加载到 Power BI 桌面应用后，用户在左侧视图区域可以看到四种视图模式，用于对数据进行建模分析。同时，在"建模"导航栏中也可以看到多个数据建模操作选项。

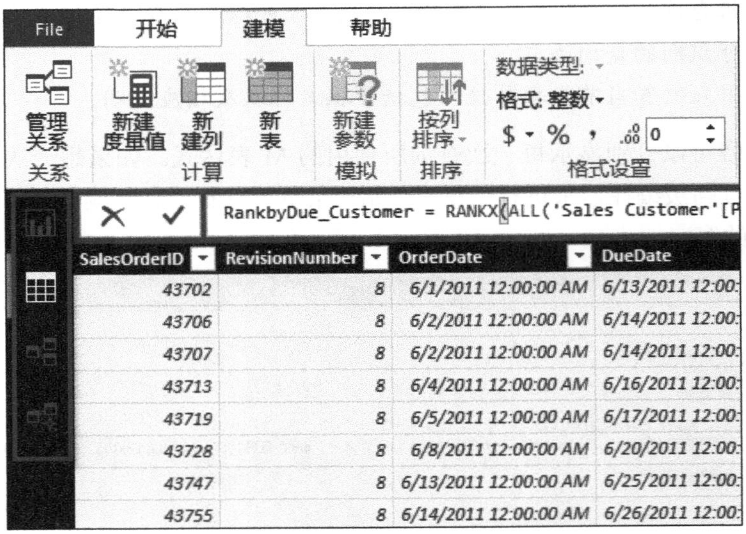

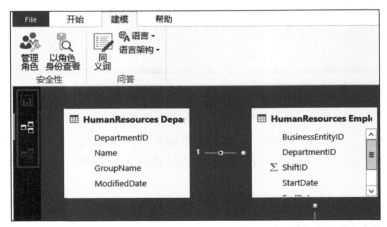

图 2-111

如果所有外部数据源都通过"DirectQuery"模式连接到 Power BI 桌面应用，如图 2-112 所示，用户在左侧视图区域只能看到三种视图模式，"数据视图"被隐藏。同时，在"建模"导航栏中可用的操作也减少为五项，明显少于"导入"模式中可以使用的建模工具。

图 2-112

之所以"DirectQuery"模式能使用的建模工具少于"导入"模式，是因为在"DirectQuery"模式下，数据并没有被存储到 Power BI 文件当中。Power BI 只是实时从外部数据源中查询所需数据来创建可视化图表。因此，"DirectQuery"模式下可用的建模工具受限，无法像"导入"

模式那样相对自由地进行数据建模。

　　本节主要以导入模式为准，介绍数据视图中的主要操作。关于列（计算列）和度量值相关的信息将在第 5 章中进行详细说明。

2.4.1　设定数据类型、格式以及数据分类

　　与查询编辑器类似，在对数据进行建模分析时也可以对数据类型做调整。例如，可以将"整数"类型数据调整为"小数"类型或者"定点小数"类型甚至是"文本"类型数据。相比查询编辑器，在进行数据建模时还多了一个可以指定数据显示格式的功能。例如，如图 2-113 所示，对于"日期"类型的数据，Power BI 提供了十多种显示格式。用户可以根据业务需求进行更改调整来获得最满意的显示效果。

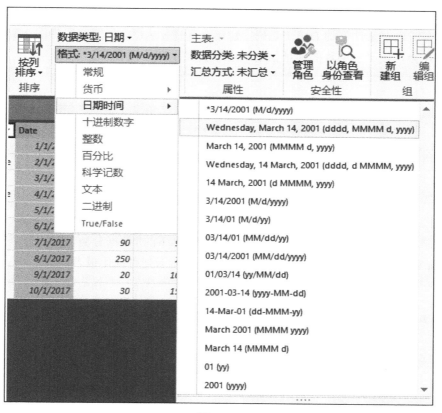

图 2-113

　　数据分类则是在确定完数据类型的基础上，根据数据的实际含义对数据进行进一步归类的操作。分类类型能影响数据在可视化视图中的显示效果。例如，在图 2-114 所示的表中，DM_Pic 列的数据类型是"文本"、数据分类是"未分类"，而其实际意义是代表了一组图片的 URL 信息。

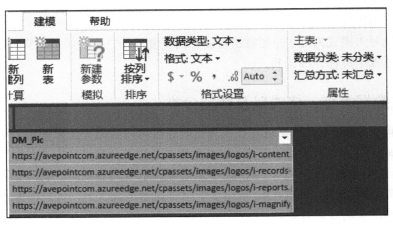

图 2-114

当使用当前设定条件下的 DM_Pic 列创建一个可视化表时，只能获得如图 2-115 所示的结果。Power BI 会直接显示图片的地址信息，而不会显示图片内容。

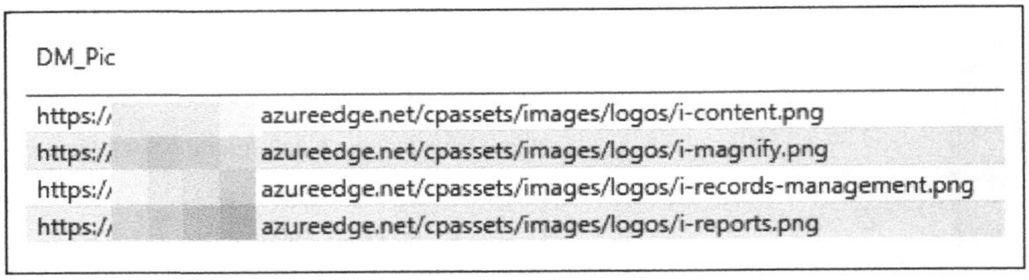

图 2-115

要想将图片内容显示在可视化报表中，需要更改数据分类方式，从而让 Power BI 可以将当前文本信息识别为图像信息。方法是在"建模"导航栏下的"数据分类"中选择"图像 URL"。之后，Power BI 就可以如图 2-116 所示，将图片内容显示到可视化报表当中。

图 2-116

2.4.2　在可视化表中添加图片和图标

在可视化报表中添加图片能使得数据分析更加生动形象，更便于读者对报表内容进行理解。目前，在 Power BI 中可以使用两种图片显示法：第一种是直接显示法，通过读取图片的 URL 来获取图片内容并将其显示在 Power BI 的可视化对象当中；另一种是存储显示法，是将原始图片进行 Base64 编码处理，然后将该编码存储到表当中，之后通过解析将图片显示在可视化对象当中。

直接显示法是 Power BI 中加载图片最简单直观的方式。方法是先将需要显示的图片存放在用户可以访问的站点当中来获得可用 URL，然后在原始数据或自定义表中增加相关图片列用于存储 URL 信息，之后将数据分类类型改为"图形 URL"即可完成。

例如，在图 2-117 的汽车销售报表中，原始数据中有一个 Logo 列，里面记录了每个汽车制造商的商标图片。

Country ▾	Brand ▾	Model ▾	Unit Price ▾	Amount ▾	Logo ▾
Australia	Toyota	Camry	24000	220	http://www.car-logos.org/wp-
Australia	Toyota	RV4	25500	170	http://www.car-logos.org/wp-
Australia	Ford	Focus	18000	370	http://www.car-logos.org/wp-
Australia	Ford	Fusion	22500	160	http://www.car-logos.org/wp-
Australia	Ford	Escape	24000	260	http://www.car-logos.org/wp-
Canada	Toyota	Camry	24200	180	http://www.car-logos.org/wp-

图 2-117

如果要将商标图片显示到可视化对象当中，就可以遵循 2.4.1 小节中的介绍，将"数据分类"改为"图像 URL"即可。显示结果参见图 2-118。

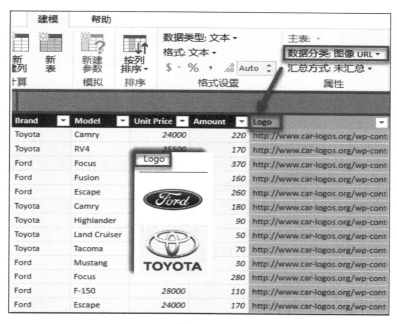

图 2-118

通过直接输入完整 URL 的方式来显示图片信息很简单，但是这种方式相对琐碎，需要人工一个一个地在原始数据或者自定义表中添加每个图片的 URL。如果数据内容和图片 URL 存在一定的关联关系，就可以通过自动匹配的方式来添加图片 URL。例如，同样是这一组数据，对于 Country 列，我们也可以将每个国家的国旗加载到可视化表中进行显示。方法是找到一个提供国家国旗图片的网站，图片的 URL 要求包含有 Country 名称。

举例来说，URL 是 http://www.sciencekids.co.nz/images/pictures/flags96/Canada.jpg 的图片符合上述要求。该图片内容显示的是加拿大国旗，同时图片的 URL 包含 Canada 这个单词，与表中 Country 列下面的 Canada 值相对应。

确定好图片来源之后，打开 Power Query 编辑器，添加一个自定义列并命名成 Flag，然后如图 2-119 所示，在自定义列公式中添加一个公式，用来处理图片的 URL。

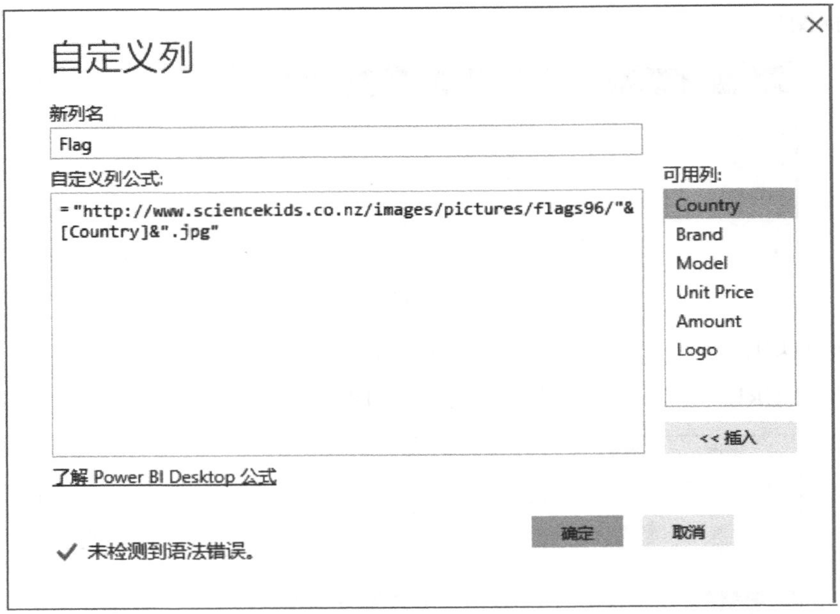

图 2-119

公式的意义是将图片 URL 中的国家名称替换成当前表中的 Country 列。需要注意的地方是，自定义公式下面添加的文本内容需要用双引号（""）引起来，但插入已存在的列或者调用 Power Query M 语言中的某个函数则不需要加双引号。

添加完毕之后单击"加载"按钮就可以在数据视图模式下看到新添加进来的 Flag 列，并且每一列中的 URL 都与前行的 Country 列值相对应。同样的，将列归类为图片 URL 就可以如图 2-120 所示，在可视化对象中加载图片内容。

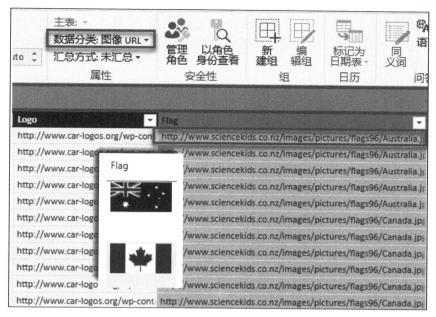

图 2-120

在加载的过程中可能会遇到如图 2-121 所示的隐私级别提示，这是由于添加的图片列引用自公网中的数据，默认会被认定为外部数据源信息。当前 Excel 表来自本地磁盘，属于内部数据源，二者隐私级别不同，因此 Power BI 提示，引入外部数据源存在一定的安全风险。如果信任外部数据源数据，可以勾选"忽略此文件的隐私级别检查……"复选框来将外部数据源数据加载到当前表中。

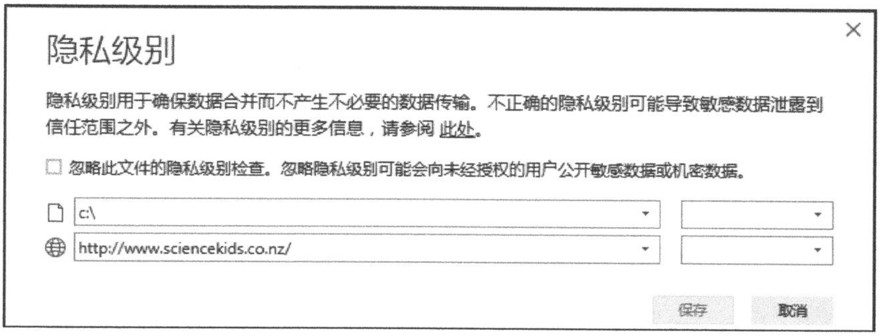

图 2-121

通过直接显示法来将图片信息加载到可视化报表中的优点是操作简单方便，只要提供有效的图片 URL 即可；缺点是图片来自于外部网络，一旦地址失效或无法连接外网，图片就无法在 Power BI 的报表中使用。

如果想要使得引用的图片随时可用，不会因为无法连接外部存储图片的网站而造成图片失效，可以通过存储显示法将图片文件做 Base64 编码处理，然后将得到的编码存储到 Power BI 表中。

Power Query M 语言提供了一个名为 BinaryEncoding.Base64 的函数，它可以将图片转换成

Base64 编码的二进制文件。可以在查询编辑器中创建一个自定义函数来调用 BinaryEncoding.Base64 方法，将外部数据源中的图片信息自动转换成 Base64 编码的二进制文件，然后存储在 Power BI 文件当中。

具体方法是先在查询编辑器中新建一个空查询，用来编写一个自定义函数。之后，根据具体 URL 信息获取图片，然后调用 BinaryEncoding.Base64 函数将该图片转换成 Base64 编码的二进制文件。自定义函数参考公式如下：

```
let
    UrlToPbiImage = (ImageUrl as text) as text =>
let
    BinaryContent = Web.Contents(ImageUrl),
    Base64 = "data:image/jpeg;base64, " & Binary.ToText (BinaryContent,
BinaryEncoding.Base64)
    in
    Base64
in
    UrlToPbiImage
```

注　意

要想让 Power BI 桌面应用可以正确识别 Base64 编码的二进制图片文件，必须在图片的 Base64 编码前添加"data:image/jpeg;base64,"标签，否则图片将无法正常显示。

填写完自定义函数后可以获得如图 2-122 所示的函数界面。

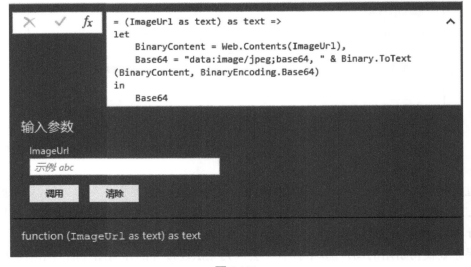

图 2-122

　　有了这个自定义函数之后，回到表当中选择"调用自定义函数"选项来创建一个新列。如图 2-123 所示，使用这个自定义函数去读取 Flag 列，然后将图片转换为 Base64 代码。

图 2-123

　　新列生成后，首先确保其数据类型是"文本"，之后将数据分类更改为"图像 URL"，就可以在可视化对象中正常显示图片信息了，如图 2-124 所示。

图 2-124

小贴士
在 Power BI 中使用 Base64 存储法显示图片有一定的限制。只有小于 32KB 的图片文件才能被正常显示。当超过该限制时，图片将出现缺失，无法全部正常显示出来。因此，如果是要在 Power BI 可视化对象中使用大一点的图片文件，还需要使用直接显示法来进行，即通过存储 URL 的方式来加载图片。

上述两种引用图片的方法基本都用来向 Power BI 可视化表中添加自定义图片，如果只需向可视化表中添加基本的常规符号图标，也可以利用 Unicode 来实现。

数据分析语言 DAX 中有一个函数 UNICHAE，它可以解析 Unicode 之后对应输出其代表字符。Unicode 中包含很多图形类字符，例如最常见的 emoji。将这些图形 Unicode 输入到 UNICHAE 函数中后，就可以得到相应的图标来应用在 Power BI 可视化对象当中，修饰图表内容。例如，图 2-125 中就展示了部分可以通过 Unicode 编码来显示的图片。

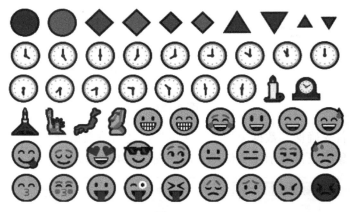

图 2-125

通过添加一些图标可以使数据表格变得生动起来。例如，图 2-126 是一个产品销售报表，可以利用 DAX 公式在表中新添加一列来表示销售行情的好坏。例如，当产品销售量大于 800 时显示笑脸，小于或者等于 800 时显示哭脸，参考公式如下：

```
Achievement =
IF ( [TotalQ_SUM] > 800, UNICHAR ( 128516 ), UNICHAR ( 128557 ) )
```

Product	TotalS_SUM	Achievement
Accessories	9000	😄
Audio	115000	😄
Bathroom Furniture	12000	😭
Clothes	21000	😭
Computers	300000	😭
Total	**502500**	😄

图 2-126

公式中 UNICHAR 函数的参数 128516 就是 Unicode 笑脸图标对应的 HTML 代码。获取方法可以通过 https://unicode-table.com/cn 网站进行查找。例如，找到 Unicode Blocks 下面的 Emoji 分类，选择需要用的 Emoji，点进去就能看到如图 2-127 所示的详细信息，然后从中获得对应的 HTML 代码。

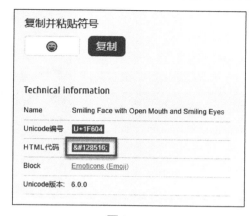

图 2-127

Unicode 中默认的图标有时无法满足商业需求，此时可以利用 Power BI 可视化对象中的设置进行一定程度的修改。例如，Unicode 里面只包含一种红色的向上或者向下的箭头，没有绿色的。一般国内各种报表中都习惯于用红色向上箭头表示增长、绿色向下箭头表示下降，所以这种情况没有办法直接调用 Unicode 来实现，但是可以通过修改可视化图形属性来间接实现要求。

例如，可以对图 2-126 所示的表进行修改，把笑脸改成红色向上箭头、哭脸改成灰色向下箭头（见图 2-128）。参考公式如下：

```
Achievement =
IF ( [TotalQ_SUM] > 800, UNICHAR ( 128314 ), UNICHAR ( 9660 ) )
```

Product	TotalS_SUM	Achievement
Accessories	9000	▲
Audio	115000	▲
Bathroom Furniture	12000	▼
Clothes	21000	▼
Computers	300000	▼
总计	**502500**	**▲**

图 2-128

选择当前可视化对象，在右侧"可视化"工具栏中选择"格式"选项，找到"字段格式设置"配置项，选择 Achievement 字段，之后将字体颜色修改为绿色，即可获得如图 2-129 所示的结果。

图 2-129

2.4.3 按列排序

排序是数据分析中一个非常常见的需求。默认情况下，Power BI 会按照外部数据源中数据的排列顺序进行加载。在数据视图模式下有两种排序方式可以使用。第一种如图 2-130 所示，通过用鼠标右键单击要排序的数据列来选择以升序或者降序方式对当前列中的数据进行排序。进行过排序的数据列，其列标题处会增加一个排序标识，用于与未排序的列做区分。

图 2-130

小贴士
这种直接排序方式只对当前数据视图中的表起作用。如果在排序前已经使用过这个列去创建可视化对象，那么进行排序后可视化对象中的数据也不会按照新的排序顺序进行更新。

如果要使排序结果对可视化对象起作用，就需要使用"建模"导航栏下的"按列排序"功能来进行。按列排序是指可以选择某一个数据列作为排序基准，然后使另外一个数据列按照基准排序列中的顺序进行排序。

例如，图 2-131 显示了使用客户销售清单中的 Customer、Month 和 Total_Sales 列来创建一个可视化对象的效果。当选择按照月份升序的方式对数据进行排序时会发现，Power BI 是按照月份单词的字母顺序对数据进行排序的，而非按照每个单词代表的实际月份信息来进行。之所以有这样的结果，是因为当前 Month 列的数据类型是文本，因此只会按照字母顺序进行排序。

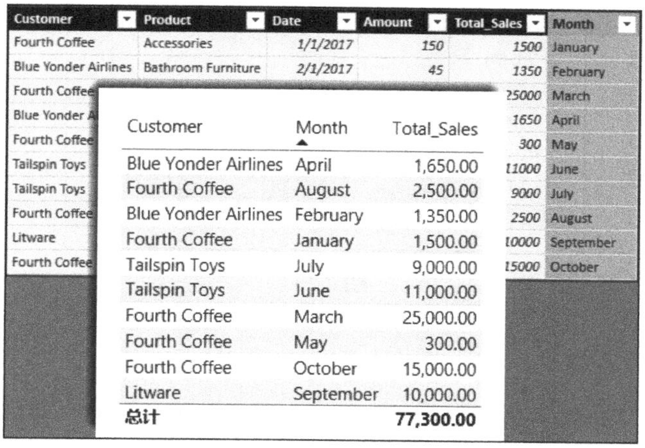

图 2-131

如果想让 Month 列按照每个单词代表的月份意义进行排序，就需要使用"按序排列"功能来进行。当前表中 Date 列的数据类型是日期，并且与 Month 列中的月份信息有对应关系，因此可以用 Date 列为依据对 Month 列进行排序。方法是选中 Month 列，然后选择"建模"导航栏下的"按列排序"选项，之后选择 Date 列即可，如图 2-132 所示。

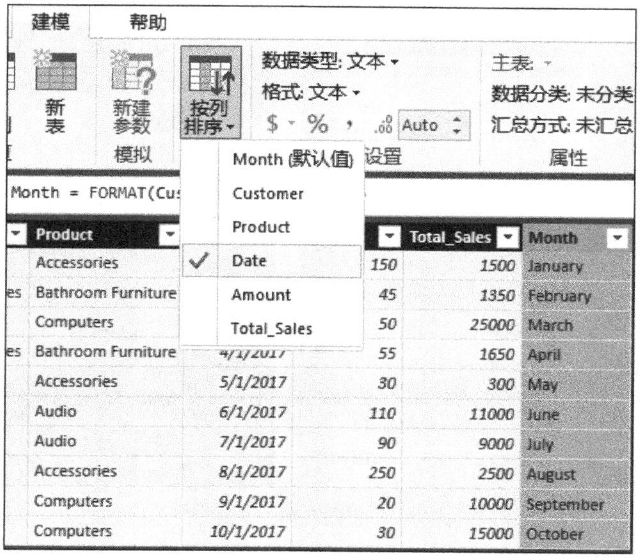

图 2-132

排序设置生效后，回到报表视图页面，就能看到如图 2-133 所示的可视化对象，其内的数据已经按照月份信息进行了排序。

Customer	Month	Total_Sales
Fourth Coffee	January	1,500.00
Blue Yonder Airlines	February	1,350.00
Fourth Coffee	March	25,000.00
Blue Yonder Airlines	April	1,650.00
Fourth Coffee	May	300.00
Tailspin Toys	June	11,000.00
Tailspin Toys	July	9,000.00
Fourth Coffee	August	2,500.00
Litware	September	10,000.00
Fourth Coffee	October	15,000.00
总计		**77,300.00**

图 2-133

2.4.4 层次结构列

层次结构列指的是一个表当中，具有上下层级关系的两个或多个数据列组成的列组。这个列组可以作为一个普通数据列来创建可视化对象，并且使得构造的数据可以按照层级关系进行浏览。

在 Power BI 中，最典型的层次结构列就是日期列。默认情况下，在导入数据时，Power BI 桌面应用会默认将字段列表中的日期类型数据列显示为层次结构列。例如，图 2-134 所示的 Date 列就是一个日期类型数据列，Power BI 会按照日期信息构造一个包含年份、季度、月份以及日期的层次结构列 Date Hierarchy。

图 2-134

当使用这个 Date 列去创建一个如图 2-135 所示的柱形图时，就能在柱状图上方看到一组层次结构跳转按钮。

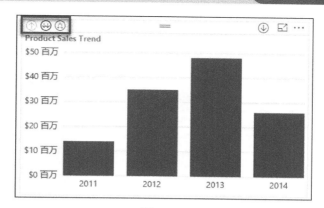

图 2-135

单击左上角向下的双箭头图标，柱形图会根据当前日期的层次结构设定，从以年份为单位进行统计改成如图 2-136 所示的以季度为单位进行统计。

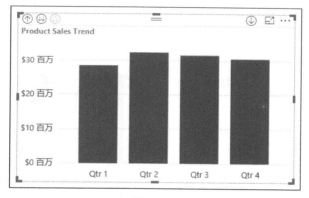

图 2-136

要构建自定义的层次结构列也很简单。例如，图 2-137 是一张产品销售表，其中的 Category 列和 Product 列具有层级关系，即一个 Category 值可以对应多个 Product 信息。

Country	Product		Category	Sales Volume
Australia	Accessories		Furnishings	800
Australia	Bathroom Furniture		Furnishings	200
Australia	Computers		Electronics	100
Australia	Audio		Electronics	300
Canada	Audio		Electronics	500
Canada	Computers		Electronics	200
Canada	Bathroom Furniture		Furnishings	200
Canada	Accessories		Furnishings	100

字段

搜索

SalesInfo
　Category
　Country
　Product
Σ Sales Volume
　TotalSales

图 2-137

要想基于 Category 列创造一个层次结构，可以右击该列或者单击列名旁边的"…"图标，然后单击"新建层次结构"选项，得到一个如图 2-138 所示的名为"Category 层次结构"的树。

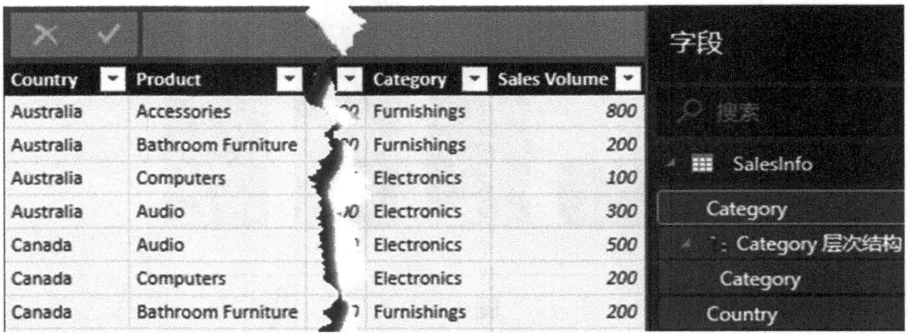

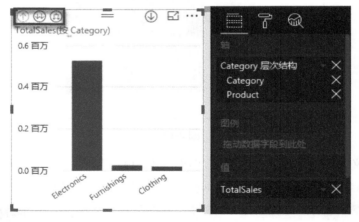

图 2-138

当前这个层次结构中只包含一个 Category 列，要想添加 Product 列，只需在字段栏下选中 Product 列，然后将其拖曳到"Category 层次结构"中即可。构造完成之后，选中 Category 层次结构和 TotalSales 两个列就可以创建一个如图 2-139 所示的支持数据穿透的柱形图表。如果使用原始的 Category 去创建可视化图形，就无法获得穿透功能。

图 2-139

2.4.5 分组

在数据视图模式下也可以对表中的数据列进行分组。这种分组与在 Power Query 查询编辑器中的分组稍有不同，后者是聚合形式的分组，即按照用户指定的分组列将数据进行整合；数据视图模式下的分组则是通过创建一个新的数据列将某一数据列下同组值进行标记，从而实现分类功能。分类后的数据可以在可视化对象中以新的分类方式进行显示，从而提高数据的易读性。

例如，图 2-140 是一张学生成绩表，如果使用默认平均分进行分组，那么获得的学生成绩分布情况会比较凌乱，不能很好地反映出整体水平。

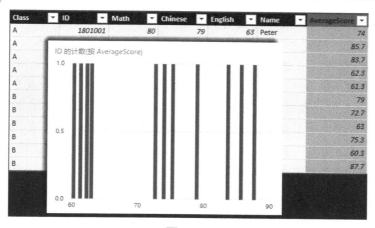

图 2-140

如果按照分数段对学习成绩进行分组,就可以通过统计不同分数段学生人数来反映本次考试水平,使得生成的可视化图表更加清晰明了。要完成该需求,可以选择 AverageScore 这一列,之后单击"建模"导航栏下的"新建组"按钮。

数据视图模式下的分组一共有两种类型。一种组类型是"列表",配置界面如图 2-141所示。

图 2-141

● 名称:定义新建的分组列名称。

- 字段：分组依据字段（不可编辑）。
- 组类型-列表：将需要进行分组的数据全部列举出来供用户选择。
- 未分组值：显示还未进行分组的数据。如果要将某一个或几个数据分为一组，可以选中这些数据，然后单击"分组"按钮将其添加到右侧的"组和成员"列表中。
- 组和成员：当前列表中会显示所有已经分组的数据。可以通过双击组名对其进行修改。如果某个分组内的数据有误，也可以先单击该数据再单击"取消分组"按钮将其移回左侧"未分组值"列表中。"包含所有未分组的值"是一个比较特殊的选项，如果选择该选项，那么所有未分组数值都将被统一化归到一起，组成一个"其他"组。

设定完分组后单击"确定"按钮可以获得如图 2-142 所示的结果。

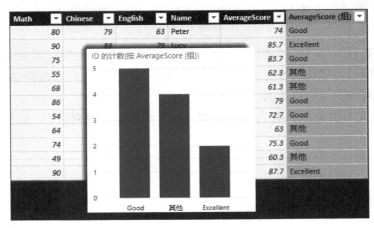

图 2-142

另外一种组类型叫"箱"，只适用于类型是数值或日期/时间的数据列。其含义是按一定规则设置分组箱，然后将数据分配到不同的箱组中来进行分类，其配置界面如图 2-143 所示。

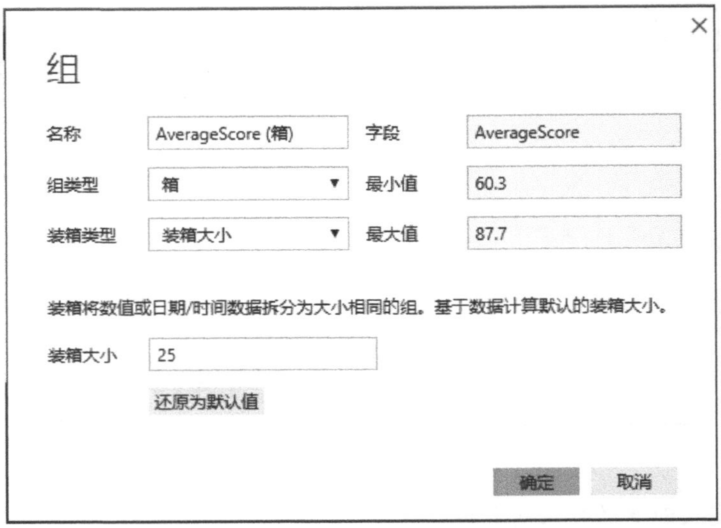

图 2-143

　　以"箱"的方式进行分组有两处字段需要配置：一个是装箱类型方式，即用来设定配置分组箱的方式；另外一个就是与其相对应的装箱大小或者装箱个数。

　　如果"装箱类型"选定"装箱大小"，那么 Power BI 会用被分组的数据除以装箱大小设定的数值来获取分组结果。如果能恰好整除，那么分组值即为当前数值；如果不能整除，那么分组值是当前数值减去余数的值。例如，当装箱大小设定为 25 时，对成绩表进行分组，可以获得如图 2-144 所示的结果。这里面 Peter 的平均分是 74 分，除以 25 得到的余数是 24，因此分组值等于 74-24=50。

Name	AverageScore	AverageScore (组)	AverageScore (箱)
Peter	74	Good	50
Lucy	85.7	Excellent	75
John	83.7	Good	75
Lee	62.3	其他	50
	61.3	其他	50
Harry	79	Good	75
Bruce	72.7	Good	50
Andy	63	其他	50
Viki	75.3	Good	75
Jojo	60.3	其他	50
Tina	87.7	Excellent	75

图 2-144

当"装箱类型"选定"箱数"后，可以看到如图 2-145 所示的配置界面。

图 2-145

　　按"箱数"进行分组其实就是指定将选中列分为多少个组，Power BI 会根据指定的"装箱计数"自动算出"装箱大小"，之后获得分组值。例如，当箱数设定为 3 时，对成绩表进行分组，可以获得如图 2-146 所示的结果。

Name	AverageScore	AverageScore (组)	AverageScore (箱)	AverageScore (箱) 2
Peter	74	Good	50	69.4333333333333
Lucy	85.7	Excellent	75	78.5666666666667
John	83.7	Good	75	78.5666666666667
Lee	62.3	其他	50	60.3
	61.3	其他	50	60.3
Harry	79	Good	75	78.5666666666667
Bruce	72.7	Good	50	69.4333333333333
Andy	63	其他	50	60.3
Viki	75.3	Good	75	69.4333333333333
Jojo	60.3	其他	50	60.3
Tina	87.7	Excellent	75	78.5666666666667

图 2-146

2.4.6　行级别安全性

在实际生产中，绝大多数公司都会要求数据报表满足一定的安全性和隐私性要求，即报表中的数据应该根据使用者角色的不同来显示不同的信息。例如，对于一个公司的销售报表来说，公司的 CEO 应该可以看到全球各个地区的销售情况，而北美地区的销售总监则应只能看到北美地区的销售信息，不应该看到亚太或者欧洲等地区的销售数据。在 Power BI 中，如果想实现根据不同报表使用者的角色信息来设定其可见的数据对象，就需要使用"行级别安全性（RLS）"这一功能。

行级别安全性（RLS）指的是报表创建者可以设置一定的过滤条件来筛选 Power BI 表中的数据，然后将这些筛选结果发送给特定的报表使用者来使用。对于这些报表使用者来说，他们只能看到过滤后的数据生成的表，所有不符合过滤条件的数据都会被自动隐藏并且不会参与可视化对象中的相关计算。这样就实现了依据不同报表使用的角色来显示不同数据的需求。

行级别安全性有两种配置方法：固定角色分配和动态角色分配。

1. 固定角色分配

固定角色分配指的是在 Power BI 桌面应用上根据现有数据特征去配置一些角色组，之后在 Power BI 在线应用服务中将报表使用者添加到不同的角色组内，以实现访问特定数据的需求。例如，图 2-147 是一张产品销售表。

Country	Product	Quantity	Category
Australia	Accessories	800	Furnishings
Australia	Bathroom Furniture	200	Furnishings
Australia	Computers	100	Electronics
Australia	Audio	300	Electronics
Canada	Audio	500	Electronics
Canada	Computers	200	Electronics
Canada	Bathroom Furniture	200	Furnishings
Canada	Accessories	100	Furnishings
Canada	Clothes	700	Clothing

图 2-147

如果想以国家为基准设定用户角色，可以单击"建模"导航栏上的"管理角色"按钮，打开如图 2-148 所示的"管理角色"界面进行配置。

图 2-148

先在最左侧的"角色"栏中创建一个新的角色，命名为 AU Manager。之后，在中间的"表"栏中选择需要当前角色进行管理的 SalesInfo 表。最后，在最右侧的"表筛选 DAX 表达式"中设定数据过滤条件。过滤条件可以通过单击表名称旁边的"…"按钮并添加表中的列来进行设定，也可以通过手动输入所需使用的列名来设定。这里面使用的 DAX 表达式返回结果必须是逻辑"TRUE"或者逻辑"FALSE"。常见的逻辑判断包括：

- ＝ （等于）
- ＜＞ （不等于）
- && （和）

95

- ‖ （或）
- IN （逻辑或条件，IN 后面可以设定数组，符合数组中任意一个数值即可返回 TRUE 结果）

例如：

- [Country] = "Australia"：表示当 Country 列值为 Australia 时，返回 TRUE 结果。
- [Country] = "Australia"&&[Category] = "Electronics"：表示当 Country 列值是 Australia 并且 Category 值是 Electrics 时，返回 TRUE 结果。
- [Country] = "Australia" && [Category] = "Electronics" && [Product] IN {"Computers", "Audio"}：表示当 Country 列值是 Australia 并且 Category 值是 Electrics 时，如果 Product 列值为 Computers 或者 Audio 就返回 TRUE 结果。

针对角色设置完过滤条件之后即可将定义的角色组保存到 Power BI 桌面应用当中。如果要查看设定的过滤条件是否正确，就可以单击"建模"导航栏上的"以角色身份查看"按钮，打开如图 2-149 所示的角色查看器。

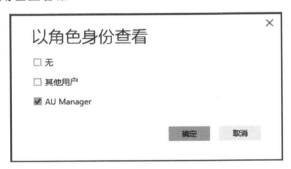

图 2-149

选择刚刚创建的角色 AU Manager，然后单击"确定"按钮，可以获得如图 2-150 所示的结果。Power BI 根据当前过滤条件对表数据进行过滤，将不符合过滤条件的数据进行隐藏，以保证数据的私密性。

图 2-150

在 Power BI 桌面应用中定义完角色组后，需要将该报表发布到 Power BI 在线应用服务上，之后才能将报表使用者加入定义好的角色组中，以限定其可见的数据范围。单击"开始"导航栏上的"发布"按钮可以将报表发布到 Power BI 在线应用上。如图 2-151 所示，发布完成后，选择报表所在的工作区，在"数据集"子菜单中找到刚刚发布的报表数据集，然后单击数据集名称旁边的"…"按钮打开"安全性"页面。

图 2-151

在如图 2-152 所示的"行级别安全性"管理页面中可以看到之前添加的角色组，将所需用户添加到该角色组之后就可以限制其可见的数据范围。

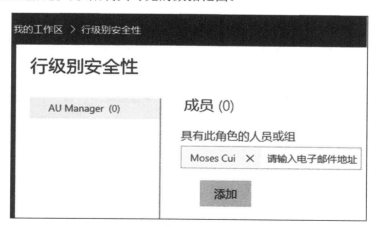

图 2-152

如果想测试当前设定的角色是否可以正确地对数据进行过滤，也可以单击"行级别安全性"旁边的"…"按钮，选择如图 2-153 所示"以角色身份测试"选项。其测试过程和在 Power BI

桌面应用中类似。如果发现数据过滤存在问题，就需要返回 Power BI 桌面应用去修改原始报表模板来进行更正，之后再通过重新发布报表到 Power BI 在线应用上来进行更新。

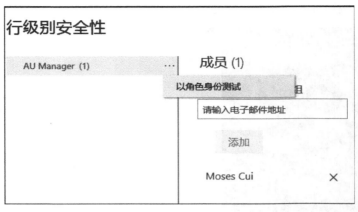

图 2-153

2. 动态角色分配

使用固定角色分配方法创建角色组时需要定义数据过滤条件；而动态角色分配方法则不需要在此指定过滤条件，而是通过特定数据列来判断表之间的关联关系，从而对数据进行过滤。使用动态角色分配法需要有两个先决条件：

- 首先，报表集中必须有一张表包含一个用户列，该列数值具有唯一性，用来记录报表使用者用于登录 Power BI 在线应用服务的用户名。
- 其次，这个表当中还必须有一个数据列能与其他表建立一对一或者多对一的关联关系。这样，从该表出发，以某一用户名作为筛选条件，可以从其他表中过滤出与其相关的所有数据，然后组成一个子表。

例如，图 2-154 中展示了两张数据表，一张是 All-Classes 表记录了学生考试成绩，另一张是 Teacher 表，记录了老师信息。如果想实现特定班级的老师查看数据报表时只能看到本班级学生的成绩，那么可以利用两张表中的 Class 列创建关联关系，然后使用动态角色分配方法来实现。

Class	ID	Math	Chinese	English
A	1801001	80	79	63
A	1801002	90	88	79
A	1801003	75	84	92
A	1801004	55	72	60
A	1801005	68	52	64
B	1802001	86	74	77
B	1802002	54		
B	1802003	64		
B	1802004	74		
B	1802005	49		
B	1802006	90	85	88

ID	Class
Moses.Cui	A
Cindy.Wang	B
Tommy.Liu	A

图 2-154

切换到关系视图,尝试在两张表中直接使用 Class 列创建关联关系,此时如图 2-155 所示,Power BI 会弹出无法创建关联关系的提示。由于目前两张表中的 Class 列都包含重复值,因此无法直接建立关联关系。

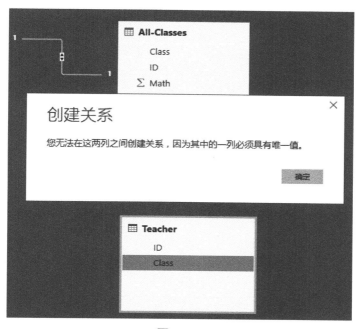

图 2-155

要解决该问题需要构造一张中介表,使其包含 Class 列并且列中数据具有唯一性,然后将 All-Classes 表和 Teacher 表通过这个中介表间接地关联在一起。中介表的创建可以利用 DAX 中的 SUMMARIZE 函数来实现,方法是回到数据视图页面,在"建模"导航栏下单击"新表"按钮,之后在 DAX 表达式输入框中输入下列公式:

```
Class =
SUMMARIZE ( Teacher, Teacher[Class] )
```

执行完毕后可以获得一张名为 Class 的表,表中只有一个数据列,名为 Class,其值是 A 和 B。之后就可以利用这张 Class 表作为中介将学生成绩表和教师信息表关联起来。在 Class 表和 Teacher 表之间创建关系,方法如图 2-156 所示。在创建关联关系时"交叉筛选器方向"必须选择"两个",同时还需勾选"在两个方向上应用安全筛选器"复选框。

创建关系

选择相互关联的表和列。

Class

Class
A
B

Teacher

ID	Class
Moses.Cui@	A
Cindy.Wang@	B
Tommy.Liu@	A

基数
一对多(1:*)

交叉筛选器方向
两个

☑ 使此关系可用
☑ 在两个方向上应用安全筛选器
☐ 假设引用完整性

确定   取消

图 2-156

之后再在 Class 表和 All-Classes 表之间创建关联关系，"交叉筛选器方向"选择"单一"即可。创建完毕后可以在关系视图中获得如图 2-157 所示的表关联关系，至此三张表的关联关系建立完毕。

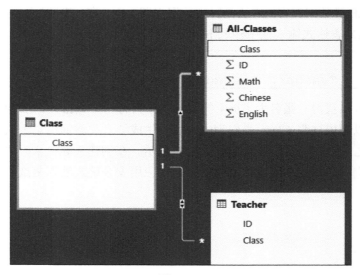

图 2-157

从 Teacher 表出发，选中某一个教师 ID 后可以顺着关联关系到 Class 表中确定班级信息，之后从班级信息到 All-Classes 表中筛选出该班级学生的具体考试成绩信息。确定好关联关系无误后回到数据或者报表视图页面，选择"建模"菜单栏下的"角色管理"选项，打开如图 2-158 所示的配置菜单。新建一个角色"Teacher"，从 Teacher 表中选择 ID 列来创建过滤条件，使用的 DAX 表达式是[ID]=userprincipalname()。该公式代表根据登录 Power BI 在线应用服务用户的邮箱地址来对其进行过滤。

图 2-158

DAX 语言中有两个函数可以用于配置动态角色，分别是 USERNAME() 和 USERPRINCIPALNAME()。

USERNAME()函数在 Power BI 桌面应用中会以"域名\用户名"或者"机器名\用户名"（非域环境登录用户）的形式返回登录用户信息。在 Power BI 在线应用服务上，如果没有设置动态角色分配，那么 USERNAME()函数会返回登录用户的 GUID 信息；如果配置了动态角色分配，那么 USERNAME()函数可以返回用户登录的邮箱地址信息。

USERPRINCIPALNAME()在 Power BI 在线应用服务上始终以"邮箱地址"的形式返回用户登录信息。在 Power BI 桌面应用上，如果是域环境下登录的用户，就会以"用户名@域名"形式的邮箱地址显示该用户信息。如果是非域环境下的用户，就以"机器名\用户名"形式返回用户信息。

小贴士
使用动态角色认证方式配置用户角色时，优先使用 USERPRINCIPALNAME()函数。

要想验证动态角色配置是否正常工作，可以回到数据或者报表视图页面，选择"建模"菜单栏下的"以角色身份查看"选项。在如图 2-159 所示的配置页面中，选择"其他用户"以及"Teacher"角色，然后在"其他用户"配置项中输入教师的登录 ID，用来模拟该教师登录 Power BI 在线应用的情景。

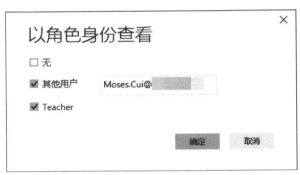

图 2-159

配置完成之后单击"确定"按钮会得到如图 2-160 所示的提示。此时，Power BI 会依据行级别安全设定，按照之前表中设定的筛选关系来过滤出当前登录用户可见的数据信息。

小贴士
进行角色检验时除了勾选"其他用户"用来输入模拟报表使用者，还必须勾选一个角色项，例如本示例中的 Teacher。否则，输入登录的模拟用户将没有任何权限来查看报表中的数据。

目前的查看报表身份为: Teacher, Moses.Cui@　　　　　　　　停止查看

Class	ID	Math	Chinese	English
A	1801005	68	52	64
A	1801004	55	72	60
A	1801003	75	84	92
A	1801002	90	88	79
A	1801001	80	79	63

图 2-160

与固定角色分配类似，动态角色分配也可以在 Power BI 在线应用服务上测试当前设定的角色是否可以正确地对数据进行过滤。需要注意的是，在动态角色分配中，报表的创建者始终对报表有完全控制权限。这就意味着无论用来管理报表使用者的表中是否包含报表创建者的登录信息，报表创建者都可以查看报表中的全部数据。此外，通过创建关联关系的方式限定报表用户可见信息的方式也对报表创建者无效，因为当报表创建者登录 Power BI 在线应用后永远

可以看到表中的全部信息。

固定角色分配和动态角色分配两种方法的主要区别在于：

固定角色分配方法的配置更为简洁直观，可以直接利用表中的列来创建过滤公式，但是其报表用户角色名单需要通过 Power BI 在线应用进行配置。如果用户众多，那么这种配置和维护都会变得比较烦琐。当 Power BI 表内数据结构发生变化后，定义角色使用的过滤公式可能会受影响，需要手动逐一更新。

使用动态角色分配后，管理员无须在 Power BI 在线应用上对报表使用者进行配置管理，只需维护存放有报表使用者登录 Power BI 在线应用服务 ID 的表即可。当 Power BI 表内数据结构发生变化后，只要表之间的关联关系不变，就不会影响动态报表使用者的角色权限信息，比固定角色分配方法更易维护。使用动态角色分配方法要求报表创建者对数据结构有清晰深入的了解，否则可能无法实现所需过滤效果。

以上就是两种设定行级别安全性的方式，当报表使用者较少且数据过滤条件比较简单明了时，推荐使用固定角色配置方法。如果报表使用者人数众多，数据集中包含的表也多且关联关系复杂时，应优先考虑使用动态分配角色方法。

2.5　关联关系管理

与 SQL Server 类似，在 Power BI 桌面应用中也可以在不同的表之间创建关联关系，实现跨表形式的数据查询，从而生成更加丰富多样的可视化报表信息。

2.5.1　创建表关联关系

目前 Power BI 桌面应用提供两种创建表关联关系的方法：第一种是自动创建，第二种是手动创建。

如图 2-161 所示，当在 Power BI 桌面应用选项菜单中勾选了"加载数据后自动检测新关系"复选框后，Power BI 会在加载原始数据源数据时自动尝试在各个表之间建立关联关系，包括设定基数、交叉筛选器方向以及关联关系可用性。其创建的基准是先查找一个表中的某个数据列是否包含另外一个张表中某个数据列下全部或部分数据值，如果有并且其中至少一列的数值具有唯一性，就会以这两列为基准为两张表建立关联关系。

图 2-161

如果没有开启"加载数据后自动检测新关系"功能，也可以在关系视图下，通过选择"开始"菜单上的"管理关系"选项打开如图 2-162 所示的"管理关系"面板，单击"自动检测"按钮，之后 Power BI 会自动检查表并添加相应的关联关系。

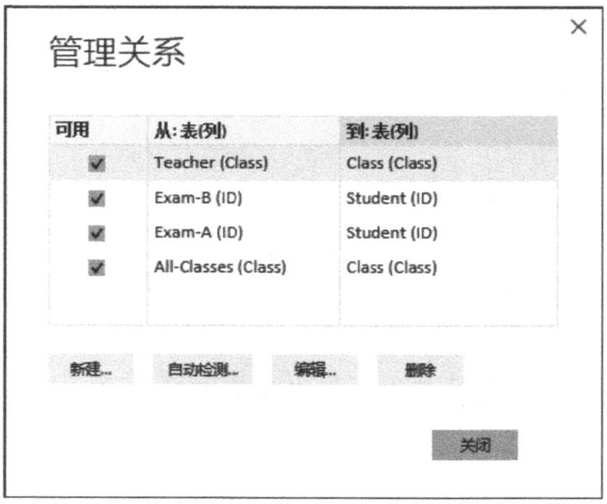

管理关系

可用	从：表(列)	到：表(列)
☑	Teacher (Class)	Class (Class)
☑	Exam-B (ID)	Student (ID)
☑	Exam-A (ID)	Student (ID)
☑	All-Classes (Class)	Class (Class)

新建...   自动检测...   编辑...   删除

关闭

图 2-162

虽然 Power BI 能自动在数据加载时为表之间的建立关联关系，但是欠缺一定的准确性，当表之间的关联关系比较隐秘或者复杂时，Power BI 往往无法自动创建，此时就需要通过手动方式来创建和调整关联关系。

手动创建关联关系最直接的方式是在关系视图下找到两张表中可以用来创建关联关系的

数据列，如图 2-163 所示，单击其中一个数据列进行拖曳，此时 Power BI 会在该数据列上生成一条黑色直线，将其连接到需要管理的数据列上。

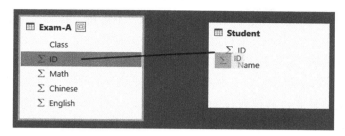

图 2-163

拖曳完成后，Power BI 会根据两个数据列中的信息自动设定基数、交叉筛选器方向以及关联关系可用性三个属性。如果想重新设定属性，可以双击代表关联关系的连接来打开"编辑关系"窗口进行修改。

除此之外，还可以在关系视图下选择"开始"菜单上的"管理关系"选项，然后单击"新建"按钮来创建表之间的关联关系。在图 2-164 所示的"创建关系"界面中，选择要创建关联关系的两张表，然后分别在表中选择用来建立关联关系的数据列。之后，Power BI 会根据所选数据列的特点自动设定基数值和交叉筛选器方向。单击"确定"按钮后即可完成关联关系设定。

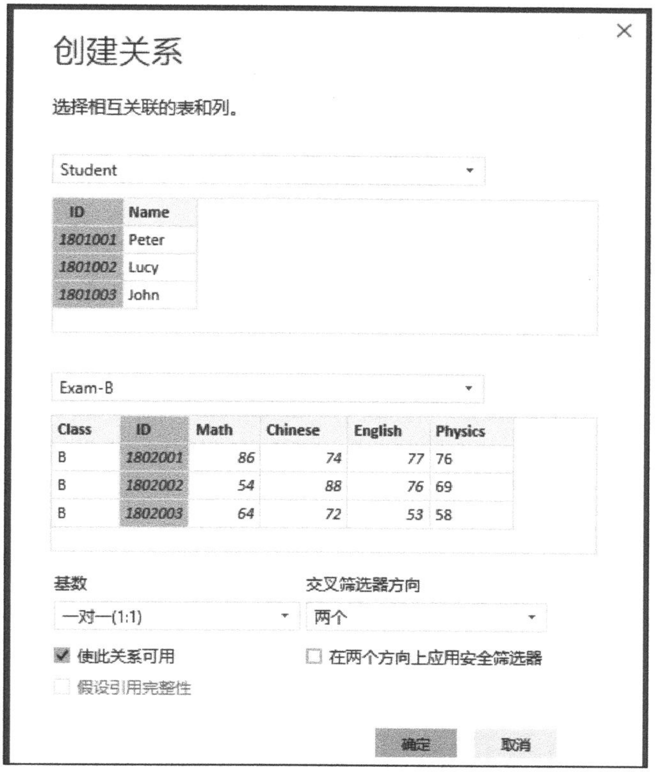

图 2-164

2.5.2　关联关系可用性

Power BI 支持在两张表之间创建多个关联关系，但只允许其中一个关联关系处于"可用"状态（用实线代表），其他的关联关系都将被设置成"不可用"状态（用虚线代表）。这是因为当表之间有多个关联联系时，意味着无论使用哪个关联关系都可以实现跨表查询，此时必须明确告知 Power BI 哪条管理关系可用，以免其产生混淆。

Power BI 表之间的关联关系具有传播性，也就是说即使两张表之间没有通过哪个关系列直接关联到一起，也可能通过其他表作为媒介被间接地进行关联。在此情况下，再在两张表之间创立关联关系时，Power BI 也会将其置成"不可用"状态。

例如，在图 2-165 中，当在 SalesInfo 表与 Account 表中以 Account 列作为关系列创建关联关系时，Power BI 会自动将其置成"不可用"状态。这是因为通过 Account Owner 表，SalesInfo 表和 Account 表已经存在了关联关系，如果再在 SalesInfo 表和 Account 表之间使用 Account 列建立关联关系，就会导致从 Account Owner 表出发有两条关联关系路径可以实现对 SalesInfo 表的查询。为避免多义性，Power BI 会自动将其中一个关联关系状态设置为"不可用"。

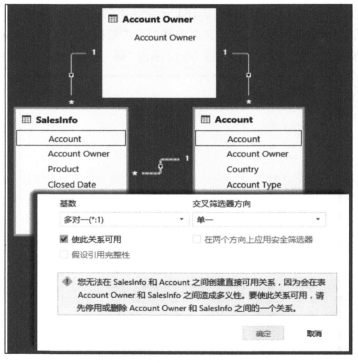

图 2-165

对于处于"不可用"状态的关联关系，如果想将其改为"可用"，可以先将表之间处于"可用"状态的关联关系改为"不可用"或删除，之后再将"不可用"状态的关联关系改为"可用"即可。也可以通过使用 DAX 语言中的 USERELATIONSHIP 函数来实现。该函数的功能是在表达式计算过程中启用处于"不可用"状态的关联关系进行计算，将"可用"状态的关联关系临时"禁用"。

USERELATIONSHIP 函数的定义和说明如下：

函数语法：

```
USERELATIONSHIP(<columnName1>,<columnName2>)
```

参数：

- columnName1：表中用来创建关联关系的关系列，既可以是原始数据列也可以是通过 DAX 表达式获得的计算列或度量值，但不能是一个表达式。columnName1 指的是关联关系中"多"一方的数据列。如果填写的是代表"一"一方的数据列，那么 Power BI 会在计算时自动将其与 columnName2 进行互换。
- columnName2：表中用来创建关联关系的关系列，其类型要求与 columnName1 相同。columnName2 代表关联关系中"一"一方的数据列。如果填写的是代表"多"一方的数据列，Power BI 会在计算时自动将其与 columnName1 进行互换。

返回值：无返回值。USERELATIONSHIP 函数会在表达式运行过程中使用指定的关联关系进行计算，而忽略表之间已存在的处于"可用"状态的关联关系。

说明：

只有参数中允许使用过滤条件的函数才可以调用 USERELATIONSHIP 函数，比如 CALCULATE、CALCULATETABLE、TOTALMTD、TOTALQTD、TOTALYTD 等。

如果在关联关系中应用了安全筛选器，就无法使用 USERELATIONSHIP 函数。

USERELATIONSHIP 函数只能使用表之间已经存在的关联关系。

如果两张表通过其他表间接地建立了关联关系，就需要使用多个 USERELATIONSHIP 函数逐一阐明要使用哪几个关联关系才能将这两张表关联起来。

当嵌套的 CALCULATE 函数中包含多个 USERELATIONSHIP 函数并出现冲突时，最内层的 USERELATIONSHIP 函数将战胜外层函数，其指定的关联关系将被用来进行计算。

2.5.3　关联关系基数

关联关系基数主要设定两张表中数据的对应关系，最新的 Power BI 版本中一共提供四种设定模式，分别是一对一（1:1）、多对一（*:1）、一对多（1:*）和多对多（*:*）。

一对一（1:1）基数模式意味着两张表中用于创建关联关系的数据列中的数值完全相同，两张表实际上可以合并成一张表进行使用。

多对一（*:1）基数和一对多（1:*）基数意味着"多"方表中用于创建关联关系的数据列包含"一"方中对应关系数据列下的所有数值，并且"一"方中数据列值具有唯一性。例如，当 A 表和 B 表是多对一（*:1）关系时，意味着以 B 表关系列中的某一行为查询条件，可以在 A 表当中找到多行满足查询要求。反之，以 A 表关系列中的某一行为查询条件，只能在 B 表中找到一行满足查询要求。

多对多（*:*）关联关系是 Power BI 2018 年 7 月份发布版本中的新功能。在早前的 Power

BI 版本中，通常情况下要在两个表中创建关联关系，需要保证两个表满足以下两个条件：

● 一个表中的某个数据列包含另外一个表中某个数据列下的全部或部分数据值。

● 两个列中至少有一列的数值具有唯一性。如果两个数据列都包含有重复值，那么创建关联关系时 Power BI 会提示如图 2-166 所示的错误信息。

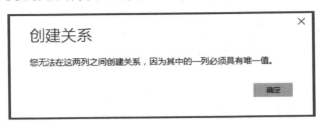

图 2-166

前一个条件很好满足，但后一个数值唯一性要求，很多原始数据列值无法直接满足，需要在 Power BI 中进行特殊处理。一般有两种方法可供选择：可以使用 Power Query 查询编辑器中的"删除重复项"功能去修改包含重复数据项的表；或者使用 DAX 表达式创建一个包含唯一数值的新表作为中介表。

当原始表数据中的数据列包含很多冗余重复项时，可以使用 Power Query 编辑器中的"删除重复项"功能进行处理。该功能会删除选中数据列中的重复值，当选中多个数据列时，会以多个数据列中的行值为基准进行比对，然后删除相同行数据。例如，在图 2-167 所示的学生成绩单中，要去掉 Class 列下的重复值，可以选中该列，然后单击"开始"导航栏上"删除行"下的"删除重复项"按钮。Power BI 会保留重复行中序号最小的那一行，然后移除其他重复行。

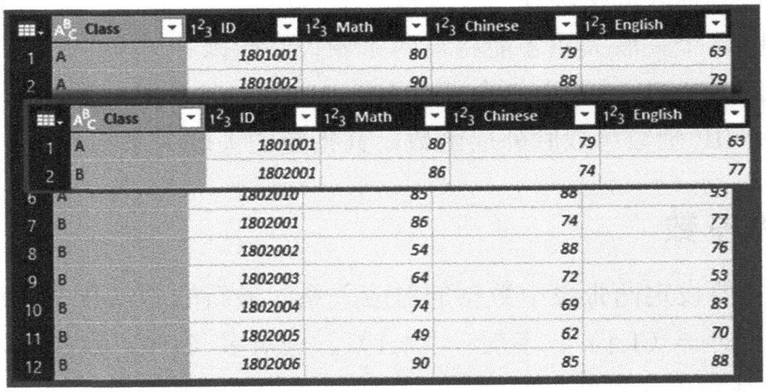

图 2-167

"删除重复项"方法最简单直接，但是很容易将需要保留的数据也一并删除。如果还想保留原始数据信息，可以先对原始数据表进行"复制"操作，之后通过"删除重复项"来创建一个中介表。通常，作为创建关联关系使用的中介表要尽可能保持数据简洁，可以只保留用于创建关联关系的数据列，将其他数据列移除，以减少需要加载到 Power BI 中的数据信息。

有一点需要注意，如果原始数据列中包含如图 2-168 所示的空值"null"，那么当直接使用"删除重复项"功能进行处理后空值会被保留。当使用这个中介表去创建关联关系时 Power

BI 就会提示创建失败，原因是空值无法作为键值来查找两个表之间的数据关系。

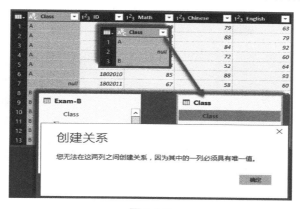

图 2-168

要解决该问题，需要在生成的中介表中做一次去空处理。在 Power Query 查询编辑器中选中该表用于创建关联关系的数据列，之后选择"开始"导航栏上"删除行"下的"删除空行"选项即可。

如果使用 DAX 表达式来创建中介表，那么可以使用 SUMMARIZE 函数或者 GROUPBY 函数来进行。这两个函数都支持以某一个或者多个数据列为基准，生成一个新的聚合表。具体操作可参加第 5 章中关于 SUMMARIZE 函数和 GROUPBY 函数的介绍。

在 Power BI 中提供的多对多（*:*）基数功能看似简化了创建中介表的过程，允许使用不满足唯一值要求的两列数据来创建表之间的关联关系，但其与传统的通过中介表和一对多（1:*）基数进行关联的表在使用上还是有不同之处的。

例如，如图 2-169 所示有两张表：Account 表和 SalesInfo 表。其中，Account 表中有一行 Mike Sumson 相关数据在 SalesInfo 表中没有对应值，在 SalesInfo 表中有一个行 Jim Tolivo 相关信息在 Account 表中也没有对应项。

Account

Account	Account Owner	Account Type	Spend Last Year
Fourth Coffee	Fabrice Canel	Gold	58000
Litware	Fabrice Canel	Platinum	47000
Proseware, Inc.	Luis Alverca	Gold	6570
RoyalSta	Mike Sumson	Gold	25700
Southridge Video	Luis Alverca	Platinum	47900
Tailspin Toys	Joe Healy	Gold	20100
总计			205270

SalesInfo

Account	Account Owner	Amount
Fourth Coffee	Fabrice Canel	610
Litware	Fabrice Canel	2040
Proseware, Inc.	Luis Alverca	775
PT Life	Jim Tolivo	100
Southridge Video	Luis Alverca	275
Tailspin Toys	Joe Healy	580
总计		4380

图 2-169

如果想用 Account Owner 列在两张表中创建关联关系，可以如图 2-170 所示通过传统的中介表法进行关联。其中，新建的中介表 Account Owner 内包含原来两张表中的全部 Account Owner 值。

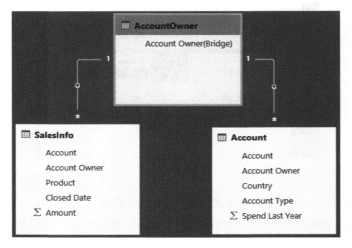

图 2-170

用中介表中的 Account Owner(Bridge)列，和其他两张表中的 Amount 列以及 Spend Last Year 可以获得一张如图 2-171 所示的可视化对象图表。在这张表中，Account Owner(Bridge) 列下 Jim Tolivo 所对应的 Spend Last Year 值是空。原因是在 Account 表中无法找到与 Jim Tolivo 相关信息，因此 Power BI 会将其自动映射为空值。同理，Account Owner(Bridge)列下 Mike Sumson 这一行所对应的 Amount 列值也为空。这样使用中介表后，就能清晰地反映出原始表中数据的对应情况。当作为关联关系列中的数据有不匹配情况出现时，Power BI 会将其对应列值自动映射为空。

Account Owner(Bridge)	Spend Last Year	Amount
Fabrice Canel	105000	2650
Jim Tolivo		100
Joe Healy	20100	580
Luis Alverca	54470	1050
Mike Sumson	25700	
总计	205270	4380

图 2-171

对图 2-169 所示的两张表直接使用多对多（*:*）基数创建关联关系，设置方法如图 2-172 所示。此时，两张表中的 Account Owner 列不但包含有重复数据，并且彼此之间还各有一个数据值在对方列下不存在。

图 2-172

　　由于没有中介表，因此如果还想创建类似于图 2-171 所示的可视化对象，Account Owner 列只能来自于 SalesInfo 表或者 Account 表。当使用 SalesInfo 表中的 Account Owner 列后，可以获得如图 2-173 所示的结果，与图 2-170 中的数据相比，缺少 Account Owner 值为 Mike Sumson 的相关信息。之所以出现这样的结果是因为在多对多（*:*）基数关系下，并没有类似于中介表这种包含全部 Account Owner 值的数据列。因此，在进行跨表数据查询时，Power BI 仍然以原始关系列中的数据为基准进行筛选。由于 SalesInfo 表中的 Account Owner 列并没有值为 Mike Sumson 的数据，所以就导致图 2-173 所示的图表中也没有该数据相关信息。换句话说，如果两个关系列中存在对方没有的特殊值，那么当使用多对多（*:*）基数创建关联关系时将无法完整地反映这种不对称关系。

Account Owner	Spend Last Year	Amount
Fabrice Canel	105000	2650
Jim Tolivo		100
Joe Healy	20100	580
Luis Alverca	54470	1050
总计	205270	4380

图 2-173

　　除此之外，在使用多对多（*:*）基数创建关联关系时可能会遇到"数据计算错误"的现象。如图 2-174 所示，当在图 2-173 的可视化表中再增加一个来自 Account 表中的 Amount 列后，表中的 Amount 值计算结果会出现问题。Amount 值总计是 4380，但是上面所有行中的 Amount 值相加，其结果显然要大于 4380。

Account Owner	Account	Spend Last Year	Amount
Fabrice Canel	Fourth Coffee	58000	2650
Fabrice Canel	Litware	47000	2650
Joe Healy	Tailspin Toys	20100	580
Luis Alverca	Proseware, Inc.	6570	1050
Luis Alverca	Southridge Video	47900	1050
总计		**205270**	**4380**

图 2-174

导致出现这个现象的原因是在当前多对多（*:*）基数关系中，图表中的每一列都是基于关系列 Account Owner 进行的查询汇总。通过图 2-168 可知，一个 Account Owner 值可以对应多个 Account 值。这就使得以 Account Owner 列建立关联关系后无法在两张表中以 Account 列为基准对数据进行区分。虽然会导致 Account 信息不同，但 Power BI 只以 Account Owner 列中的值为基准对 Amount 列进行汇总，而没有进一步区分 Account 值。

在目前多对多（*:*）基数关系中还无法解决该问题，只能通过使用中介表的方法来解决。方法如图 2-175 所示，基于两张表中的 Account 列值，再创建一个中介表 UniqueAccount，用以记录两张表中全部的 Account 信息。之后将两张原始表与两张中介表进行关联。

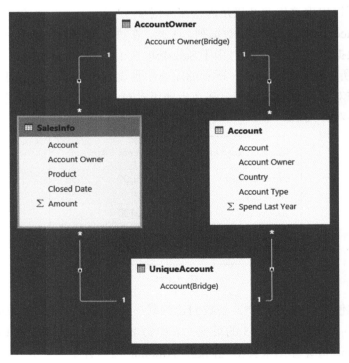

图 2-175

之后，如图 2-176 所示，使用 Account Owner 表中的 Account Owner(Bridge)列和 UniqueAccount 表中的 Account(Bridge)列来创建可视化图表即可。

Account Owner(Bridge)	Account(Bridge)	Spend Last Year	Amount
Fabrice Canel	Fourth Coffee	58000	610
Fabrice Canel	Litware	47000	2040
Jim Tolivo	PT Life		100
Joe Healy	Tailspin Toys	20100	580
Luis Alverca	Proseware, Inc.	6570	775
Luis Alverca	Southridge Video	47900	275
Mike Sumson		25700	
总计		205270	4380

图 2-176

由此可见，虽然多对多（*:*）基数关系简化了在表之间创建关联关系的步骤，但其本身的计算特点和属性并不等价于之前使用中介法进行管理的表。多对多（*:*）基数关系主要存在的不足在于：

● 当关联表中的关系列存在不匹配数据时，用多对多（*:*）基数创建的表无法完全体现这种不匹配性。
● 如果可视化对象表中除了关系列以外还需要基于其他列进行数据划分，那么在多对多（*:*）基数关系下有可能出现"数据计算错误"的现象。
● 在使用多对多（*:*）基数关系的表中无法使用 DAX 语言中的 RELATED 函数。
● 当两张表使用多对多（*:*）基数关联关系时，无法使用 DAX 语言中的 ALL 函数从一张表出发去清除其关联关系表中的过滤条件。

例如，基于之前图 2-172 所示的多对多（*:*）基数关系，在 SalesInfo 表中创建一个度量值，利用下面的公式计算销售总额。如果以 SalesInfo 表中的 Account Owner 列创建一个可视化对象，可以获得如图 2-177 所示的结果。ALL 函数成功地将应用在 SalesInfo 表中的过滤条件去除，使得每一个 TotalAmount 值都相同，都等于总的销售量。

```
TotalAmount =
CALCULATE ( SUM ( SalesInfo[Amount] ), ALL ( SalesInfo ) )
```

Account Owner(SalesInfo)	Spend Last Year	Amount	TotalAmount
Fabrice Canel	105000	2650	4380
Jim Tolivo		100	4380
Joe Healy	20100	580	4380
Luis Alverca	54470	1050	4380
总计	205270	4380	4380

图 2-177

如图 2-178 所示，使用 Account 表中的 Account Owner 列进行替换，那么 TotalAmount 值将根据每个 Account Owner 值来分别计算其销售额，可以发现 ALL 函数无法跟之前一样去除应用在 Account 表中的过滤条件。因此，当使用多对多（*:*）基数关系时，如果要进行类似于求百分比这样的运算，要特别小心以免计算出错。

Account Owner(Account)	Spend Last Year	Amount	TotalAmount
Fabrice Canel	105000	2650	2650
Joe Healy	20100	580	580
Luis Alverca	54470	1050	1050
Mike Sumson	25700		
总计	**205270**	**4380**	**4380**

图 2-178

在下列使用活动连接（Live Connection）方式连接的数据源中无法使用多对多（*:*）基数：

- SAP HANA
- SAP Business Warehouse
- SQL Server Analysis Services
- Power BI datasets
- Azure Analysis Services

2.5.4 关联关系交叉筛选器方向

交叉筛选器方向主要用于设定数据查询方向，有两种设定选择，分别是"单一"和"两个"。"单一"交叉筛选器设定指的是以一张表中的数据为查询条件，可以从另一张表中获取查询结果，反之则不成立。"两个"交叉筛选器设定允许在两张表中互相查询，无论以哪一张表中的数据作为查询基准，都可以从另一张表中获得查询结果。

需要注意的是，如果两张表的基数是"一对一"关系，那么 Power BI 会自动将交叉筛选器方向设定为"两个"。如果修改成"单一"，就会给出如图 2-179 所示的错误提示。

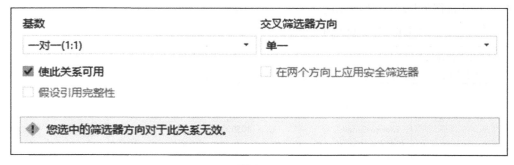

图 2-179

当数据导入到 Power BI 当中后，除了"一对一"基数关系以外，其他基数关系都会默认使用"单一"交叉筛选器设定，以便获得最清晰明了的数据关联关系。"单一"交叉筛选器最典型的使用场景是星状数据表集合。

星状数据表集合也称雪花数据表集合，结构如图 2-180 所示，包含一张中心数据表和其他若干用于补充说明中心表中数据属性的附属表。

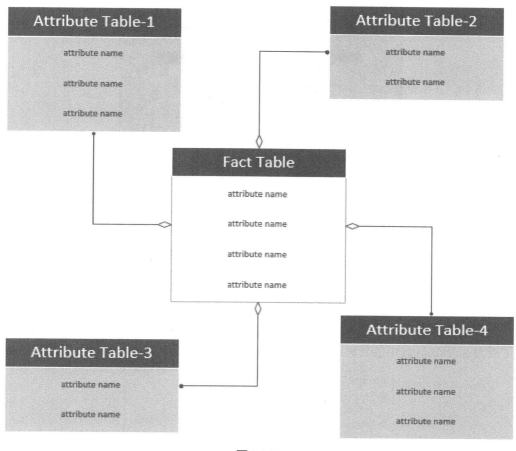

图 2-180

其中的中心表被称为事实表，通常会包含多个数据列，并且几乎没有数据列中的值满足单一性要求。附属表中的数据列通常较少，其中的一个数据列会作为主键以一对多的关系与事实表相关联。这样，以附属表中某列的一个行值为条件，就可以对事实表进行数据过滤筛选。由于使用了"单一"交叉筛选器设定，因此筛选条件不具备传播性。也就是说，从某一张附属表出发对事实表进行筛选，不会影响其他附属表中的数据。

例如，图 2-181 所示的产品销售数据集就是一个典型的使用"单一"交叉筛选器进行连接的星状数据表集合。其中的 SalesInfo 表是事实表，与 Account 表和 Product 表都以"单一"交叉筛选器方向设定了"多对一"关系，表明一个客户可以购买多种产品，同时一种产品也会被卖给多个客户。

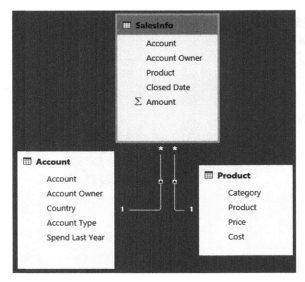

图 2-181

在这种"单一"方向的"一对多"关系下，可以从 Account 表或者 Product 表对 SalesInfo 表中的数据进行筛选。如图 2-182 所示，用 Account 表在报表视图模式下创建一个切片器，之后就可以对 SalesInfo 表中的数据进行过滤,实现只查看某个特定 Account 所购买的产品信息。

Account
■ Fourth Coffee
□ Litware
□ Proseware, Inc.
□ Southridge Video
□ Tailspin Toys

SalesInfo

Account	Account Owner	Product	Amount
Fourth Coffee	Fabrice Canel	Audio	180
Fourth Coffee	Fabrice Canel	Clothes	360
Fourth Coffee	Fabrice Canel	Computers	70
总计			**610**

图 2-182

如图 2-183 所示，如果此处还有一张 Product 表，就会发现 Account 表生成的切片器对其无法进行过滤。原因是 Account 表虽然可以通过"单一"交叉筛选器方向对 SalesInfo 表进行过滤，但是 SalesInfo 表和 Product 表之间的交叉筛选器方向设定也是"单一"模式，并且只能从 Product 表来过滤 SalesInfo 表中的数据。因此,无法实现以 SalesInfo 表为中介表,从 Account 表直接过滤 Product 表的需求。

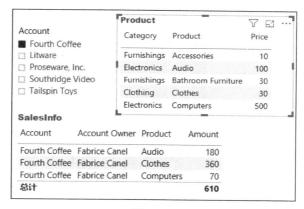

图 2-183

要解决此问题，可以使用"两个"交叉筛选器方向。如图 2-184 所示，双击 SalesInfo 表和 Product 表的关联关系，将交叉筛选器方向改为"两个"，之后单击"确定"按钮即可。

图 2-184

在这种以星状结构建立关联的表集合中，可以将"单一"交叉筛选器方向改为"两个"，以将事实表作为中介，实现属性表之间的相互筛选。

表内数据之间的筛选除了与交叉筛选器方向有关外，还与数据结构及表之间使用的关系列有关系。特别是非星状结构的数据集模型，其表之间的关联关系往往比较复杂，在应用"两个"交叉筛选器方向时，可能获得的数据结果会与期待结构有出入。例如，图 2-185 所示的数据集属于非星状结构类型。其中的 Account Owner 表和 Account 表使用 Account Owner 列作为关系列，并且使用"两个"交叉筛选器方向的一对多（1:*）基数。

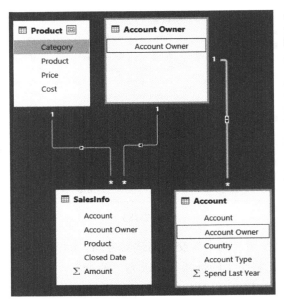

图 2-185

如果使用 Account 表中 Account 列下的 Fourth Coffee 值来过滤 SalesInfo 表，就会得到如图 2-186 所示的结果。SalesInfo 表中除了包含 Fourth Coffee 这个 Account 值以外，还有一个名为 Litware 的 Account 值。这个过滤结果虽然与期望结果不符，但其过滤结果无误并且也正确地反映了 SalesInfo 表和 Account 表之间的关联关系。原因是虽然通过 Account 表和 Account Owner 表之间的"两个"交叉筛选器方向可以实现对 SalesInfo 表内数据的过滤，但是两张表是通过 Account Owner 列进行关联的。这就意味着虽然在图 2-186 中选择的是 Account 列下的 Fourth Coffee 值，但实际上 Power BI 是基于当前行中 Account Owner 列下的 Fabrice Canel 值去 SalesInfo 表当中进行查询的，因此会有多个 Account 列下的值符合过滤条件。

Account				
Account	Account Owner	Account Type	Country	Spend Last Year
Fourth Coffee	Fabrice Canel	Gold	France	58000
Litware	Fabrice Canel	Platinum	France	47000
Proseware, Inc.	Luis Alverca	Gold	USA	6570
RoyalSta	Joe Healy	Gold	UK	25700
Southridge Video	Luis Alverca	Platinum	Canada	47900
Tailspin Toys	Joe Healy	Gold	USA	20100
总计				205270

SalesInfo			
Account	Account Owner	Product	Amount
Fourth Coffee	Fabrice Canel	Audio	180
Fourth Coffee	Fabrice Canel	Clothes	360
Fourth Coffee	Fabrice Canel	Computers	70
Litware	Fabrice Canel	Accessories	2000
Litware	Fabrice Canel	Computers	40
总计			2650

图 2-186

在实际使用中，往往只有很少数的简单数据模型可以以星状结构模式建立关联关系。多数表之间的关联关系比较复杂，可能会出现如图 2-187 所示的多路径结构。

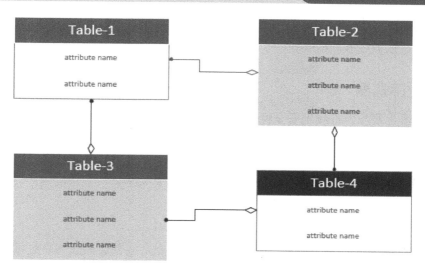

图 2-187

　　多路径结构指的是从一张表出发,可以找到多于一种的关联关系来筛选另一张表中的数据。例如,在图 2-187 中,如果要从 Table-1 表筛选 Table-2 表中的数据,可以直接使用 Table-1 表和 Table-2 表之间的关联关系进行筛选;也可以先通过 Table-1 到 Table-3,再到 Table-4,最后到 Table-2 这样一条路线来进行筛选。

　　当数据集中的表出现类似这种多路径结构时,由于 Power BI 无法判断应该使用哪条路径上的关联关系进行数据筛选,因此它会强制只允许使用一条回路进行数据过滤。当有其他路径生成时,Power BI 会如图 2-188 所示将该路径设置成"不可用"状态,并提示用户,如果要开启该路径,必须先将目前"已使用"状态的路径关闭。

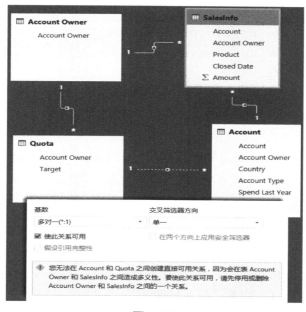

图 2-188

当数据集中的表多使用"两个"筛选器方向时，比较容易出现这种多路径结构形式，在建立关联关系时要特别注意。

2.5.5　安全筛选器

安全筛选器主要配合行级别安全性来使用。当交叉筛选器方向为"两个"时，可以启动"在两个方向上应用安全筛选器"功能。该功能是为了保证在使用动态角色分配设置的表集合中可以按照用户登录名精确地过滤数据，以保证数据信息不被泄露。如何使用安全筛选器可以参考之前 2.4.6 小节中的介绍。

2.5.6　假设引用完整性

如果使用 DirectQuery 模式连接外部数据源，当在表之间创建关联关系时可以使用"假设引用完整性"功能。启用该功能后，Power BI 将使用内连接（INNER JOIN）方式来代替外连接（OUTER JOIN）方式在表之间创建关联关系，从而提高数据查询和计算效率。

内连接指的是两张表以取"交集"的方式进行连接。在 Power BI 中，当使用 DirectQuery 方式连接的两张表满足以下两个条件时就可以使用"假设引用完整性"功能：

● 创建关联关系时位于 From 列（即处于"选择相互关系的表和列"上方的表中的列）中的数据不包含 null 值或者空白值。

● 每一个来自 From 列中的数据都能在 To 列中找到与其对应的数据。

"假设引用完整性"功能之所以能提高数据查询和计算效率，是因为省略了表连接查询的过程。例如，当对两张创建过关联关系表中的数据进行汇总求和时，一般需要使用下面的 T-SQL 查询语句：

```
SELECT SUM([table_name1].column_name)
FROM table_name1
INNER JOIN table_name2
ON table_name1.column_name=table_name2.column_name
```

当 table_name1 表和 table_name2 表使用"假设引用完整性"功能进行连接后，相当于 table_name1 表中所有行的数据都可以在 table_name2 表中找到相对应的匹配项。这样 Power BI 会默认对 table_name1 表中的数据进行计算时并不需要 table_name2 表进行参与，因此会将上个查询语句简化成下述形式，从而省略表连接操作以加快数据查询和计算效率。

```
SELECT SUM([table_name1].column_name)
FROM table_name1
```

例如，图 2-189 中显示了两张通过 DirectQuery 方式连接到 Power BI 的 SalesInfo 表和 Product 表。其中，SalesInfo 表中的 Product 列不包含 null 值和空白值，并且其 Product 列内的值在 Product 表中的 Product 列内都能找到对应数值，因此两张表可以使用"假设引用完整性"功能来创建关联关系。

图 2-189

在关系视图页面，通过拖曳方式将 SalesInfo 表中的 Product 列和 Product 表中的 Product 列相连接，可以打开如图 2-190 所示的"创建关系"配置页面。其中，SalesInfo 表中的 Product 列位于 From 列位置，Product 表中的 Product 列位于 To 列处。选择"假设引用完整性"选项后，Power BI 会自动检测用于创建关联关系的两列是否满足以"交集"方式进行连接，如果不满足就会有相应的错误提示。

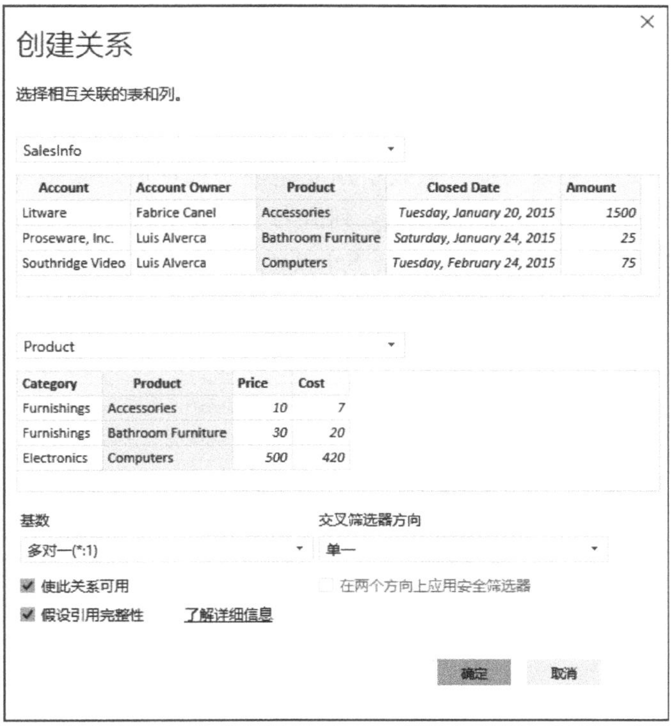

图 2-190

需要注意的是，这种检测只能算作粗略的一次性操作，如果数据量比较大，就有可能无法检测出数据是否全部符合要求。此外，如果两个关系列当前满足"假设引用完整性"条件，后续由于原始数据源中的数据发生变化导致不再满足，那么此时 Power BI 并不会自动检测到该异常，可能导致相应的计算结果出错。

例如，对图 2-189 中的两张表使用"假设引用完整性"方法创建完关联关系后，在 SalesInfo 表中再增加一行新的数据，该行中的 Product 列值为 Mouse，在对应的 Product 表中并不存在相关数据。将变化后的数据加载到 Power BI 桌面应用后并不会出现任何错误信息提示，但是如图 2-191 所示，当通过两张表的关联关系创建一个按照产品类型统计销售量表 Product Category 后，就能发现其销售量结果与 SalesInfo 表中的统计不符，缺少 Product 列值为 Mouse 的销售数据。

SalesInfo				Product Category	
Account	Product	Amount		Category	Amount
Fourth Coffee	Audio	180.00		Clothing	960.00
Fourth Coffee	Clothes	360.00		Electronics	565.00
Fourth Coffee	Computers	70.00		Furnishings	2,855.00
Litware	Accessories	2,000.00		总计	4,380.00
Litware	Computers	40.00			
Proseware, Inc.	Accessories	750.00			
Proseware, Inc.	Bathroom Furniture	25.00			
PT Life	Clothes	100.00			
PT Life	Mouse	200.00			
Southridge Video	Audio	200.00			
Southridge Video	Computers	75.00			
Tailspin Toys	Bathroom Furniture	80.00			
Tailspin Toys	Clothes	500.00			
总计		4,580.00			

图 2-191

当修改两张表的关联关系去掉"假设引用完整性"选项后，如图 2-192 所示，Product Category 表会进行更新，增加一条 Category 列值为空的数据来统计有 Product 值，但是没有 Category 对应项的数据。这样其总计结果与 SalesInfo 相同，符合实际数据情况。由此可见，使用"假设引用完整性"选项虽然可以提高数据查询计算效率，但是其对原数据的完整性要求较高，更适合数据结构比较稳定的时候使用。

SalesInfo				Product Category	
Account	Product	Amount		Category	Amount
Fourth Coffee	Audio	180.00			200.00
Fourth Coffee	Clothes	360.00		Clothing	960.00
Fourth Coffee	Computers	70.00		Electronics	565.00
Litware	Accessories	2,000.00		Furnishings	2,855.00
Litware	Computers	40.00		总计	4,580.00
Proseware, Inc.	Accessories	750.00			
Proseware, Inc.	Bathroom Furniture	25.00			
PT Life	Clothes	100.00			
PT Life	Mouse	200.00			
Southridge Video	Audio	200.00			
Southridge Video	Computers	75.00			
Tailspin Toys	Bathroom Furniture	80.00			
Tailspin Toys	Clothes	500.00			
总计		4,580.00			

图 2-192

2.6　数据可视化设置分析

在完成数据查询编辑以及建模分析后，可以借助 Power BI 提供的可视化图形工具将数据进行可视化展现。目前在安装完 Power BI 桌面服务后会默认加载近 30 种可视化对象，主要覆盖了经常使用的柱形图、折线图、饼图、卡片图以及表等类型。Power BI 还允许用户通过 R 语言创建自定义可视化对象，从而大大丰富了可视化图形工具的功能。

此外，在微软的 AppSource 在线应用商店（https://appsource.microsoft.com/zh-cn/marketplace）中还可以下载到上百种由微软或者微软认证的第三方公司提供的自定义可视化对象。这些工具能提供更多样化的数据分析视角、更炫酷的图形界面以及更方便的数据配置。借助第三方可视化对象工具，用户可以更加轻松地丰富报表信息内容，呈现更加清晰准确的数据分析结果。

2.6.1　可视化对象概述

要想在 Power BI 桌面应用中添加一个可视化对象，需要切换到报表视图中进行。如图 2-193 所示，在报表视图右侧的"可视化"面板中会展示当前可以在报表中使用的可视化对象，单击某个可视化对象后，Power BI 就会自动在当前报表页面中添加相应的工具。

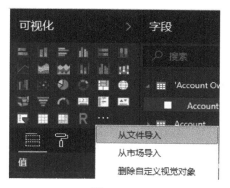

图 2-193

如果想添加 R 语言创建的自定义可视化对象，可以单击代表 R 语言的"R"图标来进行配置。如果想导入第三方创建的自定义可视化对象，可以单击代表"导入自定义可视化对象"的"…"图标来进行。

对于自定义可视化对象，目前 Power BI 提供两种导入模式：从文件导入和从市场导入。

● 从文件导入指的是直接加载由第三方可视化对象开发者定义的包含可视化对象源代码的.pbiviz 文件。由于这种由第三方开发的可视化对象可能并没有经过微软或其他权威机构的验证，也许存在一定的安全或隐私风险，因此在导入前需要确保自定义可视化对象的来源可靠，并经过本地测试后再应用到 Power BI 在线应用服务上。

● 从市场导入指的是登录到 Power BI 桌面应用后，连接到微软 AppSource 在线应用商店或当前所在组织自定义可视化对象管理中心来下载自定义可视化对象。如图 2-194

所示，在找到所要使用的自定义可视化对象后，单击其右侧的"添加"按钮即可将它导入当前的 Power BI 桌面应用当中。

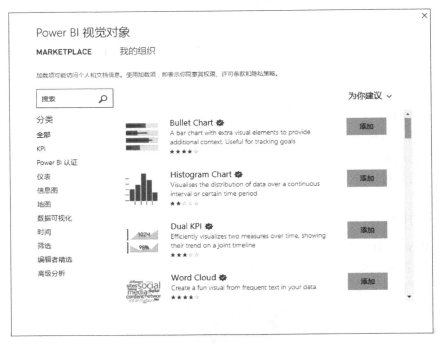

图 2-194

添加一个可视化对象到 Power BI 报表视图后，首先要对其使用的字段进行配置，这些字段即是可视化对象所要分析的元素。如图 2-195 所示，在"可视化"面板右侧可以找到"字段"配置选项，从"字段"面板中将要使用的字段拖曳到"字段"配置选项处即可完成设置。也可以直接在"字段"面板中选择所要使用的字段，之后 Power BI 会自动分析该字段在可视化对象中的使用位置，并进行相应填充。如果填充有误，通过手动修改进行校正即可。

图 2-195

2.6.2　堆积图、簇状图以及折线图

不同的可视化对象需要配置的字段不尽相同，如图 2-196 所示，堆积图、簇状图、折线图

等几类可视化对象主要需要配置以下三个字段：

- 轴（必填项）：x 轴数据，该字段只能使用原始数据列或计算列，不能使用度量值。如果想使用度量值生成的数据作为轴数据，需要先将度量值转换成计算列。"轴"内允许配置多个字段，以显示不同层次结构的数据内容。
- 值（必填项）：y 轴数据，可以是原始数据列、计算列或度量值。当"图例"配置项为空时，"值"内可以添加多个字段，否则"值"内只能添加一个字段。
- 图例（选填项）：用于对 y 轴数据进行细分类。与"轴"类似，用于配置"图例"的字段只能使用原始数据列或者计算列，不能使用度量值。当"值"配置项只有一个字段时，可以使用"图例"配置项对"值"中的数据进行详细说明。

图 2-196

当"轴"配置项出现多个字段时，如图 2-196 所示，可视化对象顶部会多出 4 个功能键，用于提供数据钻取功能。该功能可以按照层级结构向下穿透，获得下一个层次数据相关信息。对于数据钻取，Power BI 提供两种方式：一种是普通钻取，一种是深化钻取。

- 普通钻取指的是按照"轴"中提供的数据层次，逐一向下钻取数据，主要使用的功能键包括：
  - 向上钻取：功能键由"向上箭头"代表，用于返回上一层次的数据。
  - 转至层次结构中的下一级别：功能键由"双向下箭头"代表。可以根据"轴"中值的层次设定，显示下一层级数据的可视化情况。例如，按照图 2-196 中"轴"的配置，第一层是 Region，第二层是 Channel。按照普通钻取方式，通过"转至层次结构中的下一级别"展开到第二层后，数据会如图 2-197 所示，显示第二层次 Channel 中的数据。

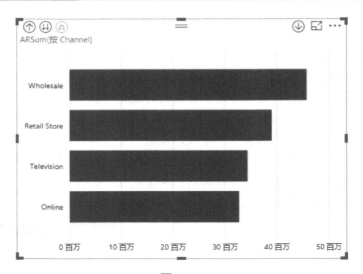

图 2-197

➤ 展开层次结构中的所有向下级别：功能键由"从一个分支出发的两个向下箭头"代表。该功能会将下一层次结构中的数据追加到当前层数据来显示。例如，按照图 2-195 中"轴"的配置，第一层是 Region，第二层是 Channel。按照普通钻取方式，单击"展开层级结构中的所有向下级别"后，会得到如图 2-198 所示的结果。第二层次 Channel 中的数据会根据第一层次 Region 中的数据进行拆分显示，最多可拆分出 $M \times N$ 条数据（M 是第一层中的数据个数，N 是第二层中的数据个数）。如果第一层和第二层某个数据之间没有对应值，结果就为空，不会在可视化对象中显示。

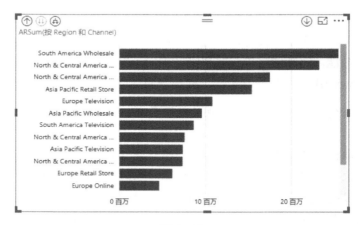

图 2-198

● 深化钻取指的是按照"轴"中提供的数据层次，依据某个选中值，以它为基准向下钻取数据。如图 2-199 所示，要启动"深化模式"，需要单击代表"深化钻取"的"向下箭头"按键。

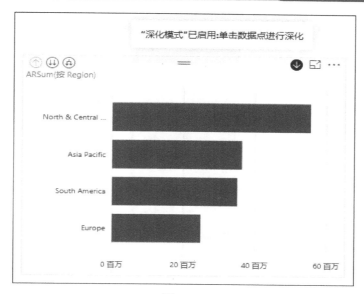

图 2-199

在"深化模式"下，通过单击可视化对象中的某个图形，可以相应地钻取到其下一层中的相应数据。例如，根据图 2-196 中的配置，单击第一层 Region 的 North & Central America 后，如图 2-200 所示，可视化对象会切换到下一层并显示在当前 Region 是 North & Central America 值所对应的 Channel 字段相关信息，从而实现有针对性地对某一数据进行钻取。

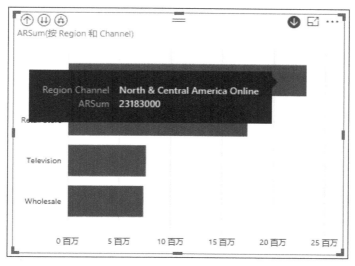

图 2-200

完成字段配置之后可以对可视化对象的外观进行美化，自定义可视化对象的显示效果，主要包括：

- 数据轴：设定 x 轴或 y 轴的显示效果，包括位置，轴颜色，说明文字字体、颜色、大小等。

- 数据颜色: 如图 2-201 所示，目前 Power BI 提供两种数据颜色设置方法。

图 2-201

- 显示全部: 也就是常规控制法，会将可视对象中的每个数据都罗列出来供用户手动设定颜色。
- 高级控件: 如图 2-202 所示，高级控件可以根据数据值动态地调配颜色，目前 Power BI 提供三种配置数据颜色的格式模式。

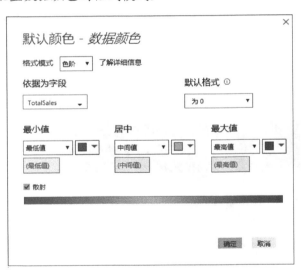

图 2-202

- 色阶: 设置如图 2-202 所示，先配置一个着色依据字段，然后根据喜好指定最小值、居中（可选）以及最大值的颜色。之后，Power BI 会自动分析字段中的数值并给出从小到大的颜色渐变方案。

当字段中包含空值情况时，通过"默认格式"可以设定空值显示颜色。为 0 的意思就是按照数字 0 所使用的颜色进行填充。还可以选择"不设置格式"，即空值不进行着色，或者选择"指定颜色"来给空值配置特定颜色。

- 规则：设置如图 2-203 所示，选择一个字段作为配色依据后需要手动设定字段中每个数值区间相应的着色颜色。与"色阶"方式相比，优势在于可以明确地根据数据分布区间来指定颜色配置；不便之处在于当数据量较多或者变化波动较大时，配置起来可能会相对比较麻烦。

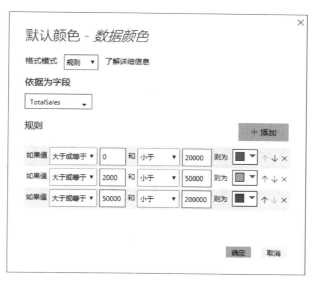

图 2-203

- 字段值：设置如图 2-204 所示。字段值模式同样需要选择一个字段作为着色依据，但是该字段只能是文本类型字段，不能使用数字、日期等其他类型字段。"摘要"用于定义字段中数据的聚合方式。由于是文本类型数据，因此只能指定以"首先"和"最后一个"两种方式进行聚合。

图 2-204

使用"字段值"格式模式后，可视化对象上的着色方式将根据"图例"配置项的数据来确定。如图 2-205 所示，当"图例"中配置了 Account 字段后，更改 Account 字段下数值使用的填充颜色会同时更改堆积条形图中的数据，从而使得条形图上的着色方案根据字段内容来进行变化。

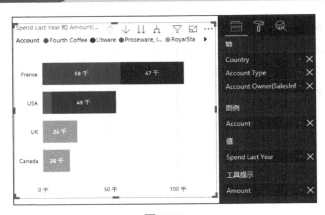

图 2-205

- 数据标签：控制是否在可视化对象中添加标签来显示具体的数据信息。可以控制标签的字体大小以及颜色，如果是数字类型标签，还可以控制显示单位。此外，还可以制定标签所在位置和方向、背景颜色以及设置是否可以溢出文本来进行显示。
- 标题、背景和边框：可以设定可视化对象使用的标题，包括文本字体、大小、颜色以及对齐方式。在背景处可以设置可视化对象使用的背景颜色，目前 Power BI 只支持使用单色对背景进行设定，无法使用自定义图片。
- 可视化对象：这个开关控制是否显示可视化对象标题头上各类功能选项。例如，可以控制是否开启数据钻取功能相应按钮。需要注意的是，关闭可视化对象下的某个操作按钮并不会在 Power BI 桌面应用中起作用，这个关闭动作会在报表发布到 Power BI 在线应用服务之后对使用阅读模式浏览报表的用户起作用。

2.6.3 折线与堆积图和折线与簇状图

折线与堆积图和折线与簇状图是两类复合图形，如图 2-206 所示，其特点是在堆积图和簇状图基础上增加了一个"行值"设定，可以配置折线，用于补充说明数据信息。"行值"中允许配置多个字段，可以是原始数据列，也可以是计算列或者度量值。

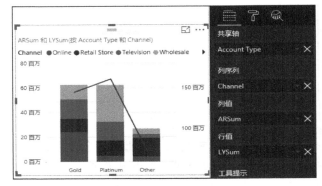

图 2-206

与堆积图等可视化对象类似，当折线与堆积图或折线与簇状图的"共享轴"中添加多个字段后，可以开启数据钻取功能，其使用逻辑与方法参考堆积图部分中的说明。

2.6.4　饼图和环形图

饼图和环形图两类可视化对象主要用来展示不同数据在整体中所占的比例。如图 2-207 所示，饼图和环形图主要需配置三部分数据：

- 图例（选填项）：确定图形如何进行划分。如果"图例"为空，就必须填写"详细信息"项。图例中的字段只能是原始数据列或者计算列，不能是度量值。"图例"中可以配置多个字段，开启数据钻取功能，以显示不同层次结构数据相关内容。
- 详细信息（选填项）：可以在"图例"的基础上对每一部分数据进行二次划分。与图例的要求一样，配置字段只能使用原始数据列或者计算列，不能使用度量值。
- 值（必填项）：用于确定图例面积大小，可以是原始数据列、计算列或度量值。如果"详细信息"配置项为空，那么"值"内可以添加多个字段。

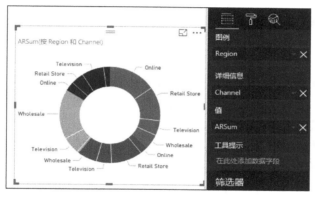

图 2-207

2.6.5　树状图

树状图与饼图类似，可以显示某部分数据在整体数据中所占的比例。此外，它还主要被用于显示具有层次性关系的数据组。例如，一个公司的组织结构就是一类层级结构性关系数据。一个公司可以有多个分公司，每个分公司可以有多个部门，每个部门又可以继续划分成多个小组等。如图 2-208 所示，树状图主要配置的选项一共有三个：

- 组（选填项）：确定树状图如何进行划分。如果"组"为空，就必须填写"详细信息"项。"组"内可以填写多个代表不同层级关系的字段，顺序是大级别在上、小级别在下。图例中的字段只能是原始数据列或者计算列，不能是度量值。
- 详细信息（选填项）：可以在"组"的基础上对每一部分数据进行二次划分。与"组"的要求一样，配置字段只能使用原始数据列或者计算列、不能使用度量值。
- 值（必填项）：用于确定每个分组的面积大小，可以是原始数据列、计算列或度量值。如果不使用"详细信息"配置项，那么"值"内可以添加多个字段。

图 2-208

树状图更适合用于分析数据量较多的层次结构数据。通过图形面积大小的展示能更加清晰地对比不同数据之间的差别。同时，在开启数据钻取功能后，可以做深层次具有针对性的数据分析，使用起来会比饼图、堆积图、簇状图等其他几类图形更加方便。

2.6.6　散点图、气泡图和点图

1. 散点图

散点图主要用来在回归分析中展示数据在直角坐标系上的分布情况，可以分析数据的总体发展趋势及分布走向。散点图上每个点所在的位置都是通过其所对应的 x 轴坐标和 y 轴坐标来确定的，突出的是数据在两个变量之间的变化关系。通常情况下，散点图适用于分析一个主体变量随两个具有相关性变量变化而变化的情况。

例如，图 2-209 的散点图就展示了由 200 个样本组成的身高和体重分布情况，图中每一个数据点都代表一个调查样本的身高和体重数值。从数据点的分布情况可以获知男性的数据点倾向集中分布于右上角区域，而女性则倾向集中于左下角，并且多数数据点都集中分布在身高 65~70 英寸（1 英寸＝0.3048 米）与体重 120~140 磅（1 磅＝0.4536 千克）形成的区间范围之内。

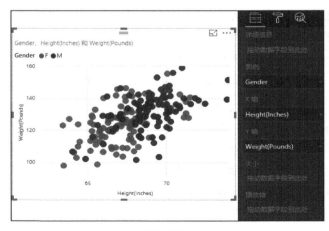

图 2-209

散点图主要配置的字段如下：

- 详细信息（选填项）：该处可以添加用于说明散点图中数据属性的字段。只能添加原始数据列或者计算列，不能使用度量值。当添加多个字段时会开启数据钻取功能。
- 图例（选填项）：图例的功能是对散点进行标记划分。该处设置只能填写一个字段，必须是原始数据列或者计算列，不能使用度量值。
- X 轴（必填项）：只能填写数字类型的字段，可以是原始数据列、计算列或者度量值。如果配置了"详细信息"选项，则"X 轴"中配置的原始数据列或者计算列字段必须使用聚合设置，否则 Power BI 会给出如图 2-210 所示的错误。

图 2-210

- Y 轴（必填项）：与"X 轴"有相同的配置要求。
- 播放轴（选填项）：如图 2-211 所示，播放轴可以在散点图下方增加一个类似于播放器进度条控件。在单击三角形的播放按钮后，散点图会根据播放轴上不同的字段显示当前对应的 x 轴和 y 轴数据，从而实现数据动态变化的效果。播放轴中适合填写时间类字段，可以展示数据在不同时间段内的变化情况。目前，该字段只能使用原始数据列或者计算列，不能使用度量值。此外，如果要使用播放轴功能，"X 轴"或"Y 轴"中配置的原始数据列或者计算列字段必须使用聚合设置，否则 Power BI 会返回类似图 2-210 中的错误提示。

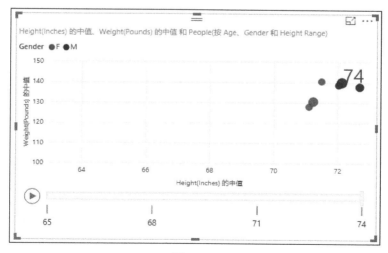

图 2-211

2. 气泡图

气泡图是在散点图的基础上增加一个变量，用来将点替换成大小不一的气泡，以气泡面积来代表变量值的大小。例如，图 2-212 所示的气泡图就展示了每个年龄段人群的体重和身高的中值，气泡大小代表该年龄段采样人数的大小。

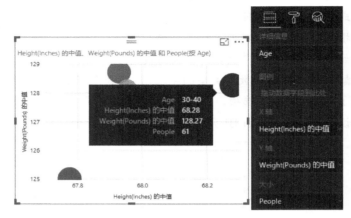

图 2-212

相比散点图，气泡图中多了一个"大小"配置，该处字段可以使用原始数据列、计算列或者度量值。当使用原始数据列或计算列时，Power BI 会自动对其进行聚合设置，不会直接显示既定数据值。

3. 点图

点图跟散点图的配置相似，不同点在于点图"X 轴"中的字段使用的是具有分类意义的数字类型数据列，用于分析数据元素在某一区间上的分布情况。将之前图 2-208 中的"X 轴"设置改为身高区间列"Height Range"，即可获得如图 2-213 所示的点图，用来分析在每一身高区间内调查对象体重的分布情况。

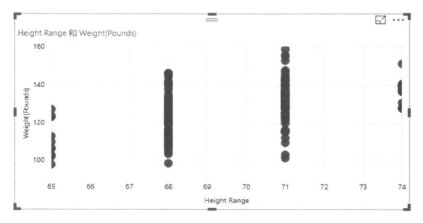

图 2-213

散点图、气泡图和点图的格式设定与其他内置可视化对象基本类似，其特有的配置包括可以设定代表数据元素图形的形状（默认是圆形，可以更改为方形、菱形或者三角形），可以同时依据图例中的值单独设定对应的形状。

此外，由于散点图数据的特点，其需要展示的数据元素可能会很多，为了防止在散点图上加载过多的数据从而影响报表的响应效率，可以在散点图上设置最大显示的数据量。方法是通过"格式"面板下"常规"设置菜单中的数据量来控制。可设定范围是 3500 到 10000，即散点图最多可以显示 10000 个数据点。需要注意的是，在气泡图中没有数据量限定的设置，原因是气泡图要求使用的 x 轴和 y 轴数据是聚合类型数据，其数据点数量相对可控，因此不需要对其进行特别控制。

2.6.7　地图、着色地图以及 ArcGIS 地图

在 Power BI 默认提供的可视化控件中有三种地图类型的可视化对象，分别是地图、着色地图以及 ArcGIS 地图。这些可视化对象能将要分析字段中的数据映射到地图相应的地理位置区域之上，以代表该字段在该地区的表现。例如，销售数据多与地理区域有关系，通过地图类型的可视化对象就能清晰地标明每个区域的销售情况，相比于使用堆积图、簇状图或饼图等其他类型的可视化对象，能给用户带来更加清晰直观的印象。

在使用地图类可视化对象之前，需要先对数据进行整理，确保至少能有一个数据列包含所要分析数据的地理位置名称，或者有两个数据列包含分析对象的经纬度信息，以确保 Power BI 能正确地将地理位置信息映射到地图坐标之上。

对于地址类信息，根据数据元素所在的地理区域，可以包括地址、街区、城市、子区域、区域、州、省、邮政编码、国家/地区等。数据所包含的地址元素越多，结果就会越精确。

如果地址信息仅是一个片段信息，例如只包括城市名称、省名称或者国家名称，那么在使用该字段之前，应该如图 2-214 所示，先设定"数据分类"，以标明该字段代表的是国家/地区还是州、省、直辖市或自治区，还是城市或者县。

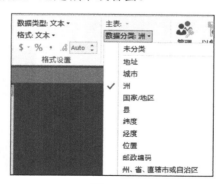

图 2-214

之所以要这样做是因为存在很多地理名称相同但实际代表地理位置不同的数据。例如，"吉林"这个数据，既可以表示吉林省，也可以代表吉林市，如果不指定数据分类，那么 Power BI 很可能不能按照数据实际意义进行标注。

纬度和经度值表示地图中 x、y 坐标的位置。Power BI 采用 World Geodetic System 1984（WGS84）坐标系来映射 x 和 y 坐标数据。在该系统中，纬度（y）值范围介于 -90 到 90 之间，经度（x）值范围介于 -180 到 180 之间。

1. 地图

地图类型可视化对象使用微软必应（Bing）地图作为数据显示基准，其特点是用气泡大小来代表数据大小，将每个气泡分布在不同的地理位置之上以代表该地区相应数值情况。主要使用用的字段（见图2-215）包括：

- 位置（必填项）：包含地理位置名称的字段，Power BI 会根据该字段在地图中找到其代表的相应区域。字段可以是国家名、省份/州名称、城市名称等。如果使用了纬度和经度设定，则"位置"字段可以不必填写。"位置"选项支持配置多个字段以开启"数据钻取"功能，用于分析不同层次字段中的数据情况。
- 图例（选填项）：可以在"位置"的基础上对每一气泡数据进行二次划分。"图例"上配置的字段只能使用原始数据列或者计算列，不能使用度量值。
- 纬度和经度（选填项）：包含地理位置纬度和经度坐标的字段。相比"位置"设定，有了纬度和经度设定能在地图上准确地标出数据所在位置，提高可视化数据的准确性。当"位置"字段为空时必须配置纬度和经度字段。

- 大小（选填项）：用于确定每个气泡面积的大小，可以是原始数据列、计算列或度量值。"大小"处设置只允许填写一个字段。

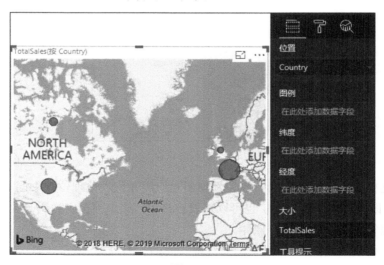

图 2-215

2. 着色地图

着色地图类型可视化对象与地图配置项一致，如图 2-216 所示，其数据显示特点类似于热点图，通过对不同的地理位置填入不同的颜色来显示数据大小分布情况。着手地图更适用于对社会经济方面等数据的可视化展现，例如显示某些地区的人口出生率，死亡率，平均收入情况，社会总产值等。由于这些数据更强调区域范围概念，因此，使用着色地图比使用普通地图能更加准确的反应数据情况。

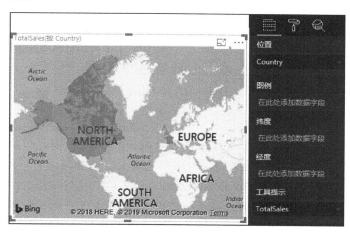

图 2-216

默认情况下，着色地图会对所分析的数据都使用同一个颜色进行填充。要想更改颜色配置，需要选择"格式"子面板下的"数据颜色"项，然后单击"高级控件"进行配置。具体配置方法可参考 2.6.2 小节中关于数据颜色设定的相关介绍。

3. ArcGIS 地图

ArcGIS 地图是由微软与美国环境系统研究所公司（Environmental Systems Research Institute, Inc. 简称 Eris 公司）联合开发提供的一个可视化对象。ArcGIS 地图的特点在于可以在传统地图的基础上提供更加丰富多样的补充信息，从而获得更深层次的数据分析结果。例如，传统地图在分析销售数据时只能查看某个商铺某个时间段内的产品销售情况，但是通过 ArcGIS 地图，可以获得该地区人口数据，从而分析人口数和销售额之间的关系；还可以获知商铺周围的交通情况，例如距离地铁站位置、火车站位置，从而分析交通情况与销售额之间的关系。

要想使用 ArcGIS 地图，首先需要接受 Eris 公司使用条款和隐私策略约束。需要注意的是，使用 ArcGIS 地图意味着用户数据将会被 Eris 公司获知，并有可能被存储在国外的服务器上。如果是高度敏感信息，在使用 ArcGIS 地图前一定要谨慎考虑。

ArcGIS 地图提供两种授权方式。第一种是 Power BI 集成模式，用户使用 Power BI 时默认即可免费获得 Eris 公司提供的相应服务，包括多种样式的可视化地图、基本空间分析以及美国地区人口统计等功能。第二种是 ArcGIS Maps for Power BI 的 Plus 月付费订阅模式，通过电子邮件登录注册的 Plus 账号后可以获得更多的底图、Living Atlas 地图和图层以及全球人口统计等数据。

目前 Eris 给用户提供 Plus 60 天免费试用版服务，与 Power BI 集成模式的主要区别如表 2-2 所示。

表 2-2　Power BI 集成模式与 Plus 月付费订阅模式的区别

分类	Power BI 集成模式	Plus 月付费订阅模式
底图	4 个基本底图	4 个基本底图和 8 个附加底图，包括卫星影像
地理编码	每张地图 1 500 个要素	每张地图 5 000 个要素
	每个月 100 000 个要素	每个月 1 000 000 个要素
参考图层	包含美国人口统计的 10 个参考图层	Esri Living Atlas 地图和图层（要素服务）访问权限
信息图表	美国人口统计变量精选库（7 个类别）	ArcGIS GeoEnrichment 数据浏览器（包括美国和全球人口统计变量）的完整访问权限

ArcGIS 地图中使用的字段配置与常规地图基本类似，在位置、经度、维度、大小、提示工具等几个常规设定项以外还提供了如下几个配置：

- 颜色：当配置的是一个数值类型字段时，ArcGIS 地图可以按照数值大小分配地理区域所使用的色带。例如，通过由浅到深的色带表示销售额由小到大。如果填入的是文本类字段，ArcGIS 地图可以根据文本内容的不同，使用不同的颜色对地理区域数据进行着色。例如，服装类产品的销售用红色代表，而电子产品类的销售用蓝色代表等。
- 时间：配置日期、时间或者日期时间类型字段。启用时间配置后，ArcGIS 地图会在地图底部显示一个时间轴，然后根据时间以动画形式呈现地图上元素的变化情况。例如，展现每个月销售数据的变化情况。
- 查找相似：该功能是一个智能分析，可以快速识别地图上与选择对象和查找条件有相似属性的位置。例如，可以在 ArcGIS 地图上选择某一个商铺，然后查找与其销售额类似的其他商铺位置。查找相似需要配置数字类型字段，并且最多只能配置 5 个字段。

如图 2-217 所示，配置好"查找相似"字段后，选择地图上要分析的元素（蓝色坐标点表示），单击"查找相似"按钮打开配置面板，再单击"运行"按钮进行分析。之后 ArcGIS 地图会标记与选中元素相似度最高的十个点并分配序号。可以单击"过滤报表"按钮来隐藏地图中其他相似度较低的元素，以便呈现更清晰的分析结果。

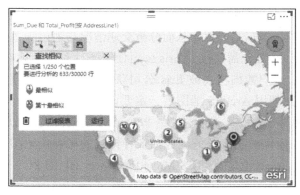

图 2-217

ArcGIS 地图除了与其他可视化对象一样提供了标准样式选项外，还包含一组地图工具，可用于自定义地图内容及其显示方式。地图工具仅在焦点编辑模式中可用，并且仅限报表或仪表盘作者使用。

要想开启 ArcGIS 地图的编辑模式，可以如图 2-218 所示，在可视化对象页面上单击右上角的更多选项（由 3 个点（…）代表），选择"编辑"选项。

图 2-218

在编辑页面中能看到 ArcGIS 地图上方新增了一行设置按钮，用于调整和补充地图上可以显示的信息内容。

● 底图：用来控制使用的背景地图样式，如图 2-219 所示。默认显示浅灰色画布地图，在 Power BI 集成认证下，可以更改为深色画布地图、维基地图或者街道图。

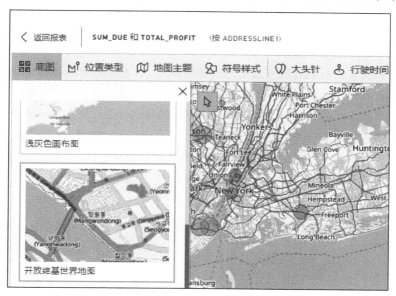

图 2-219

● 位置类型：主要控制数据的渲染方式，如图 2-220 所示。其包括三个子配置项：

图 2-220

> 将位置表示为：用来设定元素显示方式。默认情况下以"点"的形式显示元素所在位置，还可以更改成以"边界"方式渲染，获得类似于"着色"地图提供的显示效果。

> 位置位于：指定数据是位于一个国家/地区还是多个国家/地区。有一些国家和地区可能同名，比如英国有一个伦敦市，美国也有一个伦敦市，通过"位置位于"设定，可以在没有经纬度的情况下比较准确地标记元素所在位置。

> 位置类型：当选择将位置表示为"边界"时，可以设定位置类型选项及其匹配方式。位置类型可以定义渲染范围，例如基于街区、城市还是国家等。匹配方式可分为两种：完全匹配和最近似匹配。完全匹配可以使用编码或缩写代表的地理位置来定义边界，这些数据需要与 Esri 服务器中的数据相匹配，才能正确地在地图中显示地理位置。如果是最近似匹配，则不要求与 Esri 服务器中的数据完全匹配，具有一定的容错性（例如可以矫正简单的单词拼写错误），但数据标记位置可能存在一定的误差。

● 地图主题：用来设定地图上元素的显示方式，如图 2-221 所示。例如，可以通过"热点图"来展现数据，颜色越深，代表该地区数值越大；而"大小"图则可以通过气泡的大小来代表数据量的大小。

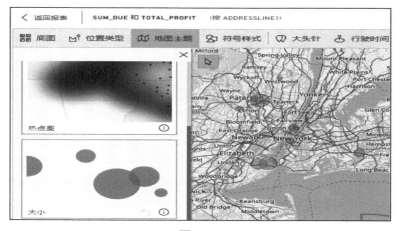

图 2-221

- 符号样式：确定地图上各元素的显示方式（例如，是用红色圆圈还是绿色方块来显示销售额），如图 2-222 所示。可以更改符号形状、颜色、透明度和分类类型等相关设置。

图 2-222

- 大头针：提供了一个搜索功能，可以在当前已经标记了元素的地图上搜索其他相关位置，用于补充分析说明数据，如图 2-223 所示。目前 ArcGIS 地图最多可以存储 10 个搜索地点。

图 2-223

- 行驶时间：用来标记从某一地理位置出发，耗时某一行驶时间或者指定某一距离范围可以到达的周边区域，如图 2-224 所示。例如，从某一商铺位置出发，可以通过"行驶时间"来标记其周边环境情况，看 5 分钟的行驶路程或 1 千米范围内是否能到达地铁站、公交站、火车站等场所，以分析交通环境对商铺销售额的影响。

图 2-224

● 参考图层：在已有的地图基础上添加一个新的图层，用来展示地理区域相关信息，例如人口数据、家庭收入、年龄或教育程度等信息，如图 2-225 所示。通过添加参考图层，可以进一步对地理位置元素进行补充说明，方便进行深入的数据分析。

图 2-225

● 信息图表：可以提供与地图上某元素相关的上下文信息，例如人口、年龄、收入、教育程度等相关统计，可作为补充要素用作对地图上数据元素的深入分析，如图 2-226 所示。信息图表会根据地图上的选择元素进行交互式更新，如果选择多个元素，就会分别显示所选位置附近区域相关信息。如果未做选择，就会显示地图上整片可见区域的相关信息。

目前在 Power BI 集成认证模式下，信息图表只提供美国人口相关统计信息。如果升级为 Plus 月付费订阅，就可以查看世界人口相关统计信息。

图 2-226

2.6.8　仪表和 KPI

目前，Power BI 提供了两种内置的可视化对象，用于展示绩效指标类数据，分别是仪表和 KPI。

1. 仪表

Power BI 中的仪表可视化对象可以用来展示某个数据指标的完成情况，或者某一个事件的进展情况。它的外形类似于汽车上的速度仪，有最小值、最大值两个固定刻度，以及一个实时数据指标刻度。此外，还可以设置一个目标刻度（或者警报刻度），用于表现数据状况。如图 2-227 所示，仪表可视化对象主要有 4 个项目需要配置。

- 值：用于设定仪表中显示的主数据，即标注值数据以及彩色半环形所代表的数据。该处只能配置一个字段，可以是计算列也可以是度量值。
- 最小值：用于设定测量轴上的最小刻度。该处只能配置一个字段，可以是计算列，也可以是度量值。如果没有合适的字段，也可以手动输入一个固定值。方法是选择仪表可视化对象中的"格式"设置，在"测量轴"标签下进行配置。如果没有配置最小值，Power BI 会将其设置为 0。
- 最大值：与最小值用法类似，用于设定测量轴上的最大刻度。如果没有配置最大值，Power BI 会将其设置为"值"字段中数值的 2 倍。
- 目标值：该字段可以使用计算列或度量值，或者类似于最小值、最大值的配置，以手动方式输入一个固定值。目标值在仪表中用一根位于环形图形上的线段表示，目标值应该小于最大值设定，否则将无法在图形上进行显示。

143

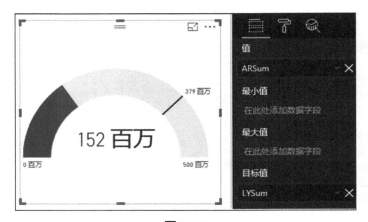

图 2-227

2. KPI

KPI 可视化对象用来展示某个目标数据指标的完成情况。仪表注重展示当前指标完成情况与目标指标之间的差距，而 KPI 更注重展示当前指标数据和目标数据之间的对比变化趋势。

KPI 可视化对象主要有 3 个配置项，如图 2-228 所示。

图 2-228

- 指标（必填项）：可以理解为 y 轴数据，代表当前某项指标的实际完成额度，既可以使用计算列，也可以使用度量值。
- 走向轴（必填项）：可以理解为 x 轴数据，表明指标数据在某一数据基础上的变化情况。常使用时间列配置走向轴，说明当前指标随时间的变化情况。

  KPI 可视化对象中的折线背景图反映的就是指标数据在走向轴上的变化情况。例如，用图 2-228 中 "指标" 使用的字段和 "走向轴" 使用的字段来创建一个如图 2-229 所示的分区图，就能发现分区部分与 KPI 背景完全吻合。

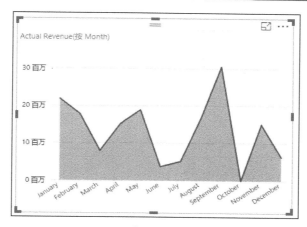

图 2-229

● 目标值（选填项）：配置一个计算列或者度量值，用来跟指标数值进行对比。KPI
可视化对象中显示的目标值和百分比都是通过该字段计算而来的。

需要说明的是，如果"指标"和"目标值"字段配置了普通的计算列，那么 KIP 可视化
对象中显示的各项数据反映的是最近一期的数据情况。例如，图 2-228 所示的 KPI 可视化对象
中展示的数据反映的就是图 2-230 所示表中最近一期的数据情况。

Month	Actual Revenue	Target Revenue	Growth
January	21868000	23324000	-6.24%
February	17803000	17410032	2.26%
March	7935000	21400000	-62.92%
April	15145411	21231776	-28.67%
May	18882000	18588000	1.58%
June	3731850	10317240	-63.83%
July	5136000	35863000	-85.68%
August	16620000	48665400	-65.85%
September	30610000	67062000	-54.36%
October	0	104245300	-100.00%
November	15120500	35508000	-57.42%
December	6320000	34299000	-81.57%
总计	159171761	437913748	-63.65%

图 2-230

如果想查看总计数据相关的 KPI，就需要创建度量值，使用 DAX 公式获得累计的
ActualRevenue 和 TargetRevenue 来配置。公式如下，关于 DAX 函数的具体说明可以参见第 4 章。

```
Actual_CAL =
CALCULATE (
    SUM ( TxnOpportunity[Actual Revenue] ),
    FILTER (
        ALL ( TxnOpportunity ),
        MAX ( DimDate[DateValue] )>=RELATED(DimDate[DateValue])
    )
)
```

```
Target_CAL =
CALCULATE (
    SUM ( TxnOpportunity[Target Revenue] ),
    FILTER (
        ALL ( TxnOpportunity ),
        MAX ( DimDate[DateValue] )>=RELATED(DimDate[DateValue])
    )
)
```

使用这两个新的字段可以获得如图 2-231 所示的 KPI 可视化对象，这次数据将反映总计的相应数值。

图 2-231

2.6.9　表和矩阵

如果想在 Power BI 报表中添加纯表形式的数据，就可以使用表或者矩阵这两个可视化对象。如图 2-232 所示，表类似于 Excel 表，只有一个值配置项，可以添加多个字段，所有字段都将作为表中的列来平铺展示。

图 2-232

对于表中展现的数据格式，除了可以进行样式、字体、背景等常规修改外，也可以根据条件对表中的数据设定特殊格式。如图 2-233 所示，在"格式"面板下选择"条件格式"子面板，就可以对特定字段中的数据进行特殊的标记。

图 2-233

- 背景色：可以根据目标字段中的数据值填充不同的背景颜色。使用方法与着色地图中的颜色设置相同，比如可以使用色阶模式，根据数值大小的不同填充不同的颜色。
- 字体颜色：与背景色类似，可以使用不同颜色的字体来区分数值大小。
- 数据条：根据选定字段中数值的大小显示一个相应长短的数据条，将数值之间的差距形象化地展示出来。展开"高级控件"，可以对数据条显示样式进行配置，如图 2-234 所示。

图 2-234

相比于表，矩阵除了可以设置"列"，还可以设置"行"，并且允许在行列中添加多个字段来开启数据钻取功能。如图 2-235 所示，矩阵需要配置 3 个选项：

- 行: 用于确定矩阵中行标题内容。配置的字段只能使用原始数据列或计算列, 不能使用度量值。
- 列: 用于确定矩阵中列标题内容, 配置的字段只能使用原始数据列或计算列, 不能使用度量值。字段中的每一个非重复数据都将会作为矩阵中的一列进行摆放。
- 值: 用于确定行列交叉单元格中显示的内容。配置的字段可以是原始数据列或计算列, 也可以是度量值。"值"处可以配置多个字段, 之后 Power BI 会将不同字段产生的计算结果都显示在当前的矩阵当中。

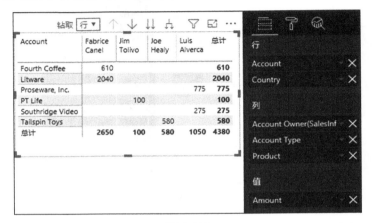

图 2-235

对矩阵进行格式化设置可使用的选项与表相同, 都可以进行样式、字体、背景等常规修改, 也可以根据条件对表中的数据设定特定格式。相比表, 矩阵更适合展示具有一定层次结构的数据, 可以根据需要先展示汇总信息再查看具体每个分类下的详细信息。

2.6.10 切片器

切片器是 Power BI 可视化工具中最常用但相对又比较特殊的一个工具, 它的功能在于对数据设置过滤条件, 从而影响同页面中其他可视化对象中的显示结果, 使得报表中的数据可以根据不同条件进行切换, 方便从多角度对数据进行分析。

如图 2-236 所示, 在切片器中只有"字段"一处设置需要进行配置, 并且只能使用原始数据列或者计算列, 不能使用度量值。

图 2-236

通常情况下，以下"字段"比较适合在切片器中来使用：

● 时间字段。如图 2-237 所示，切片器中对时间类型的字段提供了多种过滤模式，包括选择特定时间段、某几个时间点、早于或晚于某一特定时间点，甚至是基于当前时间的某个时间段。这些功能可以在很大程度上方便用户按照时间条件筛选数据，增强过滤操作的灵活性。

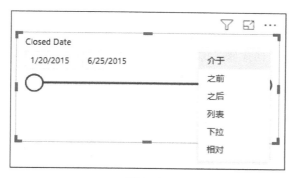

图 2-237

● 与当前表中绝大多数可视化对象使用的字段具有公共关联性的字段。例如，一般产品销售报表中的"产品"都是一个公共字段，可以将其配置到切片器当中，用来筛选过滤每种产品的销售业绩情况。

● 需要重点突出的筛选条件。例如，可以制作用于筛选销售额前 N 的切片器来筛选相关数据。

目前切片器在使用上还有一定的局限性，主要体现在：

● 不支持添加具有层次结构类型的字段或多个字段。如果想添加具有多个层次结构关系的字段作为筛选条件，可以使用第三方自定义可视化对象，比如图 2-238 所示的 HierarchySlicer 可视化对象。这个自定义可视化对象允许配置多个字段，从而形成一个具有层次结构的筛选器。

图 2-238

● 不支持高级筛选。高级筛选指的是可以自定义筛选条件，例如可以定义只筛选包含或不包含某些特定数据，或者筛选特定等于或不等于某些值的数据。切片器目前只支持从配置的字段中做基本筛选，即勾选字段中的指定值来进行筛选。

在 Power BI 在线应用服务上无法对切片器使用"固定视觉对象"选项，即切片器无法单独被添加到仪表盘当中。

切片器与其他可视化对象类似，都可以进行格式设置，包括设置标题字体、颜色、大小，设置背景及边框等。Power BI 中的可视化对象都支持响应式布局，切片器也不例外。默认情况下，除了日期字段类型的切片器，其他类型切片器的响应式布局是处于关闭状态的。要想开启，需要如图 2-239 所示，在"格式"面板下的"常规"菜单中更改"方向"设置，将其修改为"水平"并保证"响应"开关为开启状态。之后切片器就会随着布局大小的变化呈现出不同的形态，最小可以缩小为一个"漏斗"图形，方便在手机端使用。

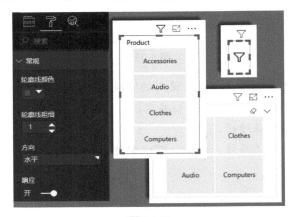

图 2-239

如果想在切片器中开启多选功能，也可以在"格式"面板中进行控制。如图 2-240 所示，在"选择控件"子菜单中可以控制是否显示"全选"选项，以及是否允许多选。

图 2-240

目前，切片器中的多选是根据逻辑"或"运算关系来对数据进行筛选的，也就是说 Power BI 将根据切片器中选择的条件依次去查询所要筛选的数据，之后将查询结果取并集再进行显示。如图 2-241 所示，当在 Product 切片器中选择 Clothes 和 Computers 两个选项后，Power BI 会对表进行过滤，显示曾经卖出过 Clothes 或者 Computers 产品的销售人员名单。

图 2-241

仔细查看图 2-241 中的表就能发现，只有 Fabrice Canel 这一个销售人员既卖出过 Clothes 又卖出过 Computers。如果期待的过滤结果是显示卖出过选中的所有产品的销售人员名单，那么 Power BI 能按照逻辑"与"运算关系来获取筛选结果，目前无法通过切片器的内置功能来直接实现，需要借助 DAX 函数公式来实现，参考方法如下。

首先，创建一个度量值来获取在 Product 切片器中有多少个选项被选中，公式如下：

```
Number of Product Selected =
IF (
    ISFILTERED ( SalesInfo[Product] ),
    COUNTROWS ( ALLSELECTED ( SalesInfo[Product] ) ),
    0
)
```

在该公式中，ISFILTERED 函数用于检测当前列是否被进行了筛选。如果是，就会返回逻辑"TRUE"结果，否则返回"FALSE"结果。COUNTROWS 函数和 ALLSELECTED 函数组成的子表达式则计算在 Product 切片器中有多少个选项被选中。当用户没有在 Product 切片器中进行选择时，Number of Product Selected 表达式的返回结果是 0；当用户勾选了其中几个选项后，Number of Product Selected 表达式的返回结果则是勾选选项的个数。

然后，创建一个度量值，用来标记哪些销售人员卖出去的产品类型数与 Product 切片器中选中项的个数相同。

```
Slicer Check =
IF (
```

```
       [Number of Product Selected] = 0, 1,
        IF ( DISTINCTCOUNT ( SalesInfo[Product] ) = [Number of Produ
ct Selected], 1, 0 )
    )
```

在这一公式中，DISTINCTCOUNT 函数用来计算每个销售人员卖出的商品种类，通过筛选上下文作用，当 DISTINCTCOUNT 函数返回的结果与 Number of Product Selected 表达式的返回结果相同时，就意味着当前行中销售人员卖出过 Product 切片器中选中的所有商品，符合期待结果要求。因此，如果想在切片器中按照逻辑"与"运算关系进行过滤，可以创建类似 Slicer Check 的度量值，然后通过设定筛选器只显示度量值返回结果是 1 的数据，如图 2-242 所示。

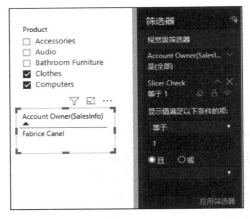

图 2-242

小贴士
构造完用于显示逻辑"与"条件的切片器后，图 2-242 所示的表当中不能再出现 Product 列。因为 Product 列作为筛选条件参与了度量值 Slicer Check 的计算，如果将其添加到表中作为一个筛选上下文就会影响度量值计算，导致无法获得正确的过滤结果。

如果切片器中的数据量过大不便于逐一挑选时，可以开启搜索功能，以便查找所要筛选的数据。方法如图 2-243 所示，选择可视化对象右上角"更多选项"（由"…"图标表示）中的"搜索"功能，之后就可以在放大镜图标所在的搜索框内查找数据。

图 2-243

　　此外，Power BI 还提供了一个同步切片器功能，可以将当前页面中使用的切片器同步到其他页面上，相当于把当前页面的过滤条件复制一份，然后应用到其他页面上。要想设置并使用同步切片器功能，需要如图 2-244 所示，先选择页面当中的一个切片器，之后在"视图"导航栏中勾选"同步切片器"复选框。

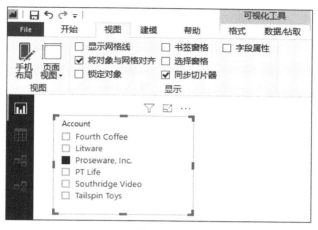

图 2-244

　　之后在可视化面板左侧会显示一个"同步切片器"面板，如图 2-245 所示。在此，可以设定需要将切片器同步到哪一页面，以及同步之后是否需要在当前页面显示这个切片器。

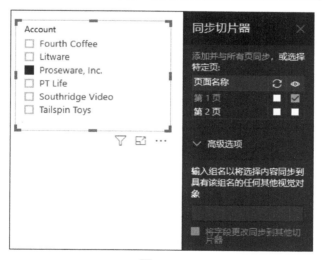

图 2-245

小贴士
如果只选择同步切片器但是不选择在同步页面对该切片器可见，那么当用户在 Power BI 在线应用服务上浏览同步页面时会发现数据处于过滤状态，但是看不到任何筛选器对当前数据进行了设置，会造成一种数据显示残缺的假象，因此需要谨慎使用。

　　同步切片器下面还有一个高级选项，该功能实际上是对当前切片器命名。如果有两个或者

多个切片器使用了相同名称，就意味着这些切片器会被合并成一个组，来对报表中的数据进行过滤。不过该过滤逻辑与默认情况下页面中使用多个切片器的过滤规则并不相同。

例如，在图 2-246 中，部署了两个切片器，分别是 Account 和 Product。当这两个切片器不合并成一个组来使用时，Power BI 会将两个切片器当中的筛选按照逻辑"与"关系进行合并，之后将其作为筛选条件对表进行过滤，从而获取最终的显示结果，即筛选符合 Account 是 Proseware, Inc.并且 Product 是 Accessories 的项目。

图 2-246

当将 Account 和 Product 两个切片器在高级选项中设置成相同组名后，再设置过滤选项，会获得如图 2-247 所示的结果。在 Account 切片器中会多出一个 Accessories 的条件，实际上是将一个切片器中的选择条件追加成另一个切片器中的选项，也就是说当前条件变成了筛选 Account 是 Accessories 的数据。

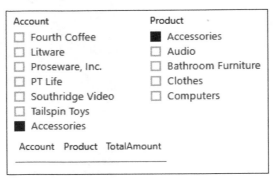

图 2-247

小贴士
通常情况下只有当多个切片器中的选项内容具有包含关系时才适合合并成组。类似于 Account 和 Product 这种列中内容直接没有相关关系的切片器就不适合进行合并。

2.6.11 模拟参数

模拟参数是 Power BI 近期推出的一个新功能。该功能允许用户自定义一个模拟参数放在切片器中使用，并且该模拟参数还可以作为普通的度量值被其他 DAX 公式调用。例如，在某些情况下，报表中会需要一些特定参数，用来计算在某些特定条件下数据的变化情况。例如，对于产品销售表来说，可能会需要一个代表产品折扣的参数变量，其范围从 1 到 0.1 的 10 个小数，代表从原价到一折的折扣变化。这种类型的参数就可以通过模拟参数来创建。

在"报表视图"模式下，单击"建模"导航栏中的"新建参数"按钮，可以打开如图 2-248 所示的模拟参数配置页面。

- 名称：用来填写模拟参数名称。
- 数据类型：用于指定模拟参数类型。目前只支持数字类型的数据，包括整数、十进制数字和定点小数。
- 最小值：允许使用的模拟参数数字的最小值。
- 最大值：允许使用的模拟参数数字的最大值。
- 增量：设定数据应该如何从最小值递增到最大值。例如，在图 2-247 的示例中，最小值是 0.1，最大值是 1，增量是 0.1，这就意味着该模拟参数总共会有 10 个参数，分别是 0.1、0.2、0.3、…、0.9、1。
- 默认值：设定模拟参数默认显示数值。

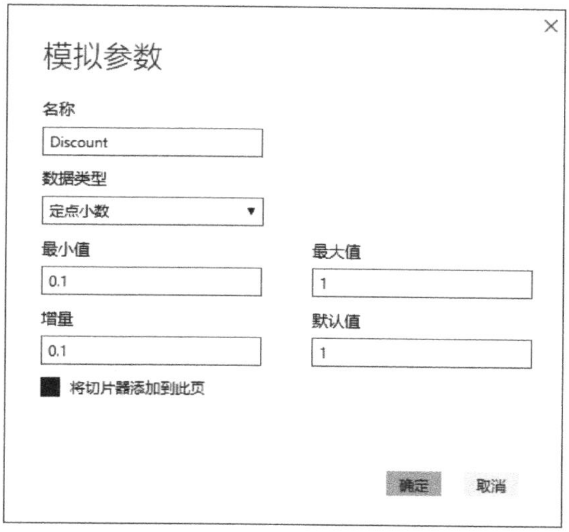

图 2-248

- 将切片器添加到此页：用来控制创建完模拟参数后是否在当前页面生成一个对应的使用该模拟参数的切片器。

如图 2-249 所示，单击"确定"按钮后 Power BI 会在当前报表中创建一个用模拟参数名称命名的新表，包含两个字段：一个是模拟参数类型的字段，名为"Discount"；还有一个是度量值的类型字段，名为"Discount 值"。

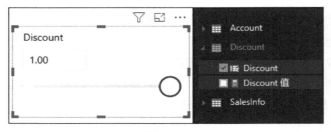

图 2-249

"Discount" 字段其实是由 DAX 语言中的 GENERATESERIES 函数生成的。该函数的运算结果是返回一张只包含一个列数据的表，列中数据由一组间隔值相同的数字序列组成。"Discount" 字段所使用的公式如下：

```
Discount =
GENERATESERIES ( 0.1, 1, 0.1 )
```

度量值 "Discount 值" 是由 SELECTEDVALUE 函数生成的。该函数能返回在当前筛选上下文结果中的非空值（如果是空值，就会返回默认值）。生成 "Discount" 值使用的公式如下：

```
Discount 值 =
SELECTEDVALUE ( Discount[Discount], 1 )
```

要想在某个 DAX 公式中使用这个模拟参数，实际上需要使用的就是刚刚生成的这个度量值："Discount 值"。假设产品折扣每让利 0.1，销售额就能在此前基础上提升 20%，那么可以创建一个度量值 Total_Sales，用下面的公式计算产品在不同折扣下可以实现的销售额。

```
Total_Sales =
SUMX (
    SalesInfo,
    (
        SalesInfo[Quantity]
            * POWER ( 1.2, ( 1 - [Discount 值] ) * 10 )
            * ( RELATED ( ProductList[Price] ) * Discount[Disco
unt 值] )
    )
)
```

在上面的公式中，Total_Sales 值会随着 Discount 值的变化而变化。如图 2-250 所示，每当用户在切片器中更改折扣额度时，Power BI 就会自动对产品销售额进行重新计算，从而实现在不同折扣条件下计算商品销售额的功能。

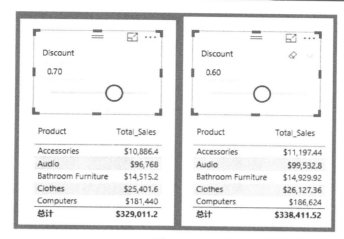

图 2-250

2.6.12 筛选器

在报表视图中配置可视化对象时，Power BI 还提供了一套筛选器，可以用来过滤数据，以便根据特定条件来生成报表。如图 2-250 所示，筛选器一共分为三级，分别是视觉级筛选器、页面级筛选器以及报告级别筛选器。

图 2-251

1. 视觉级筛选器

视觉级筛选器对当前的可视化对象起过滤作用。除切片器一类少数几个可视化对象以外，其他可视化对象中使用的字段会被自动添加到视觉级筛选器中，用于创建过滤条件。根据需要，还可以手动添加字段到视觉级筛选器中，用于创建过滤条件。

当在视觉级筛选器中设置条件过滤某些数据后，该可视化对象就将不再显示过滤掉的数据内容。如图 2-252 所示，在视觉级筛选器上只选中"Accessories"和"Audio"数据后，堆积条形图会做相应更改，只显示"Accessories"和"Audio"两个产品信息。

此外，如果视觉筛选器中设定了多个字段作为筛选条件，那么 Power BI 会按照逻辑"与"运算关系来生成过滤结果。

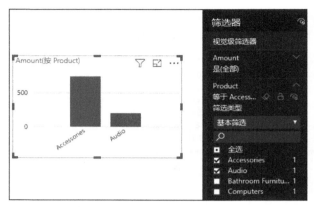

图 2-252

2. 页面级筛选器

页面级筛选器对当前页面中所有的可视化对象起作用，其优先级要高于视觉级筛选器。也就是说，Power BI 会先按照页面级筛选器中设定的条件进行数据查询，生成一个子表；之后，页面当中的可视化对象都会基于该子表的结果进行显示。例如，当页面级筛选器设定了只显示字段 ClosedDate 是 2015 年 1 月到 3 月的数据后，该字段对应的视觉级筛选器中可供过滤的筛选条件也只剩下 1 月到 3 月之间的日期。

当页面筛选器中有多个字段作为筛选条件时，Power BI 将按照逻辑"与"运算关系来获取筛选结果。

3. 报告级别筛选器

报告级别筛选器对当前报表中所有页面内的可视化对象起作用，其优先级要高于页面级筛选器。当在不同页面切换数据时，可以看到报告级别筛选器设置的筛选条件。与前两个筛选器类似，当报告级别筛选器有多个字段作为筛选条件时，Power BI 将按照逻辑"与"运算关系来获取筛选结果。

页面上某一个可视化对象显示的数据取决于 3 个筛选器共同的作用结果，Power BI 会按照逻辑"与"条件来计算最终过滤结果。如果页面上还部署了切片器，那么切片器的过滤优先级要低于所有筛选器中的设定，即切片器只能在筛选器过滤的基础上进行二次过滤。

目前 Power BI 在筛选器上主要提供两种类型的筛选条件。一种是基本筛选，将字段中的所有非重复值都罗列出来，供用户选择。选中意味着 Power BI 会按照该条件来过滤数据，没有选中的值将不会出现在可视化对象中。另一种是高级筛选，允许用户创建一定的查询规则来获取所需过滤显示的数据。不同类型的字段所提供的高级筛选条件不尽相同。例如，图 2-253 左侧显示的是文本类型字段中可用的高级筛选条件，右侧显示的是日期类型字段中可用的高级筛选条件。

此外，Power BI 还支持报表创建者选择是否允许报表使用者查看或者修改筛选器当中的设置。如图 2-254 所示，单击筛选设定中的"锁头"图标可以控制是否允许报表使用者修改当前筛选器中的设定，单击"眼睛"图标可以控制是否向报表使用者隐藏该筛选设定。当筛选器被隐藏后，报表使用者通过 Power BI 在线应用服务浏览报表时不会看到筛选器中的任何设定，会有一种"独享"报表全部内容的使用体验。

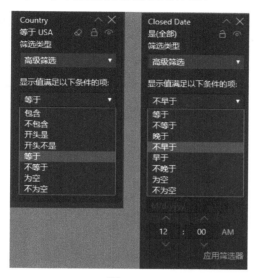

图 2-253

图 2-254

2.6.13　可视化对象分析和预测功能

对于一些特定的可视化对象，Power BI 新增了分析功能，允许用户在可视化对象中添加辅助线，用于补充说明当前数据情况。在图 2-255 所示的簇状条形图中可以添加 6 种辅助分析线。例如，可以用"恒线"代表去年销售人员完成的最高销售额度，以此来比较今年销售人员的工作业绩。

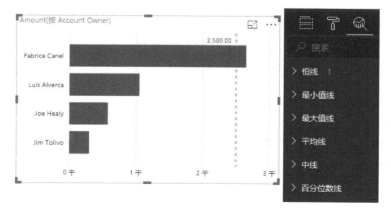

图 2-255

在分析模块中，对时间相关的统计数据提供了一个"预测"功能，可以根据当前时间段内的数据情况来分析下一个时间段内数据可能的走势变化。要想使用"预测"功能，对于可视化对象及其进行分析的数据必须满足以下条件：

● 可视化对象必须是"折线图"。

● 折线图的轴必须使用日期或者数字类型的字段，并且要求日期列或数字列中的值是具有相同间隔的连续点。例如，1月1日、1月2日、1月3日符合具有相同间隔的连续点，但是1月1日、1月2日、1月4日、1月5日这种出现断点的时间轴就不符合要求。

● 折线图中的值只能包含一个字段，该字段中的值要求在轴字段上近似均匀分布。

例如，当使用图 2-256 所示的表创建一个折线图时，就可以使用"预测"功能来分析数据走势。因为折线图中的"轴"使用了连续的日期列，同时作为折线图"值"的 Total_TR 在日期轴上有近似的均匀分布，即每个月的 18 号左右都有对应的数值。这样 Power BI 可以根据数据的分布预测其未来发展走向。

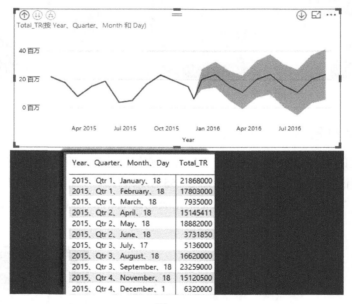

图 2-256

图 2-257 所示的表则不能使用折线图的"预测"功能。原因是虽然折线图中的"轴"使用了连续的日期列，但折线图中作为"值"的 TRSum 数据分布不均匀，从 7 月份开始，每个月 1 号有相应的统计数据，而之前的月份则没有。由于近一半的数据分布间隔不统一，因此 Power BI 无法使用该数据进行预测分析。

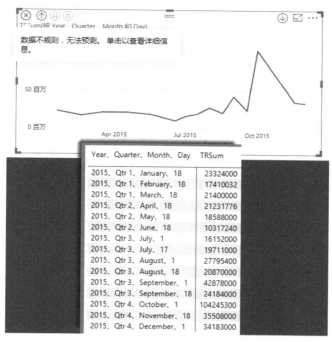

图 2-257

如果将图 2-257 中的日期按照月份进行统计，就可以获得如图 2-258 所示的预测分析结果。因为按照月份进行统计后，TRSum 的值成均匀分布状态，因此可以满足 Power BI 进行预测的要求。

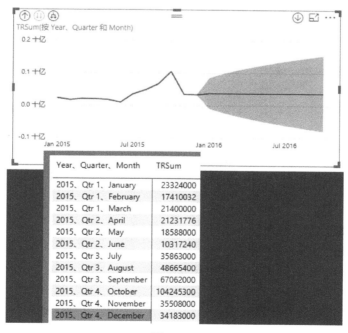

图 2-258

2.6.14　创建可视化报表的几点建议

创建可视化报表通常是数据分析的最后一步，也是体现数据分析结果最关键的一步。好的可视化报表能充分体现数据的不同特征，并可从多个角度出发对数据进行全方面解读，同时还便于用户理解和操作，能满足不同角色对数据的不同需求。根据以往的工作经验，在创建可视化报表时有以下几个方面的事项需要注意。

1. 明确报表主题

Power BI 创建的可视化报表不是普通网站页面，它存在的意义在于对数据分析结果的可视化展示。Power BI 报表中的内容需要有明确的主题，并且该主题尽量单一，能使得所有的可视化对象都针对该主题进行设定，实现从不同角度对同一主题进行全面分析。有明确的报表主题后，也能便于报表使用者理解可视化对象中展现的数据分析结果，帮助其做好商业判断和决策。

2. 选择合适的可视化对象

Power BI 提供了上百种可视化对象来展示数据分析结果，每种可视化对象都有其自身特点，但又在一定程度上与其他可视化对象有相互重叠的功能。例如在图 2-259 中，虽然柱形图和线形图都可以用来对比不同数据元素在某一测量标准下的差异，但是线形图更适合表现某一个数据元素随着时间变化而变化的情况。因此，如果只是单纯地进行数据比对，还是使用柱形图更为合适。

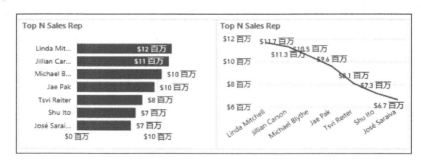

图 2-259

根据日常使用习惯，可以将 Power BI 中常用的可视化对象按照以下几个场景进行归类：

如果想做数据对比，例如比对不同销售人员销售业绩的差异，应该考虑使用下列几个可视化对象：

- 堆积条形图，堆积柱形图。
- 簇状条形图，簇状柱形图。
- 百分比堆积条形图，百分比堆积柱形图。
- 表，矩阵。
- 气泡图。
- 第三方开发的类条形图、柱形图、表、气泡图等相关可视化对象。例如

HorizontalBarchart、TableSorter、DotPlot、ImpactBubbleChart、EnlightenBubbleStack、BulletChart 等。

如果想查看某一元素按照某一条件的变化趋势，例如统计商品销售额随时间变化的情况，应该考虑使用下列几类可视化对象：

● 线图。
● 折线与堆积图，折线与簇状图，功能区图表。
● 分区图，堆积面积图。
● 瀑布图。
● KPI。
● 第三方开发的类线图、面积图、KPI 等相关可视化对象。例如：Sparkline，LineDot Chart，Small Multiple Line Chart，Candlestick，Gantt，Power KPI，MultiKPI，DualKPI，Calendar 等。

如果想查看某一数据在整体中所占的比重，可以优先考虑使用下列几类可视化对象：

● 堆积条形图，堆积柱形图。
● 百分比堆积条形图，百分比堆积柱形图。
● 折线与堆积图。
● 饼图，环形图。
● 堆积面积图。
● 树状图。
● 第三方开发的类堆积图、饼图等可视化对象。例如：WaffleChart，Sunburst，AsterPolitical，RingChart，Drill-downdonutchart 等。

如果想体现数据排序情况，可以优先考虑使用下列几类可视化对象：

● 簇状条形图，簇状柱形图。
● 表，矩阵。
● 多行卡。
● 第三方开发的类簇状图、表等相关可视化对象。例如：BulletChart，Drill-downcolumnChart，TableSorter，HorizontalBarchart 等。

如果想基于地理位置信息来分析数据，可以优先考虑使用下列几类可视化对象：

● 地图，着色地图，ArcGIS 地图。
● 第三方开发的地图或者类地图可视化对象。例如：ChinaColorMap，ChinaScatterMap，ChinaHeatMap，Heatmap，IconMap，FlowMap，RouteMap 等。

如果想体现数据流动性、变化性或者结构性特征，可以优先考虑使用下列几类可视化对象：

● 瀑布图，漏斗图。

- 第三方数据流相关可视化对象。例如：SankeyChart，Chord，BowtieChart，HorizontalFunnel，HierarchyChart，OrganizationChart，JourneyChart 等。

如果想查看数据分布情况，可以优先考虑使用下列几类可视化对象：

- 簇状柱形图。
- 线图。
- 第三方类簇状柱形图、线图可视化对象。例如：Box&WhiskerChart，Candlestick，DotPlot，Histogramwithpoints，TornadoChart 等。

如果想要研究变量之间的相互关系，可以优先考虑使用下列几类可视化对象：

- 散点图。
- 折线与堆积图，折线与簇状图。
- 第三方类散点图可视化对象。例如：EnhancedScatter，QuadrantChart，ImpactBubbleChart 等。

如果想添加过滤器，有以下几类可视化对象可以选择：

- 切片器。
- 第三方类切片器可视化对象。例如：HierarchySlicer，AttributeSlicer，TextFilter，EnlightenSlicer，SmartFilter，PivotSlicer 等。

如果想突出显示某个单一元素，例如总销售额、总利润等，可以优先考虑使用下列几类可视化对象：

- 卡片图，多行卡。
- 仪表，KPI。
- 第三方类似卡片和KPI的可视化对象。例如：Card with States，KIPTicker，KIPIndicator，CircleKIP，Scroller，DialGauge，Tachometer 等。

3. 设定好可视化对象的标题、坐标、数据单位等信息

每个可视化对象都应该配备标题，用于描述其展示的数据内容。标题应该清晰、明了、易读并且尽可能简洁。如果可视化对象包含坐标属性，应该保证坐标单位清晰易读。报表中的数据单位尽量保持统一并且简洁易读。例如，收入以百万元为单位进行显示，那么支出部分也应该尽量采取同样的单位。如果销售收入的准确数值是 110 502 800，在可视化对象中可以将其显示为 1 亿，以方便用户阅读。例如，在图 2-260 所示的两个可视化对象中，左侧的堆积条形图开启了坐标显示，并且设定了数据单位，其易读性显然要高于右侧没有进行相关设置的簇状柱形图。

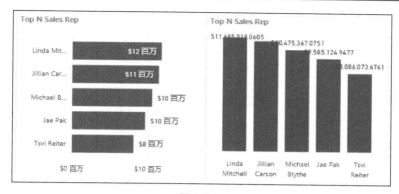

图 2-260

4. 为可视化对象中的图形配置合适的颜色

为可视化对象中的图形配置合适的颜色是可视化数据报表中非常重要的一步。好的可视化配色能提升阅读体验、凸显数据特点、加深报表使用者的感官印象。对数据配色建议遵循以下几个原则。

（1）同种数据的代表色尽量保持统一。例如，在图 2-261 中，指定在散点图中用红色代表北美地区，则在簇状柱形图中也要使用红色代表北美地区，以便用户能快速通过颜色来区分相应地区的数值情况。

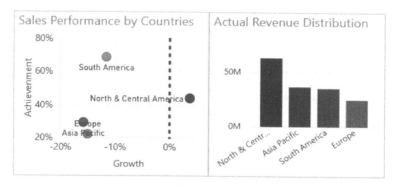

图 2-261

（2）图形或者文字颜色要与背景颜色保持鲜明的对比度。当图形或者文字颜色与背景色对比度不高时，会导致图形或者文字信息显示模糊，降低报表的视觉可读性。特别是当将这种配色的报表使用投影仪进行展示或者通过打印机进行打印后，可能会出现严重的色彩失真现象，影响用户数据的读取。

例如，在图 2-262 所示的可视化对象中，左侧代表女性收入的红色条形图与白色说明文字之间的颜色对比度不够，当通过投影仪显示该可视化对象时，可能会出现看不清白色文字的情况；右侧代表男性收入的蓝色条形图与白色说明文字之间的颜色对比度较高，文字显示比较清晰，即使是通过投影仪展示，也不太会出现看不清文字的现象。

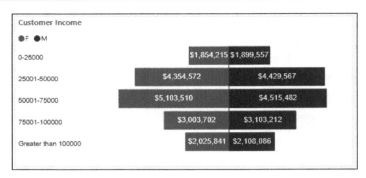

图 2-262

（3）要想测试文字颜色和背景颜色的对比度是否符合要求，可以依据 W3C 发布的 Web Content Accessibility Guidelines (WCAG) 2.1 中相关的标准来进行。目前互联网上有不少开源软件提供测试两种颜色对比度是否符合 WCAG 2.1 中的 AA 和 AAA 标准，例如 https://developer.paciellogroup.com/resources/contrastanalyser/发布的 Colour Contrast Analyser，在创建 Power BI 报表时，可以利用这一类工具来检查图形配色是否符合要求。

Colour Contrast Analyser 的界面如图 2-263 所示，在 Foreground colour 处设置字体颜色，在 Background colour 处设置背景颜色。设置完毕后，工具会自动计算两种颜色的对比度，看是否满足 WCAG 2.1 要求。一般情况下，满足 AA 要求即可（1.4.3 Contrast (Minimum)）。如果报表使用者中有部分视力障碍人士，例如色弱、老花眼、高度近视等，建议颜色对比度满足 AAA 要求。

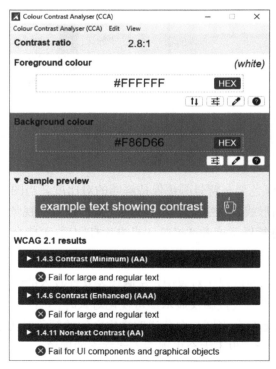

图 2-263

（4）如果有打印报表的需求，图表的背景颜色应该尽量选择浅色或者纯素色，避免用深色或者复杂图片作为背景。因为多数公司都在以黑白打印机作为主要打印设备，浅色背景深色文字给读者带来的阅读效果会更好。此外，很多老旧型号或长时间使用的彩色喷墨打印机都存在色彩失真的问题，即使设计报表时选择的字体和背景颜色都符合 WCAG 2.1 AA 标准，打印出来的报表也可能会出现字迹模糊辨别不清的问题。

5. 为报表选择合理的布局

完成可视化对象配色后，下一步要做的就是调整页面布局，按照报表主题依次安排好可视化对象在图表中的展示位置。通常情况下，重要的数据分析元素应该位于报表的核心位置，筛选工具可以统一放在报表上下部分或者左右部分。如果报表中有多个页面，那么通用筛选工具在不同页面中的布局位置应该相同，以方便客户使用。

如果要在报表中添加文字作为补充描述内容，就应该尽量简洁并且有针对性。当需要添加较多的文本时，应该适量减少页面中的可视化对象个数，不要让页面空间填得太满，以免影响报表使用者获取关键信息。此外，页面中添加的图片尽量要有实际意义，并且跟可视化对象中的数据具有高度相关性。如果只是起到点缀作用的装饰性图片，就应该控制其使用量，并且不要占据页面中过多的位置，以防挤占可视化对象所用空间。

默认情况下，Power BI 中的报表页面是 16:9 的长宽比例和 1280×720 的分辨率。所有使用的报表元素都应该尽量在该页面范围内进行布局。如果需要显示的可视化对象过多，初始页面大小无法满足要求，可以单击页面空白处，之后选择"格式"面板下的"页面大小"项进行修改，如图 2-264 所示。

图 2-264

需要注意的是，页面更改变大后 Power BI 默认会以缩放的形式显示页面中的数据，不会出现页面滚动条，此时报表页面中的可视化对象会显示得模糊不清。要想按照真实页面大小来浏览报表中的数据，可以在"视图"导航栏下选择"页面视图"中的"实际大小"来关闭缩放浏览模式，如图 2-265 所示。

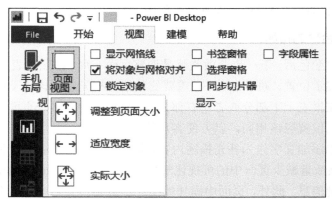

图 2-265

第 3 章
◄Power BI在线服务 ►

Power BI 在线应用服务（Power BI Online Service/PowerBI.com）是基于微软云平台的商业分析服务，主要用于数据分析报表的发布和共享，使用对象定位于数据分析报表使用者。

在 Power BI 在线应用上，报表创建者可以管理其上传的数据集文件，以此为基准创建可视化报表并向特定人群发布分享使用权限。对于普通报表用户，可以浏览他人共享的报表数据，对报表数据发表评论，将报表内容进行打印或导出成 PowerPoint 或 PDF 文件供线下使用等。

本章主要介绍如何在 Power BI 在线应用上管理发布的报表以及相关应用操作，由于通过 Power BI 在线应用对报表进行编辑与 Power BI 桌面版的操作类似，因此本章将不再赘述。

3.1 基本数据管理单元

Power BI 在线应用对报表数据的管理划分成了 4 个单元，分别是数据集、工作簿、报表以及仪表板。它们 4 个合在一起组成了工作区，也就是报表管理单元。对于所有使用 Power BI 在线应用服务的用户来说，都需要先了解这 4 个单元以及工作区的基本概念，才能更清晰明了地管理自己的报表。

3.1.1 数据集

当一组数据表导入或者连接到 Power BI 在线应用后，就会生成一个数据集。可以将数据集看作一个加工过的小型数据库，它包含了原始数据信息以及基于原始数据进行的数据建模相关内容。有了数据集之后，Power BI 在线应用的用户可以基于该数据集进行数据可视化创作，生成其所需的数据报表。

数据集是 Power BI 在线应用中最基本的单元，有了数据集之后才可以创建报表和仪表板。目前，有两种方式可以向 Power BI 在线应用中导入或连接数据集：一种是直接通过在线应用上的"获取数据"功能进行创建，另外一种是通过在本地的 Power BI 桌面应用将报表发布到在线应用上来生成相应的数据集。

在 Power BI 在线应用上有两处数据集管理页面。第一处如图 3-1 所示，位于工作区的"数据集"子菜单中，用户可以在此基于数据集创建报表；执行立即刷新或重新设定刷新计划来更新当前数据集中的数据；查看相关视图，获知当前环境中基于该数据集创建了哪些报表或仪表板；还可以对数据集进行重命名，设置安全性，管理用户权限，下载该数据集对应的.pbix 文件以及删除等常规操作。另一处如图 3-2 所示，位于"设置"页面下的"数据集"子菜单当中。此处主要用于配置与数据集刷新相关的设置，包括网关连接配置、管理数据源凭据、设定定时刷新计划、查看配置过的查询参数以及控制是否开启与 AI 相关的问答功能。

图 3-1

图 3-2

3.1.2　报表

Power BI 中的报表指的是一种页面集合，每个页面都由一个或多个由各种类型的可视化对象所组成。一个报表中所使用的数据必须全部都来自于同一个数据集，不同数据集中的数据无法在同一个报表中被使用。

如图 3-3 所示，通过 Power BI 在线应用服务创建一个报表与通过 Power BI 桌面应用创建报表的操作基本相同。可以先添加一个可视化对象，然后配置其使用的字段，从而生成可视化数据图形。与桌面应用的不同点在于，在 Power BI 在线应用服务上没有数据视图或关系视图页面；无法创建任何列或者度量值，也不能对已有列或者度量值进行修改；还不能更改数据类型或者设定数据属性。总之，一切与数据建模有关的操作都无法在 Power BI 在线应用服务上进行。

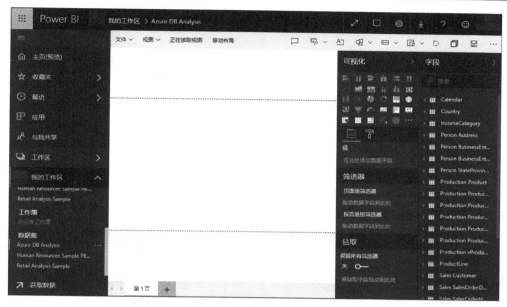

图 3-3

Power BI 在线应用中的报表功能主要用途是满足用户对已有数据分析结果进行二次创作的需求。通过数据集中提供的字段，用户可以配置自己感兴趣的可视化对象，从自身的工作角度出发挖掘更深层次的数据分析结果。这样就使得 BI 工作可以进行更加明确的分工，底层数据分析师可以专注于数据建模过程，生成一份包含各类需求字段的数据集。作为上层的商业用户，则可以专注于可视化对象的创建，从业务角度出发进行数据分析。

在 Power BI 在线应用中有一处位置可以对报表进行管理，如图 3-4 所示，位于工作区的"报表"子菜单。报表管理员可以在此查看当前报表的使用情况统计；下载报表到 Excel 中进行分析；查看相关视图，获取生成该报表的数据集相关信息以及与该报表有关联关系的仪表板信息等操作。此外，还可以使用"快速见解"功能，让 Power BI 按照自己内部的分析算法自动分析当前数据集，生成可视化对象供用户参考。

图 3-4

3.1.3 仪表板

仪表板是 Power BI 在线应用中提供的特有功能页面，可以将用户关心的来自不同报表中的可视化对象集中展示在一个页面上。也就是说，通过仪表板可以满足用户查看来自不同数据集分析结果的需求。此外，仪表板上还可以添加来自 Power BI 报表外部的媒体信息，例如 Web

内容、图像、视频和文本框。用户还可以通过 API 将外部流数据嵌入仪表板中，来丰富其显示内容。

　　仪表板和报表最显著的区别在于报表展现的是对单一数据集的全面分析结果，而仪表板更像是数据信息精选页面，其主要目的在于方便用户快速定位查找他所关注的某几个数据分析信息。报表中的可视化对象都是对同一个数据集的分析结果，而仪表板中可以展示来自不同数据集的可视化对象。

　　图 3-5 展示了一个仪表板，可视化对象以磁贴的形式被安放在页面上。当用户单击磁贴后，Power BI 会自动跳转到该可视化对象所在的报表，供用户查看详细信息。仪表板中的磁贴不具有交互性，仅是对当前可视化对象内容的一个快照。仪表板支持个性化设置，也可以共享给他人使用，并且可以添加评论信息来与其他共享人进行交流。

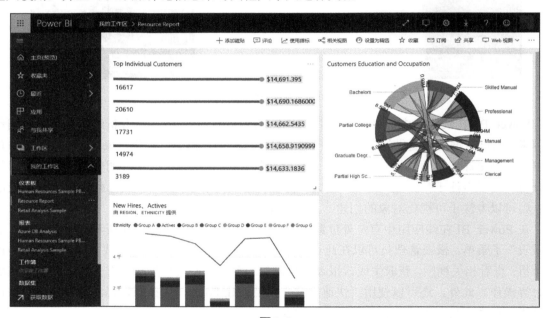

图 3-5

　　与数据集类似，在 Power BI 在线应用上也有两处仪表板管理页面。第一处如图 3-6 所示，位于工作区的"仪表板"子菜单。管理员可以在此查看当前仪表板的使用情况统计；对仪表板进行共享；查看相关视图，获知有哪些报表中的可视化对象被添加到了当前仪表板中。此外，还可以进行重命名以及删除等基本操作。另外一处如图 3-7 所示，位于"设置"页面下的"仪表板"子菜单上，可以控制是否开启"问答"和磁贴流功能。

图 3-6

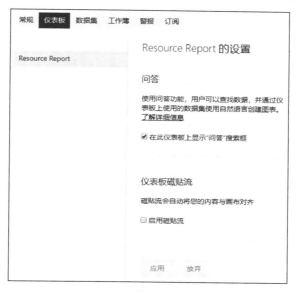

图 3-7

3.1.4　工作簿

工作簿是一种特殊类型的数据集。如图 3-8 所示，当将 Excel 文件以"上载"方式添加 Power BI 在线应用后，就会生成一个工作簿，其外观样式与 Excel Online 的工作簿相同。这样就使得用户可以直接通过 Power BI 在线应用来访问 Excel Online 中的文件而不必进行二次切换。此外，用户还可以将 Excel 工作簿中的图表以磁贴的方式添加到仪表板中，与其他 Power BI 的可视化对象一起使用。

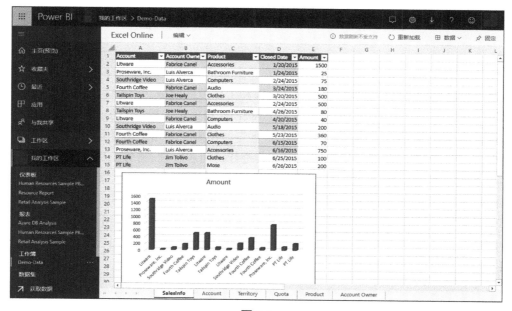

图 3-8

173

工作簿主要满足了那些习惯使用 Excel 作为数据分析工具的用户。这些用户可以直接将手中包含数据分析视图的 Excel 文件上载到 Power BI 在线应用上，而不必先转换成 Power BI 类型文件再在 Power BI 在线应用上使用。这一功能实现了对 Excel 数据的兼容，避免了将 Excel 报表迁移成 Power BI 报表的工作，帮助企业快速方便地将数据分析工具从 Excel 过渡到 Power BI。

在 Power BI 在线应用上也有两处工作簿管理页面。第一处如图 3-9 所示，位于工作区的"工作簿"子菜单。管理员可以在此对工作簿进行刷新、重命名以及删除操作。此外，如果上载的 Excel 源文件存储在了 SharePoint 或者 OneDrive 上，用户还可以单击编辑按钮通过 Excel Online 对原数据进行直接修改，极大地方便了数据的维护。另外一处如图 3-10 所示，位于"设置"页面下的"工作簿"子菜单上。当将工作簿中包含数据模型的 Excel 文件发布到 Power BI 后，该文件会出现在"设置"页面中的"工作簿"子菜单上供用户管理。其主要设置项包括配置网关连接用于数据刷新，管理数据源登录凭据，以及设定刷新计划。如果 Excel 中的数据模型配置了数据源连接参数，也可以在此处对其进行管理。

图 3-9   图 3-10

3.1.5　工作区

一个工作区由若干个数据集、报表、仪表板和工作簿所组成。工作区可以被看作是一种容器，可以用来区分和管理不同用户群创建的 Power BI 相关报表数据。在 Power BI 在线应用服务中有两种类型的工作区。一种是"我的工作区"，用来管理由当前登录用户创建的数据集、报表等信息，并且只有当前登录用户有权限对其进行访问和管理。另外一种称为"应用工作区"，如图 3-11 所示，用来管理当前登录用户所在的 Office 365 组创建的数据集、报表等相关信息。通过权限配置，可以将组内的所有成员变成其应用工作区内数据的共同所有者，使组内的任何成员都可以向该工作区内发布数据集，访问其他成员发布的数据，并对组内所有的数据集和报表等信息进行管理。此外，同一个工作区内还可以实现不同的组织成员对同一张报表进行修改，并对同一张仪表板进行设置等操作。

图 3-11

如果要对应用工作区进行管理，可以如图 3-12 所示，通过单击应用工作区名称旁边的"更多"按钮（由"…"图标表示）来打开管理项。用户可以在此查看当前应用工作区所属的 Office 365 组内的成员基本信息、组内的日历、会话以及共享文件。对于 Office 365 组内的普通用户，可以选择退出当前工作区。如果登录用户是 Office 365 组管理员，还可以在此对当前工作区进行编辑，包括修改组成员、配置成员权限、删除工作区等操作。

图 3-12

3.2　内容包

为了方便数据管理和共享，Power BI 在线应用提供了一种数据封装方式，称为"内容包"。用户可以将需要分享给他人使用的仪表板、报表和数据集先打包成一个内容包，再进行数据共享。相比单独分享某个仪表板、报表或数据集，通过内容包方式进行共享能将同一主题的全部数据报表信息统一发布给用户，更便于其查看和使用。同时，通过发布内容包，数据所有者也能更加方便地对数据内容进行管理和维护，可以批量地修改发布的报表内容、增加新的共享表以及修改共享用户信息等。

3.2.1　组织内容包

由当前组织内用户创建的内容包被称为组织内容包。任何一个拥有 Power BI 专业版授权的用户都可以创建自己的组织内容包，并将其共享给其他用户使用。

创建方法是单击 Power BI 在线应用上的"设置"菜单，之后选择"创建内容包"选项，打开如图 3-13 所示的内容包创建页面。

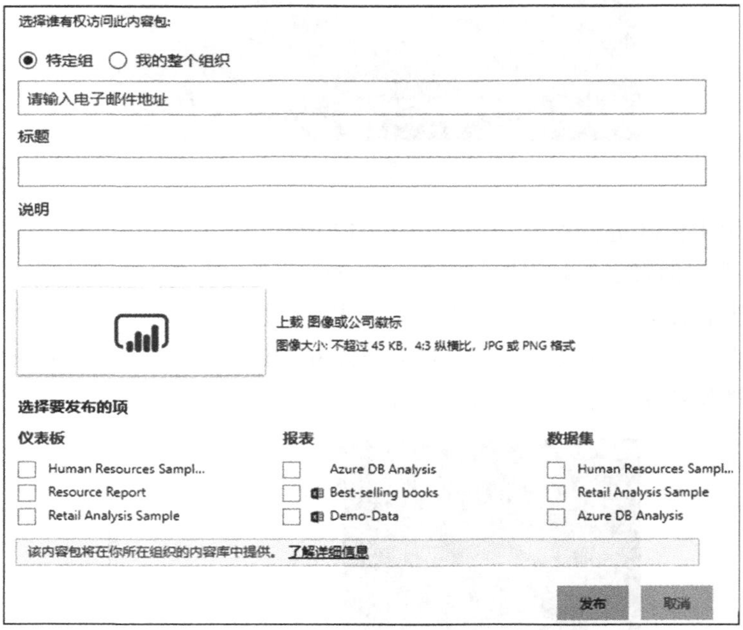

图 3-13

组织内容包的制作和发布都很简单。首先，指定内容包的共享对象，如果是只共享给特定的用户群，就需要使用"特定组"选项；如果想组织内的任何成员都可以访问该内容包，就需要使用"我的整个组织"选项。然后，输入内容包标题和说明，再选择要发布的仪表板、报表和数据集即可进行发布。

如图 3-14 所示，发布完的数据包可以通过"设置"菜单中的"查看内容包"页面进行管理，可以对发布的内容包进行编辑或者删除。

名称	发布到	发布日期	操作
My Test		Feb 28, 2019	编辑　|删除

图 3-14

组织内容包的创建者对当前内容包拥有完全控制权限，可以修改包内使用的数据集、更改数据刷新时间，以及删除某些发布项或整个组织内容包。

对于共享用户来说，可以查看组织内容包中共享的仪表板、报表以及数据集信息，并且可以基于当前共享的数据集创建自定义的仪表板和报表。当组织内容包被创建者更新后，所有的共享用户都会收到更新数据，自定义仪表板和报表中的内容也会根据数据集的更新而更新。如果创建者删除了组织内容包，那么所有共享用户都将无法再查看相关的仪表板、报表和数据集信息。基于该组织包创建的自定义仪表盘和报表数据也会被同时清除。

3.2.2　工作区应用

工作区应用是一种特殊类型的组织内容包，其发布的内容项全部来自于同一个工作区，并且工作区内的全体成员都是该工作区应用的共同所有者。工作区应用可以发布给特定的用户，也可以作为公司内部公共数据资源让用户根据需要来自行添加使用。

将工作区中的内容发布成一个应用方法也比较简单。首先，打开一个需要进行发布的工作区。然后，如图 3-15 所示，找到需要发布的仪表板、报表、工作簿或数据集，将其名称后面的"包括在应用中"选项打开。

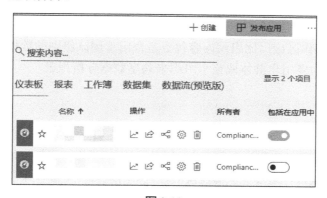

图 3-15

之后，单击右上角的"发布应用"按钮，打开如图 3-16 所示的发布配置页面。

图 3-16

主要配置选项包括：

- 说明：用来简述当前工作区应用主要包含的内容信息。
- 应用登录页面：可以指定用哪个仪表板或报表作为当前工作区应用的主页面。
- Access：设定有哪些用户可以访问当前工作区应用内容。如果选择整个组织，那么当前组织内的任何用户都可以查看和使用该工作区应用中的数据。如果指定个人或组，那么限定工作区应用只对当前组内的人可见。

发布完毕后，Power BI 会生成一个超链接，便于用户快速打开当前工作区应用。目前，安装工作区应用有两种方式：一种是通过生成超链接的方式直接安装工作区应用，另外一种是用户自行在"应用"导航栏中找到他有访问权限的工作区应用进行安装。

工作区应用的创建者可以通过重新发布该应用来更新相关的信息内容。发布成功后，使用该工作区应用的用户都会自动获得更新。与组织内容包相比，工作区应用最大的特点在于默认所有的工作区成员都是工作区应用的所有者，所有成员都可以编辑应用区中的内容并更新给其他使用者。这样，即使最初创建工作区应用的用户离开当前工作区，也不会妨碍该应用的正常使用和维护。因此，工作区应用比组织内容包更适合用于团队级别的数据信息发布，更便于共享维护，更适合用于向多用户群体或整个组织来共享数据分析报表。

3.2.3 服务应用

除了组织内的用户可以创建内容包以外，微软还允许第三方组织创建公共的内容包供市场上的用户使用，这种内容包被称为服务应用。服务应用的特点在于它针对某一特定类型数据源提供了一套数据建模模板，免去了手动建模的过程。用户只需下载一个服务应用，然后按照相关说明，将组织相应的数据源数据以导入或者直连的方式加载到服务应用当中，之后即可获得相应的数据集、报表或仪表板。

例如，图 3-17 所示的由微软提供的 Google Analytics 服务内容包就可以帮助用户连接到他的 Google Analytics 账号，之后获取网站相关追踪信息并生成相应的 Power BI 报表供用户使用。

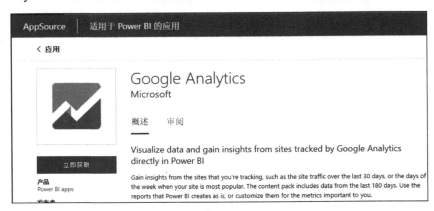

图 3-17

服务应用非常适合对数据分析度要求不是很高的组织来使用。由于免去了复杂的数据建模过程，即使没有专门的数据分析研发团队，组织也能借助服务应用来生成内容丰富的数据可视化信息。此外，服务应用提供商还提供定时更新服务，在一定程度上简化了数据维护成本，能帮助组织节省一定的人力成本。

3.3　数据发布与更新

要想与他人共享 Power BI 报表数据，就需要将报表发布到 Power BI 在线应用服务当中。目前，微软为用户提供了 3 种数据报表发布方式，分别是使用 Power BI 桌面应用，或 Excel 桌面应用进行报表发布，以及直接通过 Power BI 在线应用去特定数据源获取数据来进行发布。

3.3.1　Power BI 桌面应用

通过 Power BI 桌面应用服务来向 Power BI 在线应用服务发布报表是最常见的数据发布形式之一。无论是什么类型的数据源，只要通过 Power BI 桌面应用进行建模后都可以以数据集的形式发布到 Power BI 在线应用上。

发布的方法很简单，首先登录 Power BI 桌面应用并打开报表，之后就可以如图 3-18 所示，单击"开始"导航栏上的"发布"按钮来进行数据发布。单击需要发布到的工作区名称，之后单击"选择"按钮即可完成发布。

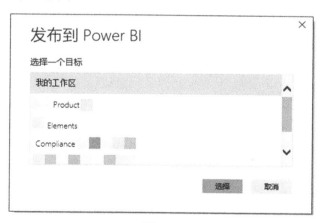

图 3-18

发布成功后，可以在 Power BI 在线应用服务相应的工作区中找到一份刚刚发布的 Power BI 桌面文件名称命名的数据集，以及一个同名的报表。

如果 Power BI 桌面应用文件发生了更改，那么根据该文件存储位置的不同，将修改更新到 Power BI 在线应用服务上也稍有不同。

（1）本地磁盘：如果 Power BI 桌面应用文件存储在了本地磁盘，当该文件内容进行了修改时，用户需要通过再次单击"发布"按钮来将 Power BI 在线应用服务上的同名数据集进行替换，以此来进行数据更新。

之所以要进行重新发布是因为在线应用服务上存储的数据集文件实际上是之前桌面应用文件的一个副本，它与本地磁盘上的文件并没有建立任何关联关系。本地磁盘文件的修改不会被自动同步到在线服务器上，必须手动来重新发布，用新文件来替换旧文件进行更新。

（2）OneDrive：如果 Power BI 桌面应用文件存储在了微软的 OneDrive 上，当文件更新完毕并在 OneDrive 上成功保存后，只需等待一段时间，就可以在 Power BI 在线应用上看到更新过后的数据集文件。

之所以存储在 OneDrive 上的桌面应用文件可以自动同步，是因为 OneDrive 和 Power BI 在线应用同属于微软架构在 Azure 云上的两个服务，微软在二者之间建立了连接关系，使得 Power BI 在线应用每小时都会对 OneDrive 进行一次扫描，查看是否有需要更新的数据集文件。如果有，就会自动同步，而无须用户进行手动操作。

OneDrive 现在有两个版本，分别是企业版和个人版。当用户使用同一个账号登录企业版 OneDrive 和 Power BI 在线应用后，两个产品之间会自动建立连接信任关系，而无须进行任何配置。如果用户使用个人版 OneDrive，就需要进行一次登录验证，使得 Power BI 可以与个人版 OneDrive 建立连接关系，从而进行数据更新。

（3）SharePoint 网站：如果 Power BI 桌面应用文件存储在了微软的 SharePoint 网站上，与企业版 OneDrive 类似，Power BI 在线应用可以跟 SharePoint 网站之间建立直接的关联关系，然后进行数据更新，而无须用户手动操作。需要注意的是，对于存储在 SharePoint 网站上的 Power BI 桌面应用文件，当对其进行修改时，需要如图 3-19 所示，通过 Power BI 桌面版连接到 SharePoint 网站来读取相关文件，这样才能确保数据可以进行正确更新。

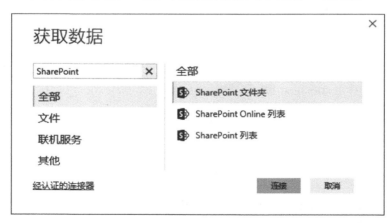

图 3-19

当使用 Power BI 桌面应用中的"导入模式"连接外部数据源时，所有数据建模过程都基于导入到 Power BI 文件内部的数据来进行。如果外部数据源中的数据发生变化，Power BI 并不会主动更新，需要用户进行手动刷新来加载新数据。

Power BI 桌面应用有两个数据刷新概念。第一个是在 Power Query 查询编辑器中，用于对预览数据进行刷新。刷新方式如图 3-20 所示，通过单击查询编辑器"开始"导航栏上的"刷新预览"按钮来进行。可以刷新单张表或者刷新所有预览数据。

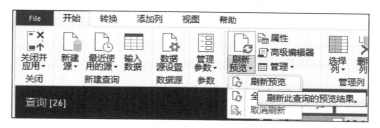

图 3-20

第二个是刷新导入到 Power BI 桌面应用中的数据，用来更新报表数据显示结果。对加载后的数据有两种数据刷新方式。一种是整体刷新，方法如图 3-21 所示，通过单击"开始"导航栏上的"刷新"按钮来进行。该方法会重新加载所有表当中的数据，即使没有数据更新的表也会被重新加载一次。另外一种是单表刷新，如图 3-22 所示，在右侧"字段"面板下，找到需要进行刷新的表，用鼠标右键单击表名，之后选择"刷新数据"即可。单表刷新的优势在于只针对当前表数据进行重新加载，可以做到有针对性地更新数据，从而节省数据刷新时间。

图 3-21

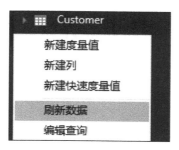

图 3-22

小贴士
目前，Power BI 桌面应用不支持增量级别的数据刷新，每次刷新是都会连接到数据源重新导入全部数据。如果数据量较大，每次刷新耗时都会较长。因此，建议多使用单表刷新方式，有针对性地更新数据。

3.3.2 Excel 桌面应用

微软的 Excel 桌面应用可以说是目前市场上使用率最高的一个数据统计分析软件，有很多用户都在使用 Excel 进行数据建模并生成相应的可视化报表。为了让 Excel 用户也能方便快捷地使用 Power BI 相关功能，微软在 Excel 2016 及更高版本中集成了一键发布数据表到 Power BI 在线应用的功能。

如果要将 Excel 工作簿直接发布到 Power BI 在线应用，该文件需满足以下条件：

- 必须是由 Excel 2007 或者以上版本创建的 xlsx 或者 xlsm 格式文件。
- 文件大小要小于 1GB，并且不能是空文件。
- 不能包含 Power BI 不支持解析的数据内容。
- 工作簿文件不能被加密或者被密码保护，也不能被应用了 Azure 信息保护功能。
- 在将 Excel 工作簿直接发布到 Power BI 在线应用之前，应该对工作簿进行如下整理：
  - ➢ 工作簿中的表应该都进行了"套用表格格式化"操作，这样可以保证表在被导入到 Power BI 后能有相应的表名称以及列名。
  - ➢ 如果工作簿中使用了数据模型，应该在 Excel 端完成所有的数据建模过程，包括创建计算列和度量值，建立表之间的关联关系，更改数据类型，拆分、合并数据列等操作。

如果使用 Excel 2016 来发布工作簿到 Power BI 在线应用，首先需要如图 3-23 所示，在"文件"导航栏下的"发布"面板中输入用于登录 Power BI 在线应用服务的账号。

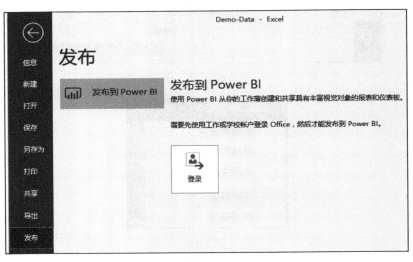

图 3-23

登录成功后可以看到图 3-24 所示的配置窗口，用于设定发布到 Power BI 在线应用中的位置以及工作簿发布方式。

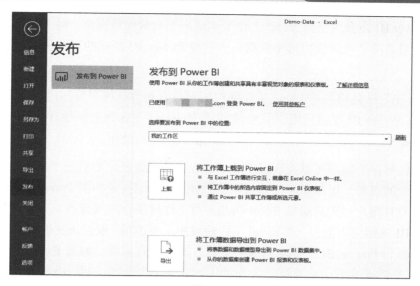

图 3-24

目前，微软提供两种方式将 Excel 数据发布到 Power BI 在线应用上：一种是"上载"法，另一种是"导出"法。

（1）"上载"法指的是将 Excel 工作簿直接上载到 Power BI 在线应用中。该操作会将本地的 Excel 工作簿加载到 Excel Online 中，之后用户可以通过 Power BI 内嵌的 Excel Online 界面来查看数据，并将选中的单元格区域、数据透视表或图表固定到仪表板当中。

如图 3-25 所示，通过"上载"法连接到 Power BI 的 Excel 工作簿可以最大程度保持其原有样貌，使得用户可以按照原有的 Excel 操作习惯来管理数据。其最大的优势在于即使没有本地 Excel 桌面应用，用户也可以通过单击"在 Excel Online 中编辑"按钮对原始数据进行在线修改，从而快速对数据进行更新。

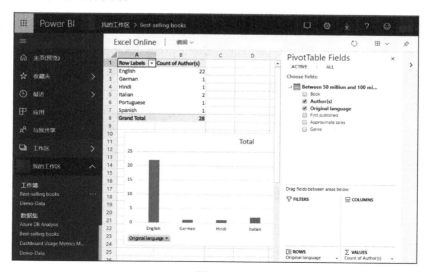

图 3-25

此外，Power BI 还会为当前 Excel 工作簿创建一个对应的数据集，用于存储其内的表数据和相关数据模型。用户可以使用这个数据集去创建 Power BI 格式的可视化图形表来做进一步的数据分析。

（2）"导出"法是将当前 Excel 工作簿中的表数据和数据模型导出成一个 Power BI 数据集，然后存储在 Power BI 在线应用服务上。如果原始 Excel 工作簿中还包含 Power View 报表，导出后该 Power View 报表会被转换成 Power BI 报表供用户使用。

导出法的优势在于用户可以实现在 Excel 中进行数据建模，然后在 Power BI 在线应用上创建可视化报表的需求。但是在导出模式下，原始 Excel 工作簿中的 Power Pivot 表和图形将不会被保留，并且用户也无法通过 Excel Online 对工作簿进行在线修改。

与 Power BI 桌面应用类似，当 Excel 工作簿发生了更改后，根据该文件存储位置的不同，将修改内容更新到 Power BI 在线应用服务上的方法也稍有不同。如果 Excel 工作簿存储在了本地磁盘，就需要通过手动重新进行发布的方式来更新数据。如果 Excel 工作簿存储在了 OneDrive 或者 SharePoint 站点上，那么修改的数据可以被自动同步到 Power BI 在线应用上而无须进行任何手动操作。

小贴士
对于 Microsoft Office 365 订阅版的用户，可以将本地磁盘上存储的 Excel 工作簿直接发布到 Power BI 在线应用服务上；而非订阅版用户，则需要手动将本地磁盘上的 Excel 工作簿复制到 OneDrive 上，之后才能进行发布。

3.3.3 Power BI Publisher for Excel

除了可以将 Excel 工作簿整体发布到 Power BI 在线应用上，微软还提供一个名为 Power BI Publisher for Excel 的插件，允许用户选择特定单元格区域、数据透视表或图表，之后以快照的形式并将其"固定"到 Power BI 在线应用的仪表板当中。

Power BI Publisher for Excel 插件支持 Excel 2007 及以上版本，安装方法很简单。首先，从微软官方网站 https://Power BI.microsoft.com/zh-cn/excel-dashboard-publisher/ 上下载安装包。之后，关闭本地系统上所有的 Excel 服务，然后双击安装程序开始安装。安装完成后启动 Excel 桌面应用程序，可以在导航栏看到如图 3-26 所示的一个名为 "Power BI" 的面板。

图 3-26

Power BI Publisher for Excel 插件主要提供以下几个功能：

- 固定：可以将 Excel 中选中的数据透视表、图表、单元格区域以及所有的相关内容做一个快照，然后保存到 Power BI 在线应用服务上的仪表板当中。

- 如图 3-27 所示，选中一个需要固定的区域，然后单击"固定"按钮，就可以打开"固定到仪表板"配置页面。之后，可以选择将快照固定到已存在的仪表板中或者新建一个仪表板。固定结束之后可以在 Power BI 在线应用的相应仪表板中找到保存的快照信息，如图 3-28 所示。

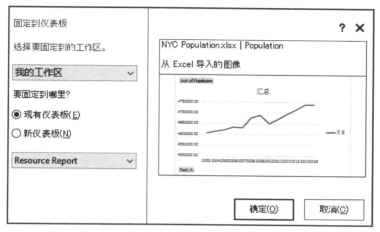

图 3-27

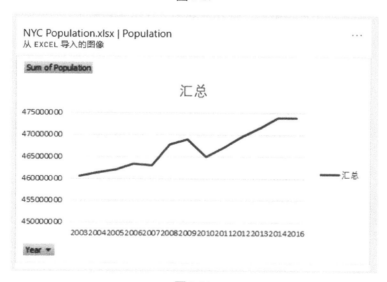

图 3-28

- 固定管理器：用于管理固定到 Power BI 在线应用仪表板中的元素。如图 3-29 所示，用户可以在管理器中更新和删除之前添加的元素。

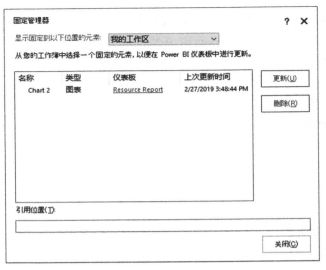

图 3-29

- 打开 Power BI：通过浏览器打开 Power BI 在线应用服务。
- 连接到数据：连接到 Power BI 在线应用服务，获取一个数据集或者报表的相应字段，然后放到 Excel 中作为数据透视表字段，供用户进行二次分析。

如图 3-30 所示，"连接 Power BI 中的数据"有 3 处设定需要配置：首先，选择工作区；之后，指定要连接的数据类型；最后，选择连接的具体报表或数据集。

图 3-30

小贴士
如果用户对当前共享的 Power BI 报表或者数据集没有编辑权限，就无法进行连接。

Excel 桌面应用内置发布功能与 Power BI Publisher For Excel 插件的区别如表 3-1 所示。

表 3-1　Excel 发布功能与 Power BI Publisher for Excel 插件的区别

功能	Excel 发布功能	Power BI Publisher for Excel	说明
将 Excel 中的数据透视表、图表、单元格区域等以快照形式固定到 Power BI 的仪表板中	不支持	支持	Power BI Publisher for Excel 不支持固定 3D 地图可视化对象，也不支持固定来自 Power View 中的可视化对象。
连接 Power BI 中的已有报表或数据集，之后在 Excel 中创建新的数据透视图表	不支持	支持	对于 Power BI 在线应用中存储的以 DirectQuery 方式连接的 SSASTabular 类型报表或数据集 Excel 用户必须有访问 Tabular 数据的权限，否则无法通过 Power BI Publisher for Excel 进行连接
上载数据到 Power BI 在线应用	支持	不支持	对于被加密、被密码保护、被 Azure 信息保护的工作簿无法通过 Excel 发布功能上载到 Power BI 在线应用服务
导出数据到 Power BI 在线应用	支持	不支持	对于被加密、被密码保护、被 Azure 信息保护的工作簿无法通过 Excel 发布功能导出到 Power BI 在线应用服务

3.3.4　Power BI 在线应用

Power BI 在线应用本身也提供获取数据功能，可以将外部数据源中的数据加载到 Power BI 在线应用上来创建可视化图表。如图 3-31 所示，Power BI 在线应用服务目前提供两类共 4 种方式来获取数据。

图 3-31

第一类是通过添加他人共享的应用来查看相关的数据分析信息。

● 我的组织：获取当前用户所在组织发布的应用。在"我的组织"中可以查看到当前用户有权限使用的所有应用，并对其进行安装。之后用户就可以使用应用当中提供的数据集、报表以及仪表板等内容来进行数据分析。

- 服务: 用于添加服务应用来分析特定的数据源。

第二类是直接连接数据源, 然后手动创建相应的数据集、报表以及仪表板相关信息。

- 文件: 可以将 Excel、Power BI 桌面应用以及 CSV 文件直接导入到 Power BI 在线应用上来创建可视化数据报表。如图 3-32 所示, 用户可以选择从本地、OneDrive 或者 SharePoint 团队站点中选择需要导入的文件。与使用 Power BI 桌面应用或者 Excel 桌面应用类似, 如果导入的是本地文件, 当有数据更新时, 用户需要手动重新导入数据来进行更新。而 OneDrive 和 SharePoint 站点则可以和 Power BI 在线应用进行自动定时更新, 免去了手动导入的过程。

图 3-32

- 数据库: 目前 Power BI 在线应用可以直接连接 3 种搭建在 Azure 云上的数据库类型, 如图 3-33 所示。微软官方推荐使用 Power BI 桌面应用先连接这些数据库, 在建模完成后再上传到 Power BI 在线应用上。

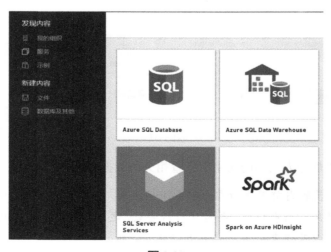

图 3-33

在 Power BI 在线服务获取数据后，有 3 种刷新方式，都跟使用的数据源有一定关系，分别是自动刷新、定时刷新和在线/直连刷新（Live/DirectQuery）。

自动刷新指的是不用配置任何刷新设置，Power BI 会自动地定期对数据进行刷新。目前对于存储在 OneDrive 和 SharePoint 站点的 Power BI 桌面应用文件、Excel 工作簿以及 CSV 文件支持自动刷新。如图 3-34 所示，Power BI 在线应用服务可以在默认情况下每小时更新一次文件，完成数据刷新。

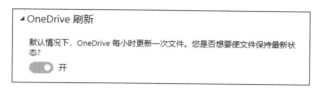

图 3-34

定时刷新指的是通过在本地网络环境上部署 Power BI 网关，使其可以访问存储在本地的数据，并将其上传到 Power BI 在线应用服务上来生成相关的可视化数据报表。这相当于将存储在本地服务器上的数据与存储在 Azure 云服务器上的 Power BI 在线应用建立了连接关系，使得双方可以定期进行数据同步。

定时刷新有两种触发方式，一种是立即刷新，如图 3-35 所示，在"数据集"子菜单下，找到需要刷新的数据集文件，单击其名称旁边的"打开菜单"按钮（由"…"图标表示），然后选择"立即刷新"选项即可进行刷新。

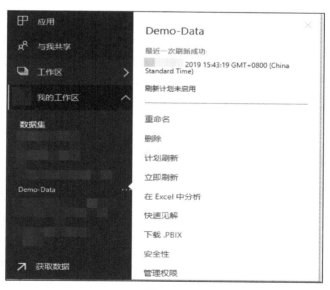

图 3-35

另外一种定时刷新方式也称为计划刷新，如图 3-36 所示，在"设置"页面的"数据集"子菜单进行配置。根据数据源中数据变化的频繁程度，可以制定相应的刷新频率。默认情况下，Power BI 每天对数据进行一次刷新。如果数据源中的数据更改比较频繁，可以通过添加多个计划刷新时间来增加每天数据更新频率。目前，Power BI 在线应用最多允许用户每天定时进行 8 次数据刷新。通过手动方式进行的"立即刷新"暂时没有次数限制。

图 3-36

在线/直连刷新（Live/DirectQuery）指的是当 Power BI 在线应用存储的数据集是通过 Live Connection 的方式连接到数据源时，每次加载可视化报表都会从数据源进行实时的同步数据，用户不需要进行任何特殊配置，即可保证每次获得最新的报表数据。

3.4　Power BI 本地网关

对于以导入方式连接数据源的数据集，要想在 Power BI 在线应用上对其执行数据刷新操作，就需要在本地服务器上安装部署 Power BI 本地网关，用于监听数据连接请求，并确保数据可以安全地在本地服务器和云服务器之间进行传输。

Power BI 本地网关的工作原理示意图如图 3-37 所示。用户在本地服务器安装完网关后，本地网关会通过 Azure 服务总线注册到 Azure 云服务网关，从而实现本地服务器与 Power BI 在线应用服务之间的数据交流。

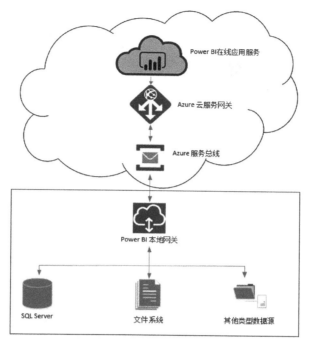

图 3-37

当 Power BI 在线应用的数据集进行刷新时，其查询过程和数据流走向描述如下：

（1）当进行数据刷新时，Power BI 在线应用会将相应的数据查询更新请求连同存储的数据源加密凭据一并发送给 Azure 云服务网关。

（2）Azure 云服务网关会对收到的查询信息进行分析，然后将数据更新请求推送给相应的 Azure 服务总线。

（3）Power BI 本地网关以轮询机制对 Azure 服务总线发送请求，看是否有需要进行处理的任务。当发现有数据更新请求后，本地网关会对授权凭据进行解密，确认其是合法请求后，会使用该凭据连接数据源。

（4）数据源根据查询请求内容返回相应数据给本地网关，之后，本地网关将对数据进行打包加密，再经过 Azure 服务总线以及 Azure 云服务网关发送给 Power BI 在线应用服务。

3.4.1　个人版

目前，Power BI 本地网关有两个版本：一个是 On-premises data gateway（personal mode），即 Power BI 本地网关个人版；另一个是 On-premises data gateway，即 Power BI 本地网关，为了与个人版进行区别，本书称其为企业版。

Power BI 本地网关个人版的优势是安装部署方便，几乎不需要进行特殊配置即可实现数据更新要求；劣势是只能为单一用户提供数据更新服务。因此，个人版只适用于个人工作室或者全部 Power BI 报表都由一个人进行管理的微小型企业来使用。

如图 3-38 所示，Power BI 本地网关可以通过 Power BI 在线服务提供的链接进行下载。

目前 Power BI 本地网关的安装包只有一个，运行之后如图 3-39 所示，可以选择是安装个人版还是企业版。

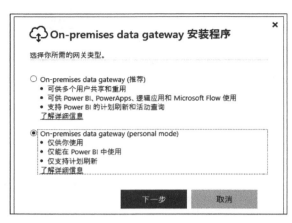

图 3-38   图 3-39

安装过程除了要指定安装目录以外，不需要进行其他配置。安装成功之后，输入登录 Power BI 在线应用的用户账号以及密码，就可以完成网关注册。

注册完毕后打开 Power BI 在线应用，在"设置"页面下的"数据集"子菜单中找到需要进行更新的数据集，如图 3-40 所示。在"网关连接"处选择刚刚安装完毕的个人网关，之后单击"应用"按钮。

图 3-40

网关连接配置完毕后需要配置数据源凭据，Power BI 个人网关将使用该凭据来访问相应的数据源，并从其中获取需要更新的数据。如果凭据无效，那么数据刷新将无法进行。不同数据源凭据设置稍有不同。例如，当数据源存储在本地共享磁盘的 Excel 或 CSV 等文件时，需要确保当前运行 Power BI 个人网关的机器可以使用本机管理员账号来对这些文件进行访问。如果数据源是部署在本地的 SQL Server，那么如图 3-41 所示，除了可以使用 Windows 认证以外，还可以使用 SQL 认证方式来配置凭据。

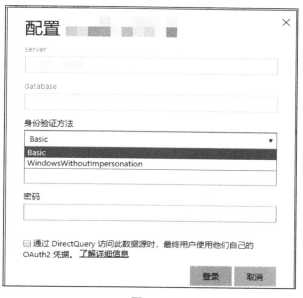

图 3-41

小贴士
（1）Power BI 网关个人版并不是一个 Windows"服务"，只能以普通"应用程序"的形式在 Windows 服务器上运行。因此，当个人网关应用程序退出后就无法进行数据更新了。 （2）一个 Power BI 用户只能部署一个 Power BI 网关个人版服务。如果在多个服务器上部署了个人网关，那么只有最后一台服务器上部署的网关才生效，这意味着所有 Power BI 在线应用上的数据集都必须使用同一个个人网关进行数据更新。因此，不同数据集中设置的定时刷新时间应该不同，从而避免在同一时间个人网关需要处理太多的数据刷新请求。

3.4.2 企业版

Power BI 本地网关企业版（On-premises data gateway）可以为企业内的多用户服务提供数据更新服务。它与本地网关个人版的区别如表 3-2 所示。

表 3-2　本地网关个人版与企业版的区别

功能	本地网关个人版	本地网关企业版
支持的服务	Power BI	Power BI，PowerApps，Azure 逻辑应用，Microsoft Flow
可服务用户数	单一	多个
运行方式	以 Windows 应用程序形式运行	以 Windows 服务形式运行
自定义刷新计划	支持	支持
支持更新以 DirectQuery 方式访问的 SQL Server、Oracle、Teradata 类型数据	支持	不支持
实时连接 SQL Server Analysis Services	支持	不支持

由于 Power BI 本地网关企业版需要为多用户服务，并且可能需要处理大量的数据更新请

求，因此在部署网关之前需要进行配置规划，以便获得最优的运行效果。通常情况下，可以从以下几个方面出发来考虑：

（1）硬件方面，微软建议使用配置了 8GB 内存和 8 核处理器的机器来运行企业版本地网关，推荐使用 64 位的 Windows 2012 R2 或者以上版本的操作系统。

（2）为了确保数据更新请求能被实时响应处理，运行网关的机器需要保证 24 小时开机状态。因此，不要使用笔记本电脑这种可能会随时关机、休眠或者断网的机器来运行本地网关服务，应该尽量准备单独的服务器并使用有线网络供本地网关使用。

（3）如果想在 Power BI 本地网关企业版中使用 Windows 认证方式，就要确保运行本地网关的服务器已经加入到当前组织的域中。但要注意，不能在域控机器上运行本地网关服务。

（4）如果数据量较大，需要同步的数据报表较多，可以考虑在多台服务器上部署 Power BI 本地网关企业版，然后在 Power BI 在线应用服务上给不同的数据集配置不同的本地网关来更新数据。

对于企业版网关的安装，前面几步与个人版相同，在登录成功后可以看得如图 3-42 所示的网关注册页面。此处，可以选择新注册一个网关集群并将当前服务器上的网关作为该集群中的一个节点；或者可以选择将当前网关作为一个节点添加到现有网关集群中。如果新建，就需要设定一个恢复密钥，当该网关集群需要进行恢复或者有新的网关节点需要添加到该集群当中时，需要使用这个恢复密钥来进行认证。

配置完毕后打开 Power BI 在线应用服务，在"设置"导航栏下的"管理网关"页面可获得类似图 3-43 所示的网关状态显示结果。

图 3-42

图 3-43

小贴士
如果只安装了本地网关个人版，而没有安装企业版，那么在"设置"导航栏下的"管理网关"中 Power BI 会提示没有网关可用。

创建好网关集群后就可以应用它来进行数据同步，根据 Power BI 报表使用的数据源不同，配置方法稍有差异。以数据源是本地 SQL Server 为例，当将这样一个 Power BI 报表发布到 Power BI 在线应用后，在"设置"导航栏下"数据集"面板的"网关连接"设置中可以看到如图 3-44 所示的配置选项。

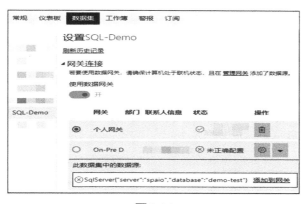

图 3-44

企业网关处会显示"未正确配置"，单击"查看数据源"按钮（下箭头图标表示），可以看到 Power BI 提示当前数据集中的数据源没有注册到网关中。单击数据源后面"添加到网关"选项，之后 Power BI 在线应用会跳转到"网关集群"下的"数据源设置"页面，如图 3-45 所示。填写访问该数据源的用户名和密码，单击"添加"按钮，即可完成数据源网关设定。

图 3-45

之后如图 3-46 所示,回到"设置"导航栏下"数据集"面板的"网关连接"子菜单,选择刚刚配置好的网关来进行数据连接,之后"数据源凭据"会进行自动刷新并使用网关中配置的用户名和密码来访问本地的 SQL Server。

图 3-46

至此,数据源的网关连接配置完成。之后可以设定刷新计划来定期从本地 SQL Server 中更新数据到 Power BI 在线应用的数据集中。

为了保证数据的安全性,Power BI 允许用户对网关集群和其下的数据源进行权限设定,即规定有哪些用户可以使用该网关集群进行数据同步,以及哪些用户可以使用该数据源中的数据来创建可视化图形报表。如图 3-47 所示,如果要将某个用户添加为网关集群的管理员,需要选择该网关集群名称,之后在"管理员"配置界面内添加用户即可。

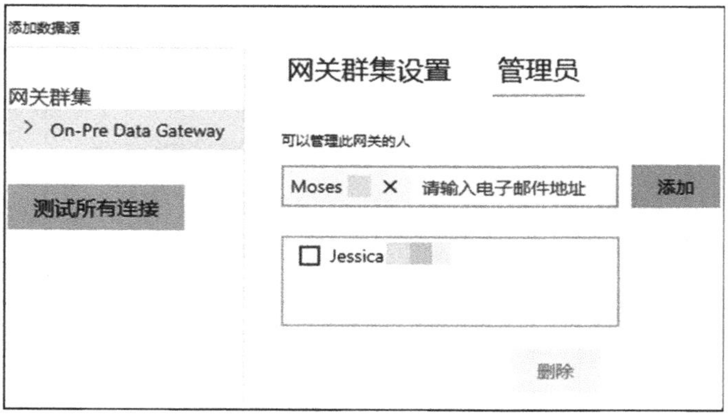

图 3-47

如果是设定有哪些用户可以使用当前网关中的某一个数据源，可以如图 3-48 所示，选择需要配置的"数据源"，之后在"用户"设定界面内填入可以使用该数据源创建报表的用户电子邮件地址即可。

图 3-48

3.5　特色功能

Power BI 在线应用上大部分对可视化数据报表的管理功能与 Power BI 桌面版应用相同，所使用的可视化对象也都一致。相比桌面版，Power BI 在线应用提供了专门的数据监控以及报表使用分析功能，以方便管理员对报表进行监管。这些特色功能使得 Power BI 在线应用更符合商业用户需求，能更加灵活、方便地帮助企业用户管理大量的数据分析报表。

3.5.1　数据警报

大多数情况下，商业数据报表使用者都不会像看股票 K 线一样实时关注 Power BI 可视化报表中的数据变化情况。一般的应用场景多是商业用户定期登录 Power BI 在线应用服务，查看一下目前其关注的数据走势情况，如果没有出现需要其特殊关注的数据变化点，就会关闭在线应用开始其日常工作。

实际上，这种需要用户自觉登录在线应用才能查看数据变化的场景并不友好，特别是当一个用户需要负责监控的数据报表比较多时，很容易出现漏看关键数据信息的情况。为了防止用户错过关键信息的变化而影响企业的商务运行，微软在 Power BI 在线应用服务中提供了一个数据警告功能。该功能允许用户设置一个数据阈值，当超过或者低于当前阈值时，Power BI 将给用户发送一封邮件进行提醒，从而使得用户可以不必登录 Power BI 在线应用即可对数据变化进行监控。

目前，微软只支持对 Power BI 在线应用上的卡片图、仪表图以及 KPI 图设定数据警报。

设置方法比较简单，首先在仪表板中找到要设置数据警报的磁贴，单击右上角的"更多设置"按钮（由"…"图标表示），选择"管理警报"设置，如图 3-49 所示。

图 3-49

之后，Power BI 在线应用会在页面右侧滑出一个"管理警报"面板，用来显示当前磁贴设定过的所有警报规则。如图 3-50 所示，单击"添加警报规则"按钮，打开警报规则设置菜单。

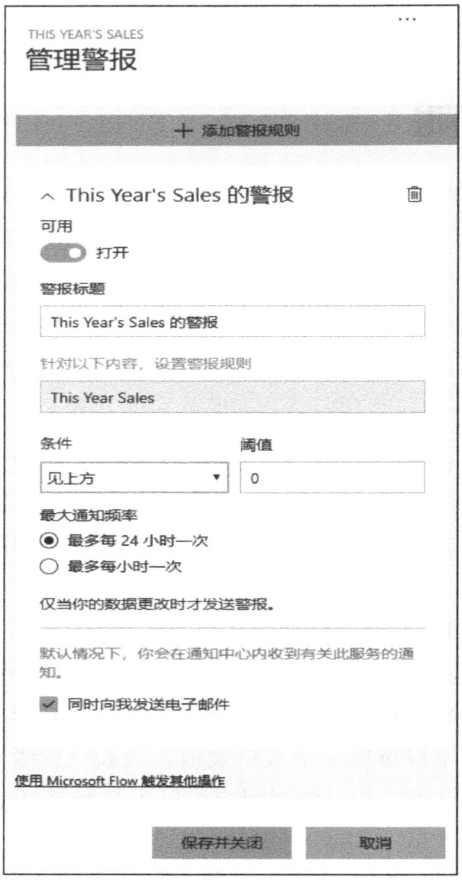

图 3-50

此处需要用户设定警报条件与频率。当"条件"为"见上方"时意味着当实际数据大于"阈值"后，Power BI 会向用户发送警报邮件。当"条件"为"见下方"时意味着当实际数据小于"阈值"后，Power BI 会发送警报邮件。发送警报邮件的频率可以设定为最多每天一次，或者最多每小时一次。

设定完毕后 Power BI 就开始对当前磁贴中的数据进行监控。如果数值超出阈值范围，就会收到如图 3-51 所示的警报邮件。需要注意的是，当警报设定完毕后，只有磁贴中的数值第一次超过阈值时 Power BI 才会立刻发送警报邮件。之后，即使磁贴中的数值发生更改，Power BI 也不会再发送邮件提醒。

图 3-51

如果想对当前 Power BI 在线应用上的数据警报设定进行编辑或删除，可以在"设置"导航栏下的"警报"面板中进行，如图 3-52 所示。

图 3-52

3.5.2　使用指标分析

为了便于报表管理员了解当前用户对报表的使用情况，Power BI 在线应用服务针对报表和仪表板提供了一个"使用指标"功能。该功能会自动生成一个报告，用来显示过去 90 天之内用户对当前报表的访问情况。

获取"使用指标"分析报告的方法很简单，只需找到需要分析的报表或仪表板，单击右上角的"使用指标"按钮即可获得如图 3-53 所示的分析报告。该报告会显示当前有多少用户访问了该报表或仪表板、访问的次数和频率以及所使用的访问设备，同时还会显示具体访问者的姓名和邮件地址。

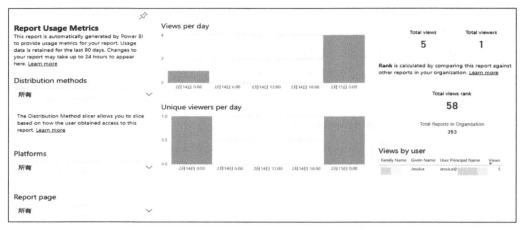

图 3-53

3.5.3 嵌入式报表发布

除了常规通过在 Power BI 在线应用服务中来共享数据报表以外，Power BI 还支持用户将报表以嵌入的方式发布到外部网站中。这种嵌入式报表发布方式的优势在于报表使用者无须再登录 Power BI 在线应用即可浏览表中的数据。

目前，Power BI 有 3 种类型的嵌入发布模式，分别是发布到 Web、在 SharePoint Online 中嵌入和在门户网站中嵌入。选择需要进行发布的报表，单击报表内左上角的"文件"菜单，之后即可选择以何种嵌入方式来发布该数据报表，如图 3-54 所示。

图 3-54

1. 发布到 Web

发布到 Web 模式意味着当前报表将被放置到公网当中，无论用户是否有 Power BI 许可都可以对其进行访问。发布方式很简单，如图 3-55 所示，当确定将报表发布到公网后，Power BI 会生成一个链接以及一个用 HTML 语言编写的嵌入代码。通过这个链接，无须任何身份验证，用户即可访问报表中的内容，适合公司团体向外界用户共享公共信息来使用。

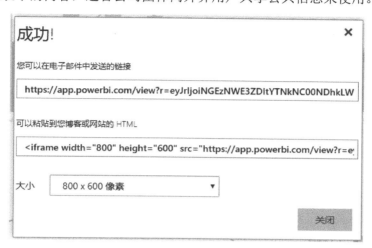

图 3-55

2. 在 SharePoint Online 中嵌入

该方式允许用户将 Power BI 报表以 Web 部件的方式嵌入 SharePoint Online 站点中，这样 SharePoint Online 的用户就可以直接查看报表信息，而无须访问 Power BI 在线应用。配置方法也比较简单，首先与发布到 Web 方式类似，在 Power BI 在线应用上找到需要发布的报表，然后单击 "在 SharePoint Online 中嵌入" 选项，获得类似于图 3-56 所示的链接地址。

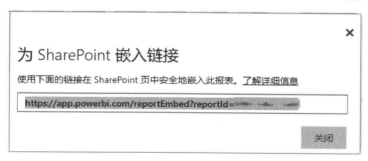

图 3-56

之后，打开需要嵌入 Power BI 报表的 SharePoint Online 页面，对页面进行 "编辑"，然后选择添加一个 Power BI 类型的 Web 部件，如图 3-57 所示。

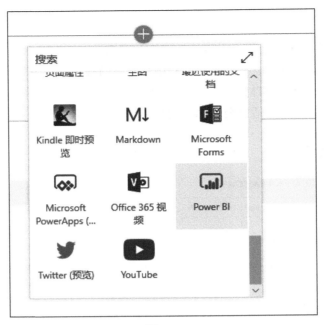

图 3-57

　　Power BI Web 部件添加完毕后单击"添加报表"按钮，打开如图 3-58 所示的报表连接配置页面。输入之前获得的链接地址，之后 SharePoint Online 会自动使用当前登录用户的访问令牌连接 Power BI 在线应用来获取报表信息。获取完毕后可以在页面名称处进行选择，确定需要展示报表中的哪一页信息。还可以根据需要，选择是否在 Power BI Web 部件中显示报表导航栏和筛选框。设定完毕后，选择发布，即可将 Power BI 报表嵌入 SharePoint Online 页面当中。

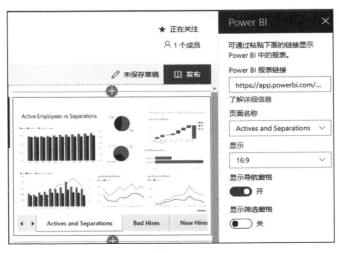

图 3-58

　　与发布到公网上的 Power BI 报表不同，想要查看发布到 SharePoint Online 页面中的 Power BI 报表，用户需要具备以下 3 个条件：

- 拥有 Power BI 专业版授权。
- 在 Power BI 在线应用服务当中对该报表有访问权限，即当前报表共享给了该用户，或者该用户是当前报表所在工作区的成员。
- 有权限访问当前 SharePoint Online 站点中的页面。

如果企业购买了 Power BI 增值版服务，那么用户无须拥有专业版授权也可以查看嵌入到 SharePoint Online 页面中的 Power BI 报表。方法是首先创建一个增值版类型的工作区（工作区名字旁边有钻石图标）；然后，在将工作区发布成一个应用时确保"Access"面板设定处勾选了"自动安装应用"选项；之后，将报表使用者加入当前工作区中并确保其有权限登录 SharePoint Online 中嵌入 Power BI 报表的页面。

小贴士
经典模式的 SharePoint 页面不支持添加 Power BI 类型的 Web 部件，必须是现代模式的网页才可以添加。

3. 嵌入到门户网站

将 Power BI 报表嵌入到门户完整的过程与发布到公网类似，不同的是，对于嵌入到门户网站的报表，用户必须先登录 Power BI 之后才能查看报表中的数据。这一点可以保证数据的安全性和隐私性，但同时要求报表使用者必须拥有 Power BI 专业版授权才可以查看数据内容。

第 4 章
◀ 查询语言M快速上手 ▶

当每次在 Power BI 查询编辑器中使用工具对数据进行操作时，其后台都是调用相对应的脚本进行运算。该脚本是由 Power Query Formula Language 编写而成的，此种语言被简称为 M，是微软专门为查询分析创建的一种语言。图 4-1 显示的是 Power BI 查询编辑器中一步操作对应的 M 脚本。

图 4-1

通过编写 M 脚本，可以在查询阶段就对数据进行复杂的合并、拆分、过滤、组合等操作，使得后续的数据建模工作可以在更加理想的数据结构上进行，极大地优化了报表生成的效率。虽然 Power BI 查询编辑器中已将一些简单常用的 M 脚本进行了界面化，但是 Power Query 提供的更多更丰富的功能依然必须通过编写脚本进行。因此，如果想要更好地使用 Power BI 对复杂数据进行深入分析，就需要学会使用 M。

从语法结构上看，M 属于一种函数型程序设计语言，对于程序员特别是对于使用过 F#语言的程序员来说很容易上手。对于非程序员使用者来说，M 在书写形式上要比 Excel 的内置函数或者宏稍显复杂。由于其本质是一种函数型语言，运行方式是将各种输入值作为参数带入到函数当中以获取特定的输出值，与传统 Excel 的计算思维类似，因此只要掌握了 M 的基本语法，对使用过 Excel 的人员来说学习 M 也并非难事。本章将介绍 M 的一些基本概念、语法，以及几个常用的基本函数。

小贴士
Power Query Formula Language（M）属于一种字母大小写敏感的语言，字母大小写不同的两个文本会被当作不同数据进行处理，在编写脚本时一定要特别注意。 　　Power Query 中所有的标点符号操作都必须使用英文输入法输入，如果使用中文输入法，那么程序会报错。

4.1　M 的基本构成

　　作为函数型程序设计语言的 M，其核心结构是函数。函数的使用离不开参数、运算符、操作符、标识符等。

4.1.1　基元值：单值

　　M 中的值主要有两种类型：一种是基元值（Primitive Value），即单个值；另一种称为结构值（Structured Value），由一个或多个基元值构成。这两种值都可以作为参数传入函数中进行计算。

　　基元值在 M 中可以是常量值，例如数字、文本、逻辑值 true/false、空值 null 等，也可以是函数值，即经由某个函数计算而得的值。

　　通常情况下，M 中会使用如表 4-1 所示的几种数据类型的基元常量值。

表 4-1　M 中会使用的基元常量值

类型	表达方式	说明
空值	null	代表不存在或者无法确定的值，null 必须小写
逻辑值	true，false	用于布尔运算，true 和 false 必须小写
数字	0，123，-1，3.765，10e-9	可以是整数或者小数，在 M 中数字可以直接书写
文本	"abc"，"hello world"	Unicode 字符，在 M 中书写文本值必须使用英文双引号将其包裹起来
时间	#time(20,02,08)	24 小时制，最大值为 23:59:59.9999999
日期	#date(2017,06,22)	最小值为公元 1 年 1 月 1 日，最大值为公元 9999 年 12 月 31 日
日期时间	#datetime(2017,06,22 20,02,08)	日期和时间的组合
日期时间时区	#datetimezone(2017,06,22 20,02,08 08,00)	时区部分是指以 UTC 时间为基准的偏移量，包括小时和分钟。小时的范围是-14 到+14，分钟的范围是-59 到+59
时间区间	#duration(1,5,30,0)	正数代表将来，即在当前时间基础上增加的时间；负数代表过去，即在当前时间减少的时间

　　例如，图 4-2 显示了当在 M 中没有按照语法要求书写文本时返回的错误。

205

图 4-2

4.1.2 结构值：列、记录与表

结构值列、记录和表可以看作是 M 中的 3 种值容器类型。

1. 列表（List）

列表指的是有序排列的一组值，在 M 语法中书写格式为一组值相互之间用逗号（,）分隔开，并由大括号（{}）包围起来。M 中的列表可以包含任何一种类型的值，列表中值的类型也可不尽相同，并且这些值既可以是常量值也可以是函数值。

例如，图 4-3 中这一列表含有 5 个值，其中 4 个为常量值、1 个为函数值，并且这 5 个值类型也各不相同，分别为数字、文本、逻辑值、空值、以及日期时间值。

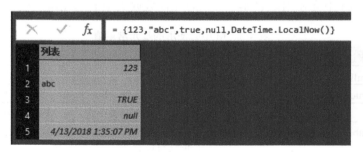

图 4-3

小贴士
（1）列表中的值是有序排列值，当作为参数被传入函数中时会按照传入顺序生成相应的输出值。
（2）当两个列表相同时，意味着两个列表中包含的值全部相同，并且所有值的排列顺序也是相同的。

2. 记录（Record）

记录指的是一组字段（Field）的集合。字段（Field）由一个字段名（Field Name）及其对应的字段值（Field Value）用等号（=）连接而构成。其中，字段名是一个文本类型的值。当字段名只包含字母和下画线时,可以直接书写。当字段名包含其他符号时,需要使用双引号("")将字段名包裹起来,并在前添加井号（#）。对于字段值,遵循 M 语法中值的书写规范,可以是任何一种类型的值,包括常量值和函数值。在 M 语法定义中字段不单独出现,而是作为记录（Record）中的一个元素使用。当一个或多个字段被方括号（[]）包围起来时就组成了一个记录。

例如,图 4-4 中的记录包含 4 个字段,类型分别是文本、数字、逻辑值以及函数。

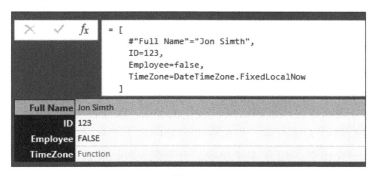

图 4-4

小贴士
记录中的字段没有明确的顺序关系。例如,记录[a=1,b=2]与记录[b=2,a=1]是两个完全相同的记录。

3. 表（Table）

表是由一组值按行和列的格式排列而成的集合。在 M 中没有专门的符号用于创建表,但是有指定的关键字和一系列函数可以将列和记录转化成表。例如,最常见的关键字#table 就可以用来创建一个表,如图 4-5 所示。

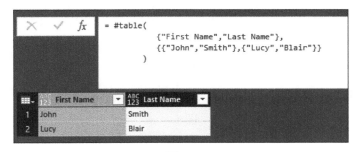

图 4-5

在 M 中,列表中可以嵌套列表,记录中也可以嵌套另一个记录。同样的,一张表中也可以嵌套另外一张表。此外,列表、记录和表三者之间还可以相互嵌套,表中可以包含列表和记录,列表或者记录中也可以包含一个列表、记录或者表。

例如,在图 4-6 中,一个列表就包含一个基元值、一条记录和一张表。

```
= {
    123,
    [Level="high",#"Action Priority"="critical"],
    #table ({"First Name","Last Name"}, {{"John","Smith"},{"Lucy","Blair"}})
  }
```

	列表
1	*123*
2	Record
3	Table

图 4-6

4.1.3 函数

一个函数的功能是通过计算将一组输入值映射为一个单一的输出值。在 M 中，函数由两部分组成：第一部分用来定义当前函数所需使用的参数；第二部分定义函数表达式，也就是定义如何将输入的参数转换为输出值。两部分用等号后跟大于号（=>）进行连接。

例如，自定义一个函数，包含 3 个参数，分别是 x、y 和 z，如图 4-7 所示。表达式为先对 x 和 y 求和再除以 z。自定义完这个函数之后就可以在 Power BI 中调用该函数了。

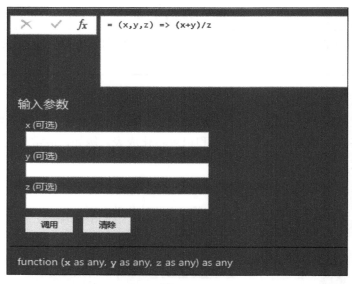

图 4-7

4.1.4 变量

与其他计算机语言一样，变量用于存储运算结果。对于变量名书写要求，M 中规定如果变量名中只包含字母和下画线，就可以直接书写，例如 source、year_month_day 等。如果变量名包含其他符号，就必须使用双引号（""）将变量名包裹起来并且在变量名前添加井号（#），例如#"This is a variable"等。

小贴士

如果想要用某个包含双引号的词组去给变量命名，就需要在原双引号外再套上一层双引号，然后遵循变量名命名规则进行书写。例如，要用 From "U.S" 作为一个变量名，就要书写为: #"From ""U.S""". 其中，U.S 外第一层双引号是原始词组中的双引号，第二层双引号是在原词组双引号外新附上的双引号，最外层的双引号则是 M 中变量名命名规则中的双引号。

4.2　M 中的常用运算符

　　M 中定义了一系列的运算符，用于不同场景的数据运算。例如，运算符用于表达式中，代表各种运算，像 x+y 这一表达式就用了加号运算符。标点符可以在 M 中表示对数据进行分组或分割。例如，在列表{587,"Hello Word"}中，逗号的意思在于区分 587 和 Hello Word 这两个值。

　　数字和时间是进行数据分析时经常要进行操作或运算的两种数据类型，在 M 语言中不同的符号代表不同的操作或运算，主要包括数学运算、逻辑运算、时间运算等。

4.2.1　基础运算符

　　基础运算符如表 4-2 所示，可以用于两个值之间的运算，包括数字，文本，时间，逻辑值，空值等的运算。

表 4-2　基础运算符

运算符	功能
>	大于
>=	大于等于
<	小于
<=	小于等于
=	相同（等于）
<>	不相同（不等于）

4.2.2　数字运算符

　　数字运算符如表 4-3 所示，用于数字之间的运算。

表 4-3　数字运算符

运算符	功能
+	加号
-	减号
*	乘号
/	除号
+x	一元正号
-x	一元负号

209

4.2.3 逻辑运算符

逻辑运算符如表 4-4 所示，用于逻辑运算。

表 4-4 逻辑运算符

运算符	功能
and	逻辑 "与" 运算
or	逻辑 "或" 运算
not	逻辑 "非" 运算

4.2.4 时间运算符

M 语言中与时间相关的数据类型有 5 种：

- 日期 #date：年，月，日。
- 时间 #time：小时，分钟，秒。
- 日期时间 #datetime：年，月，日，小时，分钟，秒。
- 时区时间 #datetimezone：年，月，日，小时，分钟，秒，与 UTC 时间偏移的小时，与 UTC 时间偏移的分钟。
- 时长 #duration：天，小时，分钟，秒。

与日期以及时间相关的操作符主要有以下四类：

1. 日期运算符

日期运算符如表 4-5 所示，可以对时间、日期以及时长类型的数据进行运算。

表 4-5 日期运算符

运算符	X 代表的数据类型	Y 代表的数据类型	意义
X+Y	时间 #time	时长 #duration	获得递延时间
X+Y	时长 #duration	时间 #time	获得递延时间
X-Y	时间 #time	时长 #duration	获得递减时间
X-Y	时长 #duration	时间 #time	获得递减时间
X&Y	日期 #date	时间 #time	获得日期时间

2. 日期时间运算符

日期时间运算符如表 4-6 所示，可以对日期时间和时长类型的数据进行运算。

表 4-6 日期时间运算符

运算符	X 代表的数据类型	Y 代表的数据类型	意义
X+Y	日期时间 #datetime	时长 #duration	获得递延时间
X+Y	时长 #duration	日期时间 #datetime	获得递延时间
X-Y	日期时间 #datetime	时长 #duration	获得递减时间
X-Y	日期时间 #datetime	日期时间 #datetime	获得时间间隔

3. 时长运算符

时长运算符如表 4-7 所示，可以对日期时间、时长以及数字类型的数据进行运算。

表 4-7　时长运算符

运算符	X 代表的数据类型	Y 代表的数据类型	意义
X+Y	日期时间 #datetime	时长 #duration	获得递延时间
X+Y	时长 #duration	日期时间 #datetime	获得递延时间
X+Y	时长 #duration	时长 #duration	获得时长之和
X-Y	日期时间 #datetime	时长 #duration	获得递减时间
X-Y	日期时间 #datetime	日期时间 #datetime	获得时间间隔
X-Y	时长 #duration	时长 #duration	获得时长之差
X*Y	时长 #duration	数字 number	获得时长倍数
X*Y	数字 number	时长 #duration	获得时长倍数
X/Y	时长 #duration	数字 number	获得时长分数

4. 时区时间运算符

时区时间运算符如表 4-8 所示，可以对日期时间、时长以及数字类型的数据进行运算。

表 4-8　时区时间运算符

运算符	X 代表的数据类型	Y 代表的数据类型	意义
X+Y	时区 #datetimezone	时长 #duration	获得递延时区时间
X+Y	时长 #duration	时区 #datetimezone	获得递延时区时间
X-Y	时区 #datetimezone	时长 #duration	获得递减时区时间
X-Y	时长 #duration	时区 #datetimezone	获得递减时区时间

4.2.5　文本运算符

文本运算符如表 4-9 所示，用于文本直接的操作。

表 4-9　文本运算符

运算符	功能
&	将两个文本进行连接

例如：

- "Hello_"&"World"的返回结果为 Hello_World

4.2.6　列表运算符

列表运算符如表 4-10 所示，用于列表之间的运算。

表 4-10　列表运算符

运算符	功能
=	比较两个列表是否相同
<>	比较两个列表是否不同
&	将两列表进行连接

例如：

- {"a","b"}= {"a","b"}的返回结果为 TRUE。
- {"a","b",123}<> {"a","b"}的返回结果为 TRUE。
- {1,2,3}&{3,4,5}的返回结果为一个合并后的新列表{1,2,3,3,4,5}。

4.2.7　记录运算符

记录运算符如表 4-11 所示，用于记录之间的运算。

表 4-11　记录运算符

运算符	功能
=	比较两个记录是否相同
<>	比较两个记录是否不同
&	将两个记录合并到一起

例如：

- [x=1, y=2]=[y=2, x=1]的返回结果为 TRUE。
- [x=1, y=2]<> {y=1, x=2}的返回结果为 TRUE。
- [x=1, y=2]&[z=3]的返回结果为一个新记录[x=1, y=2, z=3]。
- [x=1, y=2]&[y=5, z=3]的返回结果为一个新记录[x=1, y=5, z=3]。在合并的过程中，如果&符号左右两侧有同名不同值的字段，那么合并后会取右侧最新的字段值作为当前字段的输出结果。

4.2.8　表运算符

表运算符如表 4-12 所示，用于表之间的运算。

表 4-12　表运算符

运算符	功能
=	比较两个表是否相同
<>	比较两个表是否不同
&	将两个表串联起来

例如：

- #table({"A","B"},{{123,456}})=#table({"A","B"},{{123,456}})的返回结果为 TRUE。

- #table({"A","B"},{{123,456}})<> #table({"B","A"},{{123,456}})的返回结果为 TRUE。
- #table({"A","B"},{{123,456}})&#table({"B","C"},{{321,654}})的返回结果为如图 4-8 所示的新表。

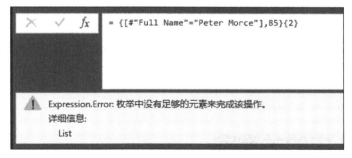

图 4-8

4.2.9　获取列表或表中指定位置的值

在 M 中允许获取当前列表或者表中指定位置的值。获取方法是在列表或表后添加大括号，大括号内标记要获取的值的位置，该位置从索引 0 开始计数。

例如：

- {"a",123, [Name="John Simth"]}{0}的返回值是 a，即获取当前列表中处于第 1 位的值。
- {5, [ID=10], null}{1} 的返回结果是记录[ID=2]。
- {[#"Full Name"="Peter Morce"],85}{2}的返回结果是 Error，如图 4-9 所示。因为当前列表中一共只有 2 个值，{2}表示获取第 3 个值，该值并不存在，所以返回 Error。

```
× ✓ fx    = {[#"Full Name"="Peter Morce"],85}{2}



⚠ Expression.Error: 枚举中没有足够的元素来完成该操作。
   详细信息：
      List
```

图 4-9

- #table({"A","B"}, {{123,"abc"}, {456, "def"}}){0}的返回结果是[A=123, B=abc]，即获取字段 A 的第 1 个值以及字段 B 的第 1 个值。
- #table({"A","B"}, {{123,"abc"}, {456,"def"}}){[B="def"]} 的返回结果是 [A=456, B="def"]，获取的是当字段 B 的值为 def 时字段 A 和字段 B 的值。
- #table({"A","B"}, {{123,"abc"}, {456,"def"}}){2}的返回结果是 Error。原因是当前表中每个字段只有两个字段值，不存在第三个值。
- #table({"A","B"}, {{123,"abc"}, {456,"def"}}){2}?的返回结果是 null。问号（?）的意义是判断当前列表或者表中指定位置处是否有值。如果有就返回指定位置，如果没有就返回空（null）。
- #table({"A","B"}, {{123,"abc"}, {456,"abc"}}){[B="abc"]}的返回结果也是 Error，如图

4-10 所示。原因是表中有相同的字段值出现，在这种情况下 M 无法判断哪个返回值才是正确结果。

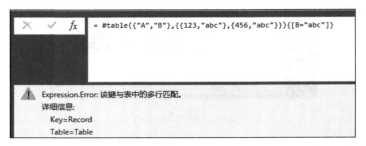

图 4-10

4.2.10 从记录中获取指定字段值

对于记录类型值，M 中可以获取指定字段上的字段值。获取方式是在记录后加方括号([])，方括号内填写要获取的字段名。

例如：

- [#"Full Name" = "John Smith", ID=123][#"Full Name"]的返回结果是 John Smith。其意义是返回字段名是#"Full Name"的字段值。
- [#"Full Name" = "John Smith", ID=123]["ID"]的返回结果是 Error。原因是没有字段名是"ID"的字段（有双引号），表达式中只有一个字段名是 ID 的字段。
- [#"Full Name" = "John Smith", ID=123][[#"Full Name"]]的返回结果是整个字段[#"Full Name" = "John Smith"]。

4.3 M 中的关键字

在 M 中，有一些特定的标识符或代表某种特定操作，或代表某个特定类型值，被称为关键字。了解这些关键字对于理解和使用 M 非常重要，同时也可以避免在自定义变量名时与关键字冲突。

M 中的关键字主要有两类：一类是以一个单词的形式出现，例如 let、in、each、if 等；还有一种是以#加单词的形式出现，例如#shared、#table、#date、#during 等。本节会介绍几个经常使用的关键字。

4.3.1 #shared：加载所有函数

#shared 关键字可以加载 M 中所有内置函数，如图 4-11 所示。相当于一个帮助功能，可以用来查看内置函数的定义及使用方法。

图 4-11

#shared 关键字返回一个记录列表，如图 4-12 所示，选中某一个函数后，Power BI 会在下方窗口处给出函数的定义以及使用方法和使用案例。

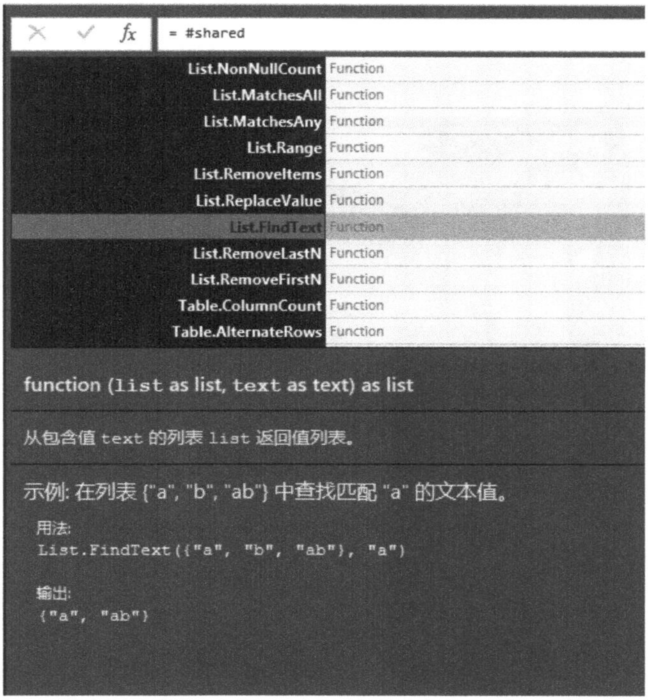

图 4-12

进一步，可通过单击函数名对应的 Function 跳转到函数调用页面，如图 4-13 所示。在这里，Power BI 将函数的使用作了可视化处理，可以直接选择或者输入参数来进行运算。

图 4-13

如果想更方便地查找某个内置函数的使用方法，可以将当前的#shared 记录转换成表，如图 4-14 所示，之后就可以使用 filter 功能查找特定函数了。

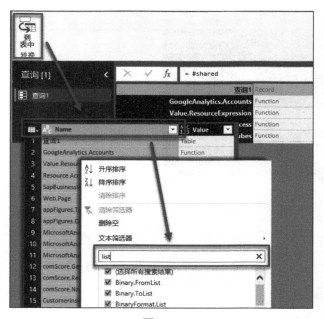

图 4-14

4.3.2　#table：创建表

在 M 中，#table 关键字的功能是创建表，通常用于构造不依赖外部数据源的静态表。使用格式如下：

```
#table(columns as any, rows as any) as any
```

#table 第一部分 columns 定义当前表中的列名，按照列的语法格式进行填写；rows 部分代表对应列下每一行的值，所以数据的书写都遵循列的语法格式。例如，图 4-15 显示在 Power BI 中如何用#table 创建一个表。

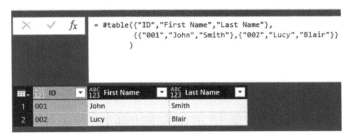

图 4-15

小贴士

#table 可以书写成下列格式，便于阅读理解。
#table(
{列名 1,列名 2,…,列名 n},
{
{第 1 行第 1 列值,第 1 行第 1 列值,…,第 1 行第 n 列值},
{第 2 行第 1 列值,第 2 行第 1 列值,…,第 2 行第 n 列值},
…,
{第 n 行第 1 列值,第 n 行第 2 列值,…,第 n 行第 n 列值}
}
)

4.3.3　#date：设置特定日期

#date 关键字在 M 中用来定义日期，使用格式如下：

```
#date(year as number, month as number, day as number) as date
```

#date 由 3 部分值组成，分别定义了年、月和日。其中规定：

- $1 \leqslant year \leqslant 9999$
- $1 \leqslant month \leqslant 12$
- $1 \leqslant day \leqslant 31$

4.3.4 #datetime：设置特定日期时间

#datetime 关键字在 M 中用来定义日期时间，使用格式如下：

```
#datetime(year as  number, month as  number, day as  number, hour as number, minute as number, second as number) as any
```

#datetime 由 6 部分值构成，分别定义了年、月、日、小时、分钟和秒。其中规定：

- $1 \leqslant year \leqslant 9999$
- $1 \leqslant month \leqslant 12$
- $1 \leqslant day \leqslant 31$
- $0 \leqslant hour \leqslant 23$
- $0 \leqslant minute \leqslant 59$
- $0 \leqslant second \leqslant 59$

4.3.5 #datetimezone：设置特定日期时间时区

#datetimezone 由 8 部分组成，在#datetime 的基础上又增加了两个定义时区的值 offset-hours 和 offset-minutes，分别用于定义与 UTC 标准时间偏差的小时和分钟。其中规定：

- $1 \leqslant year \leqslant 9999$
- $1 \leqslant month \leqslant 12$
- $1 \leqslant day \leqslant 31$
- $0 \leqslant hour \leqslant 23$
- $0 \leqslant minute \leqslant 59$
- $0 \leqslant second \leqslant 59$
- $-14 \leqslant offset\text{-}hours + offset\text{-}minutes / 60 \leqslant 14$

例如：#datetimezone(2017,1,10,15,00,00,8,00)的返回结果为 1/10/2017 3:00:00 PM +08:00，表示当前时区是东八区。

第 5 章
◀ 数据分析语言 DAX ▶

Data Analysis Expressions（DAX）是微软开发的一种函数类型数据建模分析语言，目前被应用于微软旗下的 Excel Power Pivot、Power BI Desktop 以及 SQL Server Analysis Services（SSAS）Tabular 中。虽然只要有数据 Power BI 就可以创建可视化报表，但是绝大多数原始数据导入到 Power BI 中很难直接生成有实际应用意义的可视化对象。因此使用 DAX 语言对 Power BI 中的数据进行计算整理基本是每次创建可视化报表的必要步骤。本章主要介绍 DAX 语言相关的基本概念以及常用的几类函数的使用方法。

5.1 DAX 与 Excel 公式

如果之前经常使用 Excel，那么对 DAX 语言上手应该比较容易。DAX 中很多函数的使用方法与常规的 Excel 公式有相似之处，可以对数据进行算术运算、关系运算、逻辑运算等。DAX 与 Excel 公式在数据处理逻辑上有本质区别，在使用时要特别注意。

Excel 的表可以看作是由一个一个的单元格组成的，每一个单元格都有特定的唯一标识，即行列坐标，像 A1 就代表 A 列中第 1 行内的值。在这种定义下，Excel 中的所有运算表达式都是以单元作为处理对象，计算时需要具体指定要处理的单元格标识名。如图 5-1 所示，要计算 A1、A2 和 A3 单元格内的数值之和，就需要调用 SUM 函数并明确告知其要计算的数据区间范围是 A1 到 A3 这 3 个单元格。

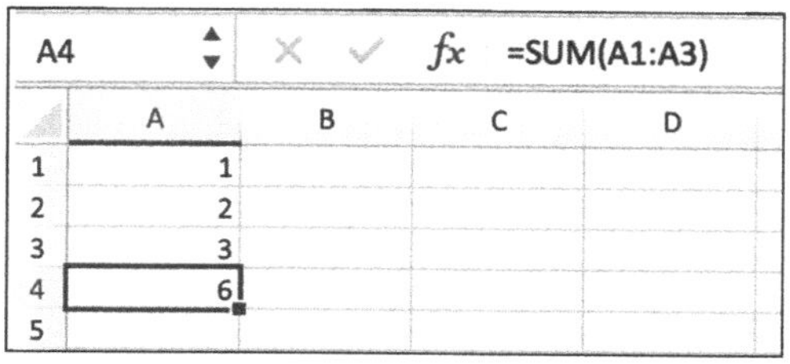

图 5-1

在 DAX 中，为了实现对数据的动态分析处理，它的表中没有单元格概念，取而代之的是上下文关系（Context）。也就是说，向 DAX 的函数中传入某些指定值，不再使用行列坐标方法来标记，而是以该值所在的前后左右行文内容来确定，即 DAX 函数的传入参数都是列或者表。例如，在图 5-2 的 Power BI 表中，如果要计算 Bathroom Furniture 产品的销量总和，就必须告知 DAX 需要求和的是 Product 列下值为 Bathroom Furniture 所对应的 Quantity 值。在这里，Product 和 Quantity 之间就形成了一种上下文关系。

Country	Product	Quantity
Australia	Accessories	800
Australia	Bathroom Furniture	200
Australia	Computers	100
Australia	Audio	300
Canada	Audio	500
Canada	Computers	200
Canada	Bathroom Furniture	200
Canada	Accessories	100

图 5-2

没有了单元格概念的束缚，只要 Product 列和 Quantity 列存在，即使其列中数据不断进行增减变化，当前的 DAX 公式也可以准确计算出所有 Bathroom Furniture 产品销量总和，从而实现对数据进行动态的分析处理。

5.2 DAX 与 M

在 Power BI 中，DAX 语言和 M 语言都可以用作数据分析，但两者的使用场景以及侧重点不同。

首先，M 语言是一种脚本语言，与 DAX 这种表达式类语言在书写方面有着明显的区别。M 语言更类似常用的 JavaScript、PHP 等语言，如图 5-3 所示，对于经常使用各种编程语言的开发者来说很容易读懂和上手。DAX 语言属于一种函数类语言，使用方法与 Excel 中的函数类似。其书写方法如图 5-4 所示。相对于 M 语言，DAX 语言更简单，更容易让无编程技术的人上手。

图 5-3

图 5-4

其次，在 Power BI 中，M 语言在 Power Query 查询编辑器中使用，属于数据查询阶段使用的语言，作用是在将数据导入 Power BI 之前对数据进行整合、转换、筛选等工作。也就是说，M 语言可以实现将原始数据的 Table A 导入后变成一个 Table B，或者可以将 Table C 和 Table D 合并成一个新的 Table E，再或者将 Table F 拆分成 Table G 和 Table H 等。

当数据导入到 Power BI 后，就使用 DAX 语言来创建计算列或者度量值。目的是对导入的数据进行建模分析，包括进行提取、加工、筛选、整理等操作。DAX 语言实际上是对数据在 M 语言处理过的基础上进行进一步的加工。这样，可以理解为在 Power BI 中对数据进行分析，第一步使用的是 M 语言，之后使用的是 DAX 语言。

DAX 虽然和 M 在使用方法和目的上有显著区别，但是其可实现的功能却有很多相似性。例如，在 M 语言中可以调用 Splitter.SplitTextByDelimiter 函数来实现在查询过程中按照间隔符对数据进行拆分；在 DAX 语言中则可以借助 SUBSTITUTE 和 PATHITEM 函数来拆分数据。

至于何时使用 DAX、何时使用 M 来分析数据，这主要取决于实际的应用场景。在很多情况下，两者都可以实现同一个目标，只不过代价可能稍有不同。例如，在 DAX 中要实现多数组的嵌套循环会比较麻烦，此时用 M 去实现可能就更为直观；DAX 中提供了很多预定义函数可以方便、快捷地对数据进行特殊处理，如 DAX 中的时间智能函数对时间类型数据的处理就要比 M 直观方便。

此外，在选择用何种语言加工数据时还要本着一个原则，即是要在数据查询阶段就开始整理过滤还是需要在数据导入后再进行分析。通过 M 语言过滤掉无用数据或将特定数据合并整理，可以减轻后续使用 DAX 分析数据时对服务器 CPU 和内存的压力，从而提高报表生成效率。DAX 可以对导入后的数据进行方便、快捷的建模分析，更适用于对数据进行汇总、分类、按特定条件求值等计算要求。

如果想要熟练使用 Power BI 分析数据，那么 DAX 和 M 都需要掌握。两种语言并没有好坏高低之分，更关键的是区分不同的应用场景，从而使用不同的语言，以便能更快捷地获取分析结果。

5.3　DAX 中的基本要素

DAX 对数据的分析运算是基于导入到 Power BI 中的数据模型进行的。一套数据模型指的是若干个数据表通过一定的关联关系进行连接而形成的数据集合。通过建立表间的关联关系，DAX 可以实现跨表的计算查询，从而使数据分析更加灵活多样。

5.3.1　数据类型

当源数据导入到 Power BI 变成 DAX 所使用的数据模型时，Power BI 会根据数据特征将其划分为 7 种类型，具体信息见表 5-1。

表 5-1　数据类型

类型	说明
整数（Whole Number）	64 位整数值，最小值是-9 223 372 036 854 775 808（-2^63），最大值是 9 223 372 036 854 775 807（2^63-1）
小数（Decimal Number）	64 位实数，属于浮点数值（float）类型，最多只能有 17 位数字，其范围为从-1.79e-308 到 1.79e+308
文本（Text）	Unicode 类型的字符串，字母大小写不敏感
布尔（Boolean）	值只能是 TRUE 或者 FALSE。布尔值可以与数字类型的数据进行计算，TRUE 会被转换成 1，FALSE 会被转换成 0。例如：TRUE+1=2；FALSE-1=-1
日期时间（Date/Time）	最早开始日期是 1900 年 3 月 1 日。日期时间在内部实际上是以小数的形式进行存储的。其中，日期是整数部分，而小时、分钟和秒则会被换成小数
货币（Currency）	货币值允许范围从-922 337 203 685 477.5808 到 922 337 203 685 477.5807。其中，小数部分只能有 4 位
空值（N/A）	当原始数据中有空值定义时，在导入到 Power BI 后该空值会被保留，并自动映射成空。如果要在公式中使用空值，可以调用 BLANK 函数。如果要判断函数的数据结果是否为空，可以使用 ISBLANK 函数

小贴士

对于列中的数据，Power BI 允许导入的最大字符长度是 131 072。

5.3.2　数值运算符

DAX 使用的数值运算符如表 5-2 所示。

表 5-2　数值运算符

类型	符号	意义	实例
四则运算	+	加法	1+1=2
	-	减法	1-1=0
	*	乘法	1*1=1
	/	除法	1/1=1
比较运算	=	相等（相同）	"ABC"="abc"结果为 TRUE
	<>	不相等（不相同）	123<>456 结果为 TRUE
	<	小于	在月日年格式一定的条件下，"2/12/2017"<"1/12/2017"结果为 FALSE（日期时间之间的比较）
	<=	小于等于	(1+1)<=(TRUE+1) 结果为 TRUE
	>	大于	TRUE>FALSE 结果为 TRUE
	>=	大于等于	"1/1/2017">=BLANK()结果为 TRUE
连接字符	&	连接两个字符串	"China"&2018 结果为 China2018
逻辑运算符	&&	逻辑"与"	TRUE&&FALSE 结果为 FALSE
	||	逻辑"或"	TRUE||FALSE 结果为 TRUE

5.3.3　函数语法结构

如图 5-5 所示，DAX 语言中的函数主要由函数名以及参数两部分组成。

图 5-5

位置 1 是新建的计算列或者度量值的名称，示例中名为 TotalQ_SUM。该名称可以包含空格或者特殊符号（!@#$%^&等），但不能包括等号（=）。等号（=）表示计算列或者度量值的命名已经结束，后面开始书写的是函数部分。

位置 2 是调用的 DAX 函数的名称，示例中使用了 SUM 函数，目的是统计列中数值总和。为了方便使用，当输入某个字母时，Power BI 会自动查找以该字母开头的相关函数供用户使用。如图 5-6 所示，当选中某一个函数时，Power BI 还会给出相应帮助，提示该函数的功能以及所需要输入的参数。

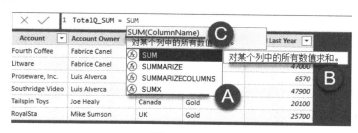

图 5-6

函数帮助说明包括：

● A 部分提供了所有包含 SUM 字母的函数，供用户选择。

● B 部分给出 SUM 函数功能说明。

● C 部分提示 SUM 函数所需输入的参数。

位置 3 填入的是该函数使用的参数，需要用括号()进行包裹。示例中 SalesInfo[Quantity] 代表的是 SalesInfo 表中的 Quantity 这一列。其中，列名需要被方括号[]包裹。

与 Visual Studio 类似，为了方便阅读，Power BI 也用颜色对函数各个部分进行了区分。例如，函数名标记成蓝色；字符串用双引号包裹起来，被标记成深红色；引用的表达式用紫色做标记，等等。

DAX 支持多个函数进行嵌套。例如，在图 5-7 中就用了两个函数，在 RANKX 函数中调用 ALL 函数对表中的列进行计算，之后 ALL 函数的返回结果会作为参数传递给 RANKX 函数进行计算。

图 5-7

5.3.4 空值的处理逻辑

在 DAX 中对空值的处理逻辑分两种情况：一种是转换成数字 0 进行计算；另一种是转换成空字符进行计算。具体按照何种方式转换要由当前空值所在列的数据类型以及所使用的函数而决定。在查询编辑器中，如图 5-8 所示，M 语言会将空值显示成 null；而在 DAX 语言使用的数据模型中，空值则会以空白的形式出现。如果要将空值作为参数放到函数中使用，可以用BLANK()函数表示空值。

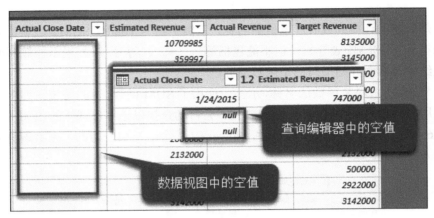

图 5-8

在算术运算中，空值与空值运算，所得结果还是空值；空值与数字进行运算时，会将空值BLANK()转译成数字 0，具体信息见表 5-3。

表 5-3　空值的算术运算

使用方法	结果
BLANK()	Blank
BLANK()+BLANK()	Blank
BLANK() + 1	1
BLANK() - 1	-1
BLANK() * 1	Blank
1 / BLANK()	Infinite
BLANK() / 1	Blank

在逻辑判断中，空值 BLANK()按照逻辑 FALSE 进行处理，具体信息见表 5-4。

表 5-4　空值的逻辑判断

使用方法	结果
BLANK () && TRUE	FALSE
BLANK () || TRUE	TRUE
IF(BLANK(),"Yes","No")	No
IF(BLANK()=TRUE (),"Yes","No")	No
IF(BLANK()=FALSE(),"Yes","No")	Yes

在比较判断中，空值 BLANK()等同于数值 0、空字符或其本身，具体信息见表 5-5。

表 5-5　空值的比较判断

使用方法	结果
IF(BLANK()=0,"Yes","No")	Yes
IF(BLANK()="","Yes","No")	Yes
IF(BLANK()=BLANK(),"Yes","No")	Yes

如果需要判断函数的传入参数是否是空值，就可以使用 ISBLANK()函数来进行判断，具体信息见表 5-6。

表 5-6　是否为空值的判断

使用方法	结果
IF(ISBLANK(BLANK()),"Yes","No")	Yes
IF(ISBLANK(BLANK()=0),"Yes","No")	No

当在 IF 函数中使用空值 BLANK()表达式作为判断真假（TRUE/FALSE）结果时，有一个特殊情况需要注意：如果 IF 函数另外一个参数是 TRUE()或者 FALSE()的结果，那么 BLANK()会被转意成 FALSE()；如果另一个参数的输出结果是其他数值，那么 BLANK()的返回结果是空值，具体信息见表 5-7。

表 5-7　在 IF 函数中判断真假结果

公式	结果
IF(1=1,BLANK(),TRUE())	FALSE
IF(1<>1,BLANK(),TRUE())	TRUE
IF(1=1,TRUE(),BLANK())	TRUE
IF(1<>1,TRUE(),BLANK())	FALSE
IF(1=1,BLANK(),"No")	空

当 SWITCH 函数中有空值参数时，会直接按照 BLANK()进行匹配；如果没有 BLANK()相对应的匹配项，就会返回空值，具体信息见表 5-8。

表 5-8　SWITCH 函数中的空值使用

使用方法	结果
SWITCH(BLANK(),0,"zero",BLANK(),"Yes, blank",TRUE(),"Yes",FALSE(),"No")	Yes, blank
SWITCH(BLANK(),0,"zero",TRUE(),"Yes",FALSE(),"No")	空

在报表页面，如果用来生成可视化对象的数据包含空值，那么该部分空值对应的图形也会是空白，如图 5-9 所示。

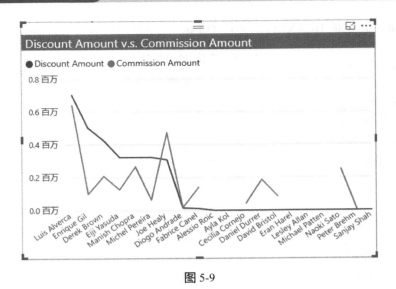

图 5-9

如果要解决该问题，可以将空值全部替换成数字 0 再进行计算，如图 5-10 所示。

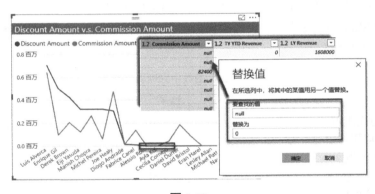

图 5-10

5.4 上下文

上下文（Context）是 DAX 中一个非常重要的概念，用于定义函数的运算范围，相当于定义了环境变量。DAX 通过引入上下文，摆脱了 Excel 中必须通过指定坐标来定义函数运算范围的限制，使得函数的作用范围可以根据上下文的不同实现动态变化。只有充分理解了上下文含义才能更好地使用 DAX 来分析数据。

5.4.1 行上下文

行上下文（Row Context）可以理解为当前行中的内容。例如，在图 5-11 中，要计算每个产品的利润，可以创建一个计算列 Profit，利用下面的公式获得：

```
Profit =
'Product'[Price] - 'Product'[Cost]
```

Profit 计算列中的值都是由每一行的 Price 值减去 Cost 值而获得。其中，每一行内的 Price 值和 Cost 值就是确定当前行 Profit 值的上下文。

Product	Price	Cost	Profit
Accessories	10	7	3
Bathroom Furniture	30	20	10
Computers	500	420	80
Audio	100	75	25
Clothes	30	22	8

图 5-11

行上下文的应用范围不只局限于当前一张表。如果两张表之间建立了关联关系，通过该关联关系就可以形成一个跨表的行上下文。例如，在图 5-12 中，Product 表和 SalesInfo 表通过 Product 列建立了一个一对多的关联关系，即表示同一种产品可以在多个国家进行销售。

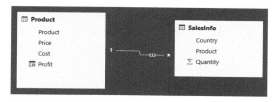

图 5-12

有了这个关联关系，就可以调用 RELATE 函数，创建一个计算列 Product_Sales 去获得每种商品的销售额，参考公式如下，结果参见图 5-13。

```
Product_Sales =
SalesInfo[Sales Volume] * RELATED ( 'Product'[Price] )
```

Country	Product	Sales Volume	Product_Sales
Australia	Accessories	800	8000
Australia	Bathroom Furniture	200	6000
Australia	Computers	100	50000
Australia	Audio	300	30000
Canada	Audio	500	50000
Canada	Computers	200	100000
Canada	Bathroom Furniture	200	6000
Canada	Accessories	100	1000
Canada	Clothes	700	21000

图 5-13

其中，SalesInfo 表中每一行的 Product_Sales 值都是由当前行的 Sales Volume 值和通过表之间的关联关系查找到的 Price 值所决定的。

当在 Power BI 中创建计算列类型的表达式时,表达式中使用的 DAX 函数绝大多数都受到行上下文的影响，但有一类函数会忽略计算列所在行上下文的影响。例如，之前示例中使用度量值调用了 SUM 函数来计算所有产品的销售总额。如果新建一个计算列 Total_Sales，使用下面的参考公式调用 SUM 函数，就能获得如图 5-14 所示的结果（Total_Sales 列下所有数据都相同，都等于 Product_Sales 列下数值的总和）。

```
Total_Sales =
SUM ( SalesInfo[Product_Sales] )
```

Country	Product	Sales Volume	Product_Sales	Total_Sales
Australia	Accessories	800	8000	272000
Australia	Bathroom Furniture	200	6000	272000
Australia	Computers	100	50000	272000
Australia	Audio	300	30000	272000
Canada	Audio	500	50000	272000
Canada	Computers	200	100000	272000
Canada	Bathroom Furniture	200	6000	272000
Canada	Accessories	100	1000	272000
Canada	Clothes	700	21000	272000

图 5-14

之所以有这样的结果，是因为 SUM 函数属于聚合函数，它的意义是对参数列下所有数据做求和运算，会自动忽略行上下文。因此，Total_Sales 列下每一行的值都等于 Product_Sales 列中所有数据运算求和的结果。

5.4.2　筛选上下文

筛选上下文（Filter Context）是指将原始数据按照一定规则进行筛选，然后将提取出来的结果作为环境变量带入到函数中使用。通过设定筛选上下文，可以灵活地改变函数的运算范围，实现数据分类分析处理的目的。例如，对图 5-13 中所示的表，可以将 Total_Sales 改写为只计算 Country 是 Australia 的销售额，参考公式如下，结果见图 5-15。

Country	Product	Sales Volume	Product_Sales	Total_Sales
Australia	Accessories	800	8000	94000
Australia	Bathroom Furniture	200	6000	94000
Australia	Computers	100	50000	94000
Australia	Audio	300	30000	94000
Canada	Audio	500	50000	94000
Canada	Computers	200	100000	94000
Canada	Bathroom Furniture	200	6000	94000
Canada	Accessories	100	1000	94000
Canada	Clothes	700	21000	94000

图 5-15

```
Total_Sales =
SUMX (
    FILTER ( SalesInfo, SalesInfo[Country] = "Australia" ),
    SalesInfo[Product_Sales]
)
```

计算 Australia 销售总额的 Total_Sales 计算列中调用了一个 FILTER 函数，目的是生成一个只包含 Country 是 Australia 相关数据的子表。SalesInfo[Country] = "Australia"即是筛选上下文条件，将函数 SUMX 的计算范围从原始数据中的所有 Country 列下的数据变成只针对 Australia 这一个数据进行计算。

筛选上下文在矩阵表中的应用最为明显。依然使用图 5-13 中的数据作为示例，这次创建一个度量值 TotalSales_Measure 来计算销售总和。之后在报表页面创建一个矩阵表，选择使用 Country 做行、Product 做列、TotalSales_Measure 做值，再将矩阵表展开即可。参考公式如下，结果参见图 5-16。

```
TotalSales_Measure =
SUM ( SalesInfo[Product_Sales]
```

图 5-16

矩阵表中清晰地显示了每个国家的产品销售总额，以及每种产品在每个国家内的销售额。之所以能得到这样的结果是因为矩阵表中的行 Country 和列 Product 是筛选上下文的条件，能限制度量值 TotalSales_Measure 中 SUM 函数的运算范围。例如，当矩阵表中行值是 Australia、列值是 Audio 时就会形成一个 "Country=Australia，Product=Audio" 的筛选条件，原始数据会被该筛选条件进行过滤，所有符合条件的数据会组成一个子表，之后 SUM 函数会在该子表上来计算销售额。

小贴士
DAX 的行上下文和筛选上下文共同作用于函数运算当中并对其结果产生影响。函数的运算结果必定受行上下文和筛选上下文两者共同的影响。在分析行上下文对函数结果的影响时要以当前行中的数据为研究基准，而分析筛选上下文对函数结果的影响时则要从筛选出的子表入手。 　　当创建计算列时，DAX 会自动为其定义行上下文关系，即计算列中的每个值都受到其所在行数据的影响。当使用度量值进行运算时，其运算结果会受到度量值所在表的筛选上下文影响，即受到表内某些行列值的影响。

5.5　计算列和度量值

在 Power BI 中使用 DAX 对原始数据进行分析处理需要通过创建计算列（Column）或者度量值（Measure）来进行。要想熟练地使用 DAX，就必须充分理解计算列和度量值的区别，之后才能恰当地选用这两个工具进行数据建模分析。

5.5.1 外在差别

在 Power BI 中添加一个计算列（Column）与在 Excel 中添加一个列的表现形式相同，都是在当前表中追加一个新列来存储函数的计算结果。对计算列中数据的使用与原始数据列并无差别，可以用来：

- 当作参数被其他函数使用。
- 创建可视化图表。
- 创建表与表之间的关联关系。

当创建一个度量值（Measure）后，在导入的 Power BI 表页面中并不会看到有实质的列增加，只有在创建可视化对象时才能看到度量值相关的计算结果。与计算列不同，度量值在使用上有一定的限制，主要包括：

- 一些函数的参数不允许使用度量值。
- 度量值不能用来创建表与表之间的关联关系。
- 无法在切片器中使用度量值。
- 在矩阵图中，不能用度量值创建行。

在数据处理逻辑上，计算列中的函数按照当前行的上下文进行运算，反映的是当前行的情况，相当于一行一结果，所有的计算结果都是相对固定的。度量值则不是以一行为单位进行数据处理，它以特定的筛选上下文生成的子表为单位，批量地对数据进行运算处理，相当于一表一结果，计算结果会随着筛选条件的改变而改变，是一种动态运算。

此外，对于计算列中的数值，当后台原始数据发生改变时，如果不刷新，计算列中的数据是不会更新的。由于度量值是在加载可视化对象时进行自动计算的，因此它并没有刷新的概念。

5.5.2 内在差别

计算列中使用的函数会在数据加载时就进行计算，其运算结果会被存储在当前的 Power BI 表中。也就是说，当计算列创建完毕后，其计算结果就已经生成。由于 Power BI 的运算机制是将表内容加载到内存中进行处理，因此当数据量过于庞大或者创建计算列所使用的函数过于复杂时，大量的系统内存就会被 Power BI 所占用，从而影响整个环境的运算速度。

度量值主要用于聚合计算时使用，运算在可视化对象加载更新时才执行，主要消耗的是 CPU，对内存的需求不高，相当于随用随计算。在报表页面，使用度量值的可视化对象会随着过滤条件的变化而变化，每次数据变化其实都是在后台进行了一次聚合计算。因此，当 CPU 负载过高时，会影响聚合计算的运算速度，从而影响报表数据的更新。

5.5.3 嵌套引用

一个计算列或者度量值可以使用另外一个或几个计算列经过函数运算而获得，此时函数参数内使用的计算列和原始数据导入列没有任何区别，都是作为一个定值参与运算。

反过来，一个计算列或者度量值也可以由一个或者多个度量值经过函数运算而生成。但是在这种条件下，DAX 会将这种特殊的度量值参数转译成一个计算列，之后再当作函数参数来使用，这个参数度量值的运算结果将不再依据其所在的筛选上下文条件而改变，而是根据其自身所在的行上下文来进行计算。换句话说，为了避免出现复杂的嵌套引用依赖关系，DAX 内部逻辑处理上不允许使用度量值作为参数传递给函数使用，即使用户在书写中使用了度量值，DAX 在运算上也会将其按照计算列来处理。

例如，图 5-17 是一个项目进度完成表，假设在同一个 ProjectID 下，每一个 Milestone 的起始时间都是上一个 Milestone 的结束时间，根据此条件要获得每个 Milestone 的开始时间，可以创建一个度量值 Start_Time，利用 MAXX 函数、FILTER 函数以及 ALL 函数来计算。

ProjectID	Milestone	Finish Date
1	Milestone A	February 9, 2015
1	Milestone B	May 10, 2015
1	Milestone C	November 12, 2015
1	Milestone D	January 1, 2016
1	Milestone E	March 5, 2016
2	Milestone A	May 17, 2016
2	Milestone B	March 7, 2016
2	Milestone C	June 8, 2016
2	Milestone D	November 10, 2016
2	Milestone E	October 15, 2016
3	Milestone A	November 25, 2016
3	Milestone B	October 1, 2017
3	Milestone C	May 3, 2017
3	Milestone D	April 13, 2017
3	Milestone E	June 9, 2017

图 5-17

此外，为了方便结果显示，添加一个 IF 条件，对于找不到 Milestone 起始时间的，统一将值设定成 2015 年 1 月 1 日，参考公式如下，结果参见图 5-18。

```
Start_Date =
IF (
    COUNTROWS (
        FILTER (
            ALL ( Project ),
             Project[Finish Date] < MAX ( Project[Finish Date] )
                && Project[ProjectID] = MAX ( Project[ProjectID] )
        )
    )
        = 0,
    DATE ( 2015, 01, 01 ),
    MAXX (
        FILTER (
            ALL ( Project ),
```

```
        Project[Finish Date] < MAX ( Project[Finish Date] )
            && Project[ProjectID] = MAX ( Project[ProjectID] )
    ),
    Project[Finish Date]
  )
)
```

ProjectID	Milestone	Start_Date	Finish Date
1	Milestone A	January 1, 2015	February 9, 2015
1	Milestone B	February 9, 2015	May 10, 2015
1	Milestone C	May 10, 2015	November 12, 2015
1	Milestone D	November 12, 2015	January 1, 2016
1	Milestone E	January 1, 2016	March 5, 2016
2	Milestone B	January 1, 2015	March 7, 2016
2	Milestone A	March 7, 2016	May 17, 2016
2	Milestone C	May 17, 2016	June 8, 2016
2	Milestone E	June 8, 2016	October 15, 2016
2	Milestone D	October 15, 2016	November 10, 2016
3	Milestone A	January 1, 2015	November 25, 2016
3	Milestone D	November 25, 2016	April 13, 2017
3	Milestone C	April 13, 2017	May 3, 2017
3	Milestone E	May 3, 2017	June 9, 2017
3	Milestone B	June 9, 2017	October 1, 2017

图 5-18

Start_Date 表达式中使用 COUNTROWS 函数来判断 FILTER 函数的返回结果是否为空：如果为空，就说明无法找到与当前 Milestone 相匹配的 Start_Date，此时返回结果为既定的 2015 年 1 月 1 日；如果不为空，就通过 MAXX 函数来获取 Start_Date。MAXX 函数的功能是从 FILTER 函数的返回表中获取 FinishDate 列中的最大值。根据表条件设定，FILTER 的运算结果受到 ProjectID、Milestone 以及 FinishDate 这 3 个筛选上下文的影响。由于 FILTER 函数内又调用了 ALL 函数去清除当前 Project 表中所有的过滤条件，因此 FILTER 函数将以整个 Project 表为基准去过滤数据。而 FILTER 函数内的筛选条件则由于受到外部筛选上下文影响，可以依据当前 ProjectID 列和 Milestone 列中值的变化，来对应地获取一组与当前 ProjectID 值相同但 FinishDate 小于当前 Milestone 对应的 FinishDate 的子表，然后以此作为外层 MAXX 函数获取 Start_Date 的运算环境。

当前表达式的运算过程可以理解为当处理第 1 行 ProjectID= 1、Milestone=MilestoneA 以及 Finish Date = 2/9/2015 这组筛选上下文时，FILTER 函数内的 MAX (Project[Finish Date])表达式返回结果是 2/9/2015，而 MAX(Project[ProjectID])的返回结果为 1，因此 FILTER 函数的运算实际上是以整个 Project 表为基准，查找到满足 Project[Finish Date] < 2/9/2015 && Project[ProjectID] = 1 的所有数据。由于 Project 表中没有满足该筛选条件的数据，因此 FILTER 函数的返回值为 BLANK，这样 COUNTROWS 函数的返回结果为 0，所以 Start_Date 表达式在 ProjectID=1、Milestone=MilestoneA 以及 Finish Date = 2/9/2015 这组数据对应返回的 StartDate 为 1/1/2015。

当 Start_Date 表达式处理第 2 行的 ProjectID=1、Milestone=MilestoneB 以及 FinishDate=

5/10/2015 这组筛选上下文时，FILTER 函数内的 MAX (Project[Finish Date])表达式返回结果为 5/10/2015，而 MAX(Project[ProjectID]) 的返回结果为 1。此时，FILTER 函数将以 Project[Finish Date] <5/10/2015&& Project[ProjectID] = 1 为条件对原始 Project 表进行过滤，可以获得一个只包含一行数据的子表，其行值是 ProjectID=1、Milestone=MilestoneA、FinishDate=2/9/2015。此时，COUNTROWS 结果为 1。按照 IF 函数分支条件，会执行 MAXX 函数部分，其返回结果为 2/9/2015。这样 ProjectID=1、Milestone=MilestoneB 这一行对应的 StartTime 就为 2/9/2015。

　　然而，如果按照图 5-19 所示单独创建两个度量值来分别获取 MAX(Project[Finish Date]) 和 MAX(Project[ProjectID])，之后再带入 MAXX 公式计算，则无法获得想要的 StartTime。原因是当两个度量值 Max_Finish Date 和 Max_ProjectID 以参数形式被 MAXX 使用时，DAX 会先将这两个度量值强制转换成计算列再代入 MAXX 函数内。也就是说，在计算过程中 Max_Finish Date 和 Max_ProjectID 这两个参数实际上变成如图 5-20 所示的计算列。这就导致 FILTER 函数的筛选条件实际上是要找寻符合 Finish Date<6/13/2017 并且 ProjectID=3 的数据。由于 Project 表中没有符合该条件的数据，因此 FILTER 返回值为空，这样所有的 Start_Date 都是 1/1/2015，从而无法获取想要的计算结果。

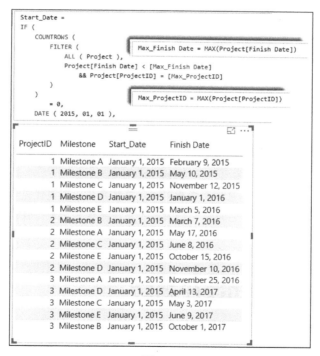

图 5-19

图 5-20

5.5.4 如何选择

选择使用计算列还是度量值对数据进行计算主要取决于实际分析需要,通常有下列需求时应该使用计算列对数据进行建模:

- 计算结果会被表中的切片器所使用，或者被用来构成透视表中的行或者列。
- 需要作为过滤条件被某些 DAX 函数使用。
- 计算范围仅限于当前行内某些列中的数据。例如，成绩表中求每个学生的总成绩，就需要以每一行为单位，将各科总成绩相加。
- 对数据进行分类标记。例如，根据成绩表中的分数段标记优、良、可、差等级。
- 对于度量值，通常应该在下面这种情况中使用：获取的计算结果需要根据过滤条件的变化而变化，比如计算产品的利润率。

小贴士
无论使用计算列还是度量值都可以获得相同的运算结果时，应该优先考虑使用度量值。因为度量值对服务器的内存消耗较小，可以避免因内存不足而导致无法进行数据建模情况的出现。

5.6 聚合函数和迭代函数

聚合函数指的 DAX 中一类对列或者表进行聚合计算并输出单一值的函数类型，代表函数有 SUM、AVERAGE、MAX、COUNTROW 等。聚合函数的特点是其只有一个参数，并且在运算时会将参数列或者参数表当作一个整体进行计算,其自身运算过程并不会受到筛选上下文的影响。

迭代函数是一类与聚合函数相对应的函数类型,用某个聚合函数名称后加字母 X 来命名,计算意义与对应的聚合函数相同,但是可以实现按照指定筛选条件对数据进行聚合计算。例如,

SUMX、AVERAGEX、MAXX 等就是迭代函数。迭代函数的特点是有两个参数：第一个参数定义一个表（可以是原始数据表，也可以是经过函数表达式生成的表）；第二个参数定义一个表达式，这个表达式会对第一个参数表中的每一行进行运算，然后将结果传递给与当前迭代函数对应的聚合函数再进行运算。也就是说，迭代函数的运算特点是第二个参数中的表达式会对第一个参数表进行循环运算，循环的次数等于参数表的行数。

5.6.1　求和函数：SUM 和 SUMX

SUM 和 SUMX 是一对常用的聚合函数和迭代函数,两者的含义都是对数据进行汇总求和。

1. SUM 函数的定义

函数语法：

```
SUM(<column>)
```

参数：

- column（列）：需要进行求和运算的数列，可以是原始列，也可以是计算列。

返回值：数字。如果参数列中包含非数字类型数据，那么返回值是空。

作为聚合函数，SUM 函数的计算目标非常明确，就是对参数列中的所有数据进行求和。SUM 函数本身没有行的概念，也就是说 SUM 函数本身的运算结果不受行上下文影响。如果想使用 SUM 函数去按照某一过滤条件对数据进行计算，就必须先通过定义筛选上下文将参数列进行过滤再使用 SUM 函数对过滤后的参数列进行运算。

2. 在计算列中使用 SUM 函数

例如，对销售表创建两个计算列，分别调用 SUM 函数和 CALCULATE 函数内嵌 SUM 函数来对所有产品的销售量进行汇总。参考公式如下：

```
TotalQ_SUM =
SUM ( SalesInfo[Quantity] )
TotalQ_C_SUM =
CALCULATE ( SUM ( SalesInfo[Quantity] ) )
```

根据计算列的特点,其每一行的数据都应该受到该数据所在的行上下文影响。基于该特点，期待结果应该是两列中的数据完全一致，都等于当前行所对应的产品销售量。然而，如图 5-21 所示，实际上两者的输出结果完全不同。

Country	Product	Quantity	TotalQ_SUM	TotalQ_C_SUM
Australia	Accessories	800	2400	800
Australia	Bathroom Furniture	200	2400	200
Australia	Computers	100	2400	100
Australia	Audio	300	2400	300
Canada	Audio	500	2400	500
Canada	Computers	200	2400	200
Canada	Bathroom Furniture	200	2400	200
Canada	Accessories	100	2400	100

图 5-21

使用 SUM 函数计算得出的 TotalQ_SUM 列中所有的数据都相同,等于 Quantity 列中数据的总和。之所以得到这样的结果,是因为 SUM 函数天然忽略了其所在计算列中的行上下文。在对 TotalQ_SUM 列中每一行数据进行计算时,都会对整个 Quantity 列中的数据求和,然后将计算结果存在对应行中。

使用 CALCULATE 函数嵌套 SUM 函数计算得出的 TotalQ_C_SUM 列下的数据与期待结果一致,都等于其对应行中的 Quantity 值。能得到该结果是由于利用 CALCULATE 函数将行上下文转换成了筛选上下文,通过对其参数列 Quantity 的数据筛选,进而改变了整个 SUM 函数的运算结果。

3. SUMX 函数的定义

函数语法:

```
SUMX(<table>, <expression>)
```

参数:

- table(表):第二部分表达式需要计算的表,可以是一个原始数据表,也可以是一个通过函数计算后生成的表。
- expression(表达式):定义用于对第一部分表中每一行进行计算的表达式。如果表达式返回值中有空、逻辑值或者文本,就会被忽略处理。

返回值:数字。

作为迭代函数的 SUMX,它求和运算逻辑实际上分为 3 步进行:第一步是针对第一个参数表的计算;第二步是用第二部分的参数表达式对第一部分参数表中的每一行进行计算;第三步是将第二步的结果做汇总运算。与 SUM 函数正好相反,SUMX 函数内的参数表达式是依据行上下文条件对参数表中数据进行计算的。也就是说,可以同时使用行上下文和筛选上下文两种条件去影响 SUMX 的计算结果,从而实现按照特定条件求和的目的。

4. 在度量值中使用 SUMX 函数

依然以图 5-21 为例,创建一个度量值 TotalQ_SUMX,使用以下公式计算产品销售量,然后使用一个矩阵表来显示计算结果(见图 5-22):

```
TotalQ_SUMX =
SUMX ( SalesInfo, SalesInfo[Quantity] )
```

Product	TotalQ_SUMX
Accessories	900
Audio	800
Bathroom Furniture	400
Computers	300
Total	**2400**

图 5-22

从结果可以看出，SUMX 函数不仅与 SUM 函数一样可以获得总的产品销售额，还可以分别对不同的产品销售量汇总求和。之所以能获得这样的结果，是因为通过度量值特性，SUMX 的计算受到筛选上下文影响，其参数表 SalesInfo 会根据 Product 列中的值进行变化。例如，当 Product 列值是 Accessories 时，SalesInfo 表中的数据会被过滤成只包含 Product = Accessories 的子表。SUMX 中的第二个参数表达式是 SalesInfo[Quantity]列，意味着从过滤后的 SalesInfo 中取 SalesInfo[Quantity]列，然后对其做求和运算。因此可以获得 Product = Accessories 所有销售数据总和。

将之前获得的 TotalQ_SUM 列添加到这个矩阵表中，用来和 TotalQ_SUMX 列进行对比，可以获得如图 5-23 所示的结果。

Product	TotalQ_SUM	TotalQ_SUMX
Accessories	4800	900
Audio	4800	800
Bathroom Furniture	4800	400
Computers	4800	300
Total	**19200**	**2400**

图 5-23

表中的 TotalQ_SUM 列计算结果变得不准确了，虽然也根据不同的产品名称显示了对应的产品销售量，但是计算结果却不正确。根据图 5-21 可知，TotalQ_SUM 是使用计算列获得的结果，所以其值全部都等于 2400，当添加到矩阵表中后，即使有筛选上下文作用，也无法根据每个产品的真实销售量进行汇总求和。因此，无论是聚合函数 SUM 还是迭代函数 SUMX，都应该优先考虑使用度量值类型列来进行计算，以便在创建可视化对象时可以根据用户筛选条件而获得相应结果。

5. 函数的选择

至于何时使用 SUM 函数、何时使用 SUMX 函数、可以用下面的这个经典案例解答。如图 5-24 所示，增加一个产品单价表，然后与之前的产品销售数据表之间建立关联关系。

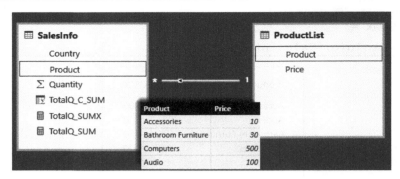

图 5-24

如果想要得知产品的销售总额，就需要用每种产品的销售量乘以单价来获得。创建两个度量值，分别使用 SUM 函数和 SUMX 函数来求解，参考公式如下：

```
TotalS_SUM =
SUM ( SalesInfo[Quantity] ) * AVERAGE( ProductList[Price] )
TotalS_SUMX =
SUMX ( SalesInfo, SalesInfo[Quantity] * RELATED ( ProductList[Price]
) )
```

使用 Product 列与 TotalS_SUM 和 TotalS_SUMX 两列创建一个矩阵表，可以获得如图 5-25 所示的结果。

Product	TotalS_SUM	TotalS_SUMX
Accessories	144000	9000
Audio	128000	80000
Bathroom Furniture	64000	12000
Computers	48000	150000
Total	**384000**	**251000**

图 5-25

显然，由 TotalS_SUMX 公式获得的产品销售额才是正确的结果。原因是 SUMX 做的是迭代运算，它会以每个商品为基准，用其销售量乘以对应的单价，然后将每个产品的销售额进行加总求和，最终获取所有产品的销售总额。而 TotalS_SUM 使用了聚合函数 SUM 和 AVERAGE，其含义是先对产品销量求总，之后对产品单价求平均值，之后将二者结果做乘法运算。显然，后者的计算逻辑并不符合实际需要。

为了更清晰地显示 SUMX 函数对数据的迭代过程，可以创建另外一个度量值 Details_SUMX，用 CONCATENATEX 函数将 TotalS_SUMX 表达式的运算过程拆解一下，参考公式如下：

```
Details_SUMX =
CONCATENATEX ( SalesInfo, [TotalS_SUMX], "-" )
```

将 Details_SUMX 列添加到之前创建的矩阵表中，可以得到如图 5-26 所示的结果。由此可见，当计算 Product＝Accessories 的销售总额时，SUMX 函数需要对 SalesInfo 表进行 2 次迭代运算，分别计算 Quantity＝800 与 Price＝10 的乘法结果以及 Quantity＝100 与 Price＝10 的乘法结果，然后进行汇总求和，获得 TotalS_SUMX ＝9000 这一销售额。

Product	TotalS_SUMX	Details_SUMX
Accessories	9000	8000-1000
Audio	80000	30000-50000
Bathroom Furniture	12000	6000-6000
Computers	150000	50000-100000
Total	**251000**	8000-6000-50000-30000-50000-100000-6000-1000

图 5-26

除了上面这个比较明显的计算用例可表明 SUM 函数和 SUMX 函数计算特点不同以外，还有一种相对隐晦的情况。对上一个矩阵表进行改造，将 Price 列添加进来，使得筛选上下文从 Product 一个条件变成 Product 与 Price 两个条件，可以获得如图 5-27 所示的结果。

Product	TotalS_SUM	TotalS_SUMX
Accessories	**9000**	**9000**
10	9000	9000
Audio	**80000**	**80000**
100	80000	80000
Bathroom Furniture	**12000**	**12000**
30	12000	12000
Computers	**150000**	**150000**
500	150000	150000
Total	**384000**	**251000**

图 5-27

TotalS_SUM 表达式根据新的筛选上下文对每种产品的销售额进行重新计算，并获得了正确的结果，但是在最下方 Total 汇总这一列，TotalS_SUM 的计算结果是 384000，并非 4 种产品销售额之和。之所以出现这种情况，是因为单独计算某种产品的销售量时通过筛选上下文生成的子表只包含了一种产品的销售情况。此时，TotalS_SUM 与 TotalS_SUMX 的结果恰好相同。当求 Total 值时，相当于在整个原始表中 Product 和 Price 列上进行计算，根据 TotalS_SUM 中使用的聚合函数 SUM 和 AVERAGE 运算逻辑，其还是分别对所有产品的销量汇总求和，对产品单价求平均值，然后将二者结果做乘法运算，从而导致汇总结果出错。

6. 小结

根据实际经验，如果是单纯地只需要计算某一列中数据的总和，就应该使用聚合函数 SUM；如果需要按照一定条件对数据进行预处理再求和，就应该使用迭代函数 SUMX。此外，如果需要按照某些特定条件对数据进行筛选后再进行与求和相关的运算，也应该优先选择使用

SUMX 函数。迭代函数可以同时受到筛选上下文和行上下文的影响，而聚合函数有忽略行上下文的特性。

小贴士
虽然迭代函数 SUMX 的运算逻辑看起来要比聚合函数 SUM 复杂，但是微软在 DAX 引擎中对迭代函数的运算做了大量的优化处理，在需要进行预处理的求和运算中，SUMX 函数的运算效率要比通过多次使用 SUM 函数获得结果的效率高。

5.6.2　排序函数：RANKX

排序函数 RANKX 是一个迭代类型函数，可以对指定表中的数据按照一定的规则进行计算，然后将计算结果进行排序，再返回排序序号。

1. RANKX 函数定义

函数语法：

```
RANKX(<table>, <expression>[, <value>[, <order>[, <ties>]]])
```

参数：

- <table>：定义需要进行排序的表，可以是导入的原始表，也可以是经 DAX 函数计算后生成的表。
- <expression>：定义排序依据的表达式，该表达式必须能返回一个可以比较大小的单一数值，并且表达式中的参数列需要来自之前定义的 table 中，之后 RANKX 函数会根据这个表达式的返回值作为每一行数据的排序标准。
- <value>（可选项）：可以填写一个在当前上下文环境中运行的表达式，用以修改需要进行排序的内容。通常情况下都无须使用。
- <order>（可选项）：定义排序规则。当值是 ASC、1 或者 TRUE 时，代表升序，即从小到大排序，最小值序号是 1；当值是 DESC、0 或者 FALSE 时，代表降序，即从大到小排序，最大值序号是 1。如果省略，默认使用 DESC 降序排列规则。
- <ties>（可选项）：定义有相同值时，对紧邻的下一个不同值数据的排序序号添加方式。Skip 的意思是当有 N 个值相同时，紧邻下一个不同值的排序序号等于前面值的序号加 N。例如，当有 2 个值的序号都为 5 时，下一个值的排序序号是 7。Dense 的意思是当有 N 个值相同时，紧邻下一个不同值的排序序号等于前面的序号加 1。例如，当有 3 个值的序号都为 7 时，下一个值的排序序号是 8。如果省略，默认使用 Skip 方式进行处理。

返回值：一个整数，代表排序序号。

与 SUNMX 函数类似，RANKX 函数的运算过程也可以理解为分 3 步来获得排序序号：第一步是根据第一个参数定义的方式获取一个表；第二步是用第二个参数定义的表达式对之前获得的表中的每一行进行计算；第三步是将计算结果进行排序，然后根据 RANKX 本身所在的上下文条件输出对应的排序序号。

2. 在计算列中使用 RANKX

以图 5-21 中使用的产品销售表为例，利用 RANKX 函数来根据销售量对产品进行排序。创建一个计算列 RankC，对产品销量进行由高到低的排序，参考公式如下，结果参见图 5-28。

```
RankC =
RANKX ( SalesInfo, SalesInfo[Quantity],, DESC )
```

Country	Product	Quantity	RankC
Australia	Accessories	800	1
Australia	Bathroom Furniture	200	5
Australia	Computers	100	8
Australia	Audio	300	4
Canada	Audio	500	3
Canada	Computers	200	5
Canada	Bathroom Furniture	200	5
Canada	Accessories	100	8
Canada	Clothes	700	2

图 5-28

这里面销售量最大的产品的排序序号是 1；由于有 3 个产品的销售量都为 200，因此并列排名第 5；同时，因为<ties>值省略，采用 Skip 方式，序号 5 后的下一个序号位为 8 而不是 6。通过在计算列中使用 RANKX 函数，可以对表中的每一行数据进行排序，并获得期待的排序结果。

然而，如图 5-29 所示，使用计算列获得的排序结果却不适用于创建可视化对象，原因是在计算列中运行的表达式在计算列创建完毕后运行过程就结束了，运算结果作为固定值存储在了当前表中。当用计算列 RankC 去创建可视化对象时，并不会根据所在环境的上下文重新对数据进行排序，只能做与排序无关的求和、求平均值、求最大值或最小值等常规的计算列运算。因此，如果想在可视化图形报表中对数据根据其所在条件进行动态排序，就需要在度量值中使用 RANKX 函数。

Product	Quantity	RankC
Accessories	900	9
Audio	800	7
Bathroom Furniture	400	10
Clothes	700	2
Computers	300	13
Total	**3100**	**41**

图 5-29

3. 在度量值中使用 RANKX

在度量值中使用 RANKX 函数看起来比较简单，但有两点事项需要特别注意，否则无法获得正确的排序结果。仍然以图 5-21 使用的销售报表为例，先用最简单的思路套用公式，创建一个度量值 RankQ_M，按照销售量对产品进行排序，然后使用 Product 列和 RankQ_M 创建一个如图 5-30 所示的矩阵表。参考公式如下：

```
RankQ_M =
RANKX ( SalesInfo, SUM ( SalesInfo[Quantity] ),, DESC )
```

Product	Quantity	RankQ_M
Accessories	900	1
Audio	800	1
Bathroom Furniture	400	1
Clothes	700	1
Computers	300	1
Total	**3100**	**1**

图 5-30

从矩阵表中的显示结果可获知 RankQ_M 列的计算结果都为 1，代表所有产品的序号都是 1，并没有按照期待的销售量大小进行排序。导致该问题的原因有以下两点：

（1）没有使用 ALL 函数去清除筛选上下文对计算结果的影响。

度量值的计算结果会受到其所在的筛选上下文影响。如果没有使用 ALL 函数去除 Product 计算列中设置的筛选条件，就会导致 RANKX 函数在每次迭代计算时使用的参数表 SalesInfo 只是与筛选条件 Product 列中某一个值相对应的子表，而不是 Product 列中所有数据组成的表。

为了便于理解，创建一个临时计算表 TempTable，使用下面的公式模仿在没有使用 ALL 函数情况下，RANKX 第一部分参数表在 Product=Audio 这一筛选条件下生成的子表。TempTable 表达式如下，计算结果参见图 5-31。

```
TempTable =
FILTER ( SalesInfo, SalesInfo[Product] = "Audio" )
```

Product	Country	Quantity
Audio	Australia	300
Audio	Canada	500

图 5-31

由此可知，当没有使用 ALL 函数去清除筛选上下文影响时，生成的子表数据只包含唯一一种类型的产品。因此，无论 RANKX 函数中的第二个参数表达式如何对该子表进行计算，其本质都是在对一个产品进行排序。按照降序排序的设定，其排序号都是 1。

（2）没有将行上下文转换成筛选上下文。

RANKX 中的表达式（Expression）部分没有使用 CALCULATE 函数将行上下文转换成筛选上下文，导致 SUM 函数的计算范围不受筛选上下文条件的影响，变成了对整个 Quantity 列中的数据做求和运算，导致 RANKX 排序的依据结果都相同，而无法根据不同产品的销售进行排序。

同样，为了便于说明该问题，假设当前表达式中使用 ALL 函数清除掉了筛选上下文的影响。之后，使用 SUM 函数计算产品销量，此时 TempTable 表达式如下，其计算结果如图 5-32 所示。

```
TempTable =
ADDCOLUMNS ( ALL ( SalesInfo[Product] ), "TotalQ", SUM ( SalesInfo[Quantity] ) )
```

Product	TotalQ
Accessories	3100
Bathroom Furniture	3100
Computers	3100
Audio	3100
Clothes	3100

图 5-32

SUM 函数本身不受行上下文影响，无论当前行内是哪一种产品，SUM 函数计算结果都是所有产品销售量的总和。因此，在这种计算结果基础上进行降序排序，所有的排序序号都是 1。

要解决以上两个问题，可以使用 ALL 函数对 Product 列进行处理，然后在表达式中使用之前创建的度量值 TotalQ_SUM 来计算销售量。更新过后的计算结果如图 5-33 所示，参考公式如下：

```
RankQ_M =
RANKX ( ALL ( SalesInfo[Product] ), [TotalQ_SUM],, DESC )
```

Product	Quantity	RankQ_M
Accessories	900	1
Audio	800	2
Bathroom Furniture	400	4
Clothes	700	3
Computers	300	5
Total	**3100**	**1**

图 5-33

以矩阵表中第一行数据 Product=Accessories 为例，获得其排序序号的逻辑过程如下：

首先，运行 RANKX 中的第一个参数表达式 ALL，目的是清除所有外围筛选上下文条件对 Product 列返回结果的影响，从而返回一个只包含全部 Product 列不同值的子表。为了便于理解，用临时计算表 TempTable 来捕获 ALL 函数的运算结果，公式如下，结果参考图 5-34。

```
TempTable =
ALL ( SalesInfo[Product] )
```

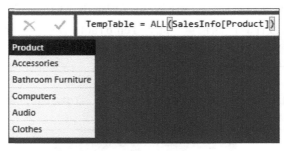

图 5-34

然后，运行 RANKX 函数中第二个参数表达式度量值 TotalQ_SUM，目的是针对上一步返回的子表中的每一列计算其销售量之和。同样的，为了更直观地说明运算过程，在临时表 TempTable 中增加度量值 TotalQ_SUM 的计算结果，参考表达式如下，其结果参考图 5-35。

```
TempTable =
ADDCOLUMNS ( ALL ( SalesInfo[Product] ), "TotalQ", [TotalQ_SUM] )
```

Product	TotalQ
Accessories	900
Bathroom Furniture	400
Computers	300
Audio	800
Clothes	700

图 5-35

之后，RANKX 函数根据上一步获得的销售量结果，按照设定要求做降序排列并输出排列序号。与同为迭代函数的 SUMX 一样，RANKX 函数的运算结果也可以利用 CONCATENATEX 函数进行捕获转译，参考公式如下，其运算结果可参见图 5-36。

```
Details_RANKX =
CONCATENATEX ( ALL ( SalesInfo[Product] ), [RankQ_M], "-" )
```

Product	Quantity	RankQ_M	Details_RANKX	Details_SUMX
Accessories	900	1	1-4-5-2-3	900-400-300-800-700
Audio	800	2	1-4-5-2-3	900-400-300-800-700
Bathroom Furniture	400	4	1-4-5-2-3	900-400-300-800-700
Clothes	700	3	1-4-5-2-3	900-400-300-800-700
Computers	300	5	1-4-5-2-3	900-400-300-800-700
Total	**3100**	**1**	**1-4-5-2-3**	**900-400-300-800-700**

图 5-36

最后，根据矩阵表中使用的筛选上下文，针对 Product 列值是 Accessories 的行，输出其对应的排序号 1。

4. RANKX 函数的降序和升序

当前对产品销售量的排序依据降序规则进行。创建另外一个度量值 RankQ_A，以升序的方式对产品销售量进行排序，并将其添加到矩阵表中与 RankQ_M 进行对比。参考公式如下，对比结果参见图 5-37。

```
RankQ_A =
RANKX ( ALL ( SalesInfo[Product] ), [TotalQ_SUM],, ASC )
```

Product	Quantity	RankQ_M	RankQ_A
Accessories	900	1	5
Audio	800	2	4
Bathroom Furniture	400	4	2
Clothes	700	3	3
Computers	300	5	1
Total	**3100**	**1**	**6**

图 5-37

根据 RANKX 函数的特点，在降序排序中，汇总列 Total 无论是按照何种方式进行汇总的（求和，求平均值，求最大值或最小值），其排序序号永远是 1；而在升序排序中，汇总列的排序序号则等于当前排序列中最大排序序号加 1。

进一步在此基础上添加一个切片器，使用 Country 列作为筛选条件，选择 Australia 来过滤数据，排序结果见图 5-38。

Product	Quantity	RankQ_M	RankQ_A	Country
Accessories	800	1	5	■ Australia
Audio	300	2	4	☐ Canada
Bathroom Furniture	200	3	3	
Computers	100	4	2	
Total	**1400**	**1**	**6**	

图 5-38

从过滤结果来看，使用降序规则进行排序的数据，其过滤结果依然正常。使用升序设定排列的数据，其起始最小排序号是 2，而不是 1，排序结果出现了问题。出现这样的现象是由于虽然使用切片器对数据进行了过滤，但是使用了 ALL 函数，RANKX 表达式中仍然是所有产品都参与了排序。Australia 下面的数据不包含产品是 Clothes 的相关信息，度量值 TotalQ_SUM 对其计算结果是 0。因此，在使用升序规则进行排列的情况下，Clothes 这个产品数据会占用最小排序序号 1，从而导致在矩阵表中 RankQ_A 列显示的最小排序结果是 2。在降序排序时，Clothes 这条产品数据会被排到末尾，其序号列不会对其他数据的排序产生影响。

要想解决这个升序规则排序的问题，就要修改 RANKX 函数中第一部分参数使用的表达式，使其能过滤掉总销售量是 0 的数据。方法是在 ALL 函数外再使用 FILTER 函数对其结果进行过滤，过滤依据可以使用度量值 TotalQ_SUM 的计算结果。参考公式如下，更新过后的显示结果参见图 5-39。

```
RankQ_A =
RANKX (
    FILTER ( ALL ( SalesInfo[Product] ), [TotalQ_SUM] <> 0 ),
    [TotalQ_SUM],
    ,
    ASC
)
```

Product	Quantity	RankQ_M	RankQ_A
Accessories	800	1	4
Audio	300	2	3
Bathroom Furniture	200	3	2
Computers	100	4	1
Total	**1400**	**1**	**5**

图 5-39

5. 使用 RANKX 函数对数据进行分类排序

当前的排序用例比较简单，如果要在当前排序的基础上向矩阵表中添加 Country 列，并要求以每个国家销售量为基准再进行排序，就会得到如图 5-40 所示的结果，之前的 RankQ_M 表达式无法满足当前的排序要求，其对 Country 列的排序结果不正确。

Country	Quantity	RankQ_M
Australia	**1400**	**1**
Accessories	800	1
Audio	300	2
Bathroom Furniture	200	3
Computers	100	4
Canada	**1700**	**1**
Accessories	100	5
Audio	500	2
Bathroom Furniture	200	3
Clothes	700	1
Computers	200	3
Total	**3100**	**1**

图 5-40

之所以有这样的结果，是因为当前 RankQ_M 表达式只针对 Product 列使用 ALL 函数清空了筛选上下文条件，并没有对 Country 列进行处理。这就导致在对 Country 列销售量进行排序时，其使用的排序子表仍然受到了筛选上下文影响，从而无法正确地进行排序。要解决该问题，需要对当前数据进行分类标记，然后针对每类数据分别进行排序计算。

要对表中的 Country 列数据和 Product 列数据进行分类，可以创建一个新的度量值 ISCountry，利用 COUNTROWS 函数来判断矩阵表中当前行数据否是对应的是 Country 列相关信息。参考公式如下，表达式计算结果参考图 5-41。

```
ISCountry =
COUNTROWS ( SalesInfo )
    = CALCULATE (
        COUNTROWS ( SalesInfo ),
        ALL ( SalesInfo ),
        VALUES ( SalesInfo[Country] )
    )
```

Country	Quantity	RankQ_M	ISCountry
Australia	**1400**	**1**	**True**
Accessories	800	1	False
Audio	300	2	False
Bathroom Furniture	200	3	False
Computers	100	4	False
Canada	**1700**	**1**	**True**
Accessories	100	5	False
Audio	500	2	False
Bathroom Furniture	200	3	False
Clothes	700	1	False
Computers	200	3	False
Total	**3100**	**1**	**True**

图 5-41

为了便于对上述分类过程进行说明，可以临时将 ISCountry 表达式拆分成两个度量值，CR_ALL_Table 以及 CR_Column_Country，参考公式如下：

```
CR_ALL_Table =
COUNTROWS ( SalesInfo )
CR_Column_Country =
CALCULATE (
    COUNTROWS ( SalesInfo ),
    ALL ( SalesInfo ),
    VALUES ( SalesInfo[Country] )
)
```

CR_ALL_Table 表达式的目的是计算在筛选上下文条件影响下生成的 SalesInfo 子表中一共有多少行。当筛选条件只有 Country 列时，可以分别获得每个国家在 SalesInfo 表中有多少行数据。当筛选条件变成 Country 列和 Product 列这两列时，可以计算出每个国家每种产品在 SalesInfo 表中有多少行数据。

CR_Column_Country 表达式的目的是通过 CALCULATE 函数、ALL 函数以及 VALUES 函数将筛选条件限定为只依据 Country 列作为依据。在这一前提下，即使外围是 Country 列和 Product 列共同作用的筛选条件，该表达式也只会以 Country 列作为筛选对象来进行计算。

两个表达式的计算结果参考图 5-42。由此可以判断，当 CR_ALL_Table 表达式和 CR_Column_Country 表达式对矩阵表中同一行数据的计算结果相同时，即可判断当前行数据是 Country。

Country	CR_ALL_Table	CR_Column_Country
Australia	4	4
Accessories	1	4
Audio	1	4
Bathroom Furniture	1	4
Computers	1	4
Canada	5	5
Accessories	1	5
Audio	1	5
Bathroom Furniture	1	5
Clothes	1	5
Computers	1	5
Total	**9**	**9**

图 5-42

有了这个 ISCountry 列之后，创建一个新的度量值，利用 ISCountry 表达式的计算结果判断当前行数据的类型，然后分别针对不同的数据类型进行排序即可获得想要的排序结果。参考公式如下，所获结果参见图 5-43。

```
NewRank =
IF (
    [ISCountry],
    RANKX ( ALL ( SalesInfo[Country] ), [TotalQ_SUM],, DESC ),
    RANKX ( ALL ( SalesInfo[Product] ), [TotalQ_SUM],, DESC )
)
```

Country	Quantity	RankQ_M	ISCountry	NewRank
Australia	1400	1	True	2
Accessories	800	1	False	1
Audio	300	2	False	2
Bathroom Furniture	200	3	False	3
Computers	100	4	False	4
Canada	1700	1	True	1
Accessories	100	5	False	5
Audio	500	2	False	2
Bathroom Furniture	200	3	False	3
Clothes	700	1	False	1
Computers	200	3	False	3
Total	**3100**	**1**	True	**1**

图 5-43

6. 小结

排序函数 RANKX 在数据分析中的应用很广泛，可以利用其排序结果进行二次计算。当在度量值中使用 RANKX 时要特别注意其第二个参数表达式必须是度量值，或者是经过 CALCULATE 函数处理过的表达式，以便将行上下文转换成筛选上下文，从而实现让参数表达式按照不同条件进行计算以输出正确的排序序号。

5.6.3　求最大值函数：MAX 和 MAXX

MAX 函数和 MAXX 函数也是一对具有相同运算意义的聚合函数和迭代函数。

1. MAX 函数的定义

函数语法 1：

```
MAX(<column>)
```

函数语法 2：

```
MAX(<expression1>, <expression2>)
```

参数：

- column（列）：需要进行求和运算的数字列或者日期列，该列可以是原始数据列，也可以是计算列。
- expression（表达式）：任何可以返回唯一数字或者日期的表达式。

返回值：数字或日期。

说明：

如果参数列中没有数字或者日期，MAX 函数的返回值是空。当包含非数字类型数据时，其返回值也是空。当对两个表达式的返回值进行比较时，如果某一个表达式的返回值为空，则当作数字 0 进行比较。如果两个表达式的计算结果都为空，则 MAX 函数运算结果返回空。

MAX 函数的运算过程以及特点与 SUM 函数一样，都不受行上下文影响。如果想让 MAX 函数依据行上下文内容进行计算，就需要在其外围添加 CALCULATE 函数将行上下文转换成筛选上下文，或者在度量值中使用 MAX 函数。

2. MAXX 函数的定义

函数语法：

```
MAXX(<table>, <expression>)
```

参数：

- table（表）：第二部分表达式需要计算的表。该表可以是一个原始数据表，也可以是一个通过函数计算过后生成的表。

● expression（表达式）：定义对第一部分表中每一行进行计算的表达式。

返回值：数字或者日期。

说明：

MAXX 函数会忽略对空值、逻辑值或者文本值的比较。

MAXX 函数的运算过程和特点与 SUMX 一样，绝大多数情况下都在度量值当中进行使用。如果想让 MAXX 的计算结果受到行上下文影响，可以通过对参数表添加过滤条件来实现。

3. 利用 MAX 函数或 MAXX 函数求最新数据

MAX 函数或 MAXX 函数除了运用在对数字进行比较的场景中外，最常见的应用实例是按照某一特定要求获取最新数据结果。例如，图 5-44 中的表记录了客户购买产品信息。

Customer	Product	Date	Amount	Total_Sales
Fourth Coffee	Accessories	1/1/2017	150	1500
Blue Yonder Airlines	Bathroom Furniture	2/1/2017	45	1350
Fourth Coffee	Computers	3/1/2017	50	25000
Blue Yonder Airlines	Bathroom Furniture	4/1/2017	55	1650
Fourth Coffee	Accessories	5/1/2017	30	300
Tailspin Toys	Audio	6/1/2017	110	11000
Tailspin Toys	Audio	7/1/2017	90	9000
Fourth Coffee	Accessories	8/1/2017	250	2500
Litware	Computers	9/1/2017	20	10000
Fourth Coffee	Computers	10/1/2017	30	15000

图 5-44

购买时间不同，客户购买某种商品的数据量也不尽相同。如果想知道客户最近一次购买某种产品的日期和该产品的数量就可以利用 MAX 来实现。首先获取最近购买产品的日期，可以创建一个度量值 Latest_Date，然后使用 MAX 函数来计算。参考公式如下，函数返回结果见图 5-45。

```
Latest_Date =
MAX ( Customer[Date] )
```

Customer	Product	Latest_Date
Fourth Coffee	Accessories	8/8/2017 12:00:00 AM
Tailspin Toys	Audio	7/7/2017 12:00:00 AM
Blue Yonder Airlines	Bathroom Furniture	4/4/2017 12:00:00 AM
Fourth Coffee	Computers	10/10/2017 12:00:00 AM
Litware	Computers	9/9/2017 12:00:00 AM
Total		**10/10/2017 12:00:00 AM**

图 5-45

要获得最近一次消费时间所对应的产品数量，可以创建一个度量值 Latest_Amount，然后使用 LOOKUPVALUE 函数和 MAX 函数来实现。LOOKUPVALUE 可以返回指定列下满足特定查询条件的行值。此处，将查询设置成最近一次消费日期，即可获得与该日期位于同一行的产品数量值。参考公式如下，度量值 Latest_Amount 的结果见图 5-46。

```
Latest_Amount=
LOOKUPVALUE ( Customer[Amount], Customer[Date], MAX ( Customer[Date]
) )
```

Customer	Product	Latest_Date	Latest_Amount
Blue Yonder Airlines	Bathroom Furniture	4/1/2017 12:00:00 AM	55.00
Fourth Coffee	Accessories	8/1/2017 12:00:00 AM	250.00
Fourth Coffee	Computers	10/1/2017 12:00:00 AM	30.00
Litware	Computers	9/1/2017 12:00:00 AM	20.00
Tailspin Toys	Audio	7/1/2017 12:00:00 AM	90.00
Total		**10/1/2017 12:00:00 AM**	**30.00**

图 5-46

能否不使用上一个度量值 Latest_Amount 而直接使用 Amount 列来获取与最新销售日期对应的产品销售量呢？答案是否定的，见图 5-47。原因是 Amount 列是一个原始数据列，将它添加到 Power BI 的可视化对象后并不会受到其所在的筛选上下文影响，因此不会根据行列条件对数据进行动态计算，只能对数据做简单的求和、求平均数、求最大值或最小值等常规运算。

Customer	Product	Latest_Date	Latest_Amount	Amount
Blue Yonder Airlines	Bathroom Furniture	4/1/2017 12:00:00 AM	55.00	110.00
Fourth Coffee	Accessories	8/1/2017 12:00:00 AM	250.00	430.00
Fourth Coffee	Computers	10/1/2017 12:00:00 AM	30.00	530.00
Litware	Computers	9/1/2017 12:00:00 AM	20.00	20.00
Tailspin Toys	Audio	7/1/2017 12:00:00 AM	90.00	200.00
Total		**10/1/2017 12:00:00 AM**	**30.00**	**1,290.00**

图 5-47

4. 利用 MAX 函数或 MAXX 函数获取最近时间段数据统计

MAX 函数和 MAXX 函数除了能获取最近一次时间点所对应的数据，还可以获取最近一段时间内数据的累计情况。仍然以图 5-44 中的产品销量表为例，需求是获取最近 90 天每个客户总消费额。

当最近 90 天是以当前表中最大日期为基准时，可以创建一个度量值 Last90_TS，利用下面的 DAX 表达式获得，结果参见图 5-48。

```
Last90_TS =
SUMX (
    FILTER (
        Customer,
        Customer[Date] <= MAXX ( ALL ( Customer[Date] ), Customer[Date] )
```

```
        && Customer[Date]
            > MAXX ( ALL ( Customer[Date] ),Customer[Date] )-90
    ),
    Customer[Total_Sales]
)
```

Customer	Date	Total_Sales
Fourth Coffee	Sunday, January 1, 2017	1,500.00
Blue Yonder Airlines	Wednesday, February 1, 2017	1,350.00
Fourth Coffee	Wednesday, March 1, 2017	25,000.00
Blue Yonder Airlines	Saturday, April 1, 2017	1,650.00
Fourth Coffee	Monday, May 1, 2017	300.00
Tailspin Toys	Thursday, June 1, 2017	11,000.00
Tailspin Toys	Saturday, July 1, 2017	9,000.00
Fourth Coffee	Tuesday, August 1, 2017	2,500.00
Litware	Friday, September 1, 2017	10,000.00
Fourth Coffee	Sunday, October 1, 2017	15,000.00
Total		77,300.00

Customer	Last90_TS
Fourth Coffee	17500
Litware	10000
Total	27500

图 5-48

在这个表达式中调用 FILTER 函数的目的是获取一个基于 Customer 表的子表，该子表中日期列下的数值需要满足的条件是：小于等于原始 Customer 日期列中的最大值，但大于原始 Customer 日期列中的最大值减去 90 天。此处在 MAXX 函数中必须使用 ALL 函数来清空所有之前应用在 Customer 日期列上的过滤条件，否则无法以 Customer 日期列中的最大值作为计算基准。

如果是以当前时间为基准计算 90 天的总消费额，度量值 Last90_TS 中的公式需要做如下修改：

```
Last90_TS =
SUMX (
    FILTER (
        Customer,
        Customer[Date] <= TODAY ()
            && Customer[Date]
                > TODAY () - 90
    ),
    Customer[Total_Sales]
)
```

如果是以每种产品最后一次购买时间为基准计算最近 90 天的总消费额。度量值 Last90_TS 中的表达式可以进行如下更改，结果见图 5-49。

```
Last90_TS =
SUMX (
```

```
FILTER (
    Customer,
    Customer[Date] <= MAX ( Customer[Date] )
        && Customer[Date]
            > MAX ( Customer[Date] ) - 90
),
Customer[Total_Sales]
)
```

Customer	Date	Total_Sales
Fourth Coffee	Sunday, January 1, 2017	1,500.00
Blue Yonder Airlines	Wednesday, February 1, 2017	1,350.00
Fourth Coffee	Wednesday, March 1, 2017	25,000.00
Blue Yonder Airlines	Saturday, April 1, 2017	1,650.00
Fourth Coffee	Monday, May 1, 2017	300.00
Tailspin Toys	Thursday, June 1, 2017	11,000.00
Tailspin Toys	Saturday, July 1, 2017	9,000.00
Fourth Coffee	Tuesday, August 1, 2017	2,500.00
Litware	Friday, September 1, 2017	10,000.00
Fourth Coffee	Sunday, October 1, 2017	15,000.00
Total		**77,300.00**

Customer	Last90_TS
Blue Yonder Airlines	3000
Fourth Coffee	17500
Litware	10000
Tailspin Toys	20000
Total	**27500**

图 5-49

5.7　筛选器函数

由于 DAX 是针对表和列进行计算的，无法跟 Excel 一样通过指定单元格坐标来直接对某些特定范围内的数据进行计算，因此需要使用筛选器函数来将所需数据过滤，生成一个子表，之后再应用其他类型的函数对该子表进行计算。筛选器函数的工作原理类似于 SQL 语句中的 SELECT…WHERE…，方法是通过设定好的筛选条件去遍历原始数据表，然后将符合条件的结果返回。

5.7.1　FILTER 函数

FILTER 函数是筛选器类型函数中最常被使用的一个函数，功能是根据特定条件对表进行筛选，然后将符合条件的数据组成一个新的表作为返回结果。

1. FILTER 函数定义

函数语法：

```
FILTER(<table>,<filter>)
```

参数：

- < table >: 需要进行筛选的表。该表可以是一个原始表或者一个返回结果是表的表达式。
- < filter >: 填写布尔类型表达式，作为过滤条件来筛选表中的行数据。

返回值：一个由满足过滤条件数据组成的子表。

说明：

通过 FILTER 函数可以减少参与计算的数据，但是不会对原始表内容产生影响。

FILTER 函数不能单独使用，只能作为用来生成筛选表的子函数，被其他函数所使用。

布尔类型表达式指的是包含=、||、<、<=、>、>=、<>运算的表达式，其返回结果是 TRUE 或者 FALSE。

FILTER 函数的运算过程有点类似于迭代函数，会对参数表中的每一行进行一次运算，看当前行中的数据是否符合筛选条件，如果符合就保留，如果不符合就去掉。因此，如果要对大量数据进行运算，其效率可能较低，需要谨慎考虑使用 FILTER 函数。

2. 筛选特定数据

FILTER 函数的典型用例就是对特定数据进行筛选，然后将筛选结果返回给外围函数来使用。

例如，在图 5-50 所示的 SalesInfo 表中，可以通过创建一个度量值 Product_Computers，然后调用 FILTER 函数来只计算 Computers 的销售额。参考表达式如下，结果参见图 5-51。

Country	Product	Category	Amount
Australia	Accessories	Furnishings	800
Australia	Bathroom Furniture	Furnishings	200
Australia	Computers	Electronics	100
Australia	Audio	Electronics	300
Canada	Audio	Electronics	500
Canada	Computers	Electronics	200
Canada	Bathroom Furniture	Furnishings	200
Canada	Accessories	Furnishings	100
Canada	Clothes	Clothing	700

图 5-50

```
Product_Computers =
SUMX (
    FILTER ( SalesInfo, SalesInfo[Product] = "Computers" ),
    SalesInfo[Amount] * RELATED ( ProductList[Price] )
)
```

图 5-51

在这个表达式中,SUMX 函数将基于 FILTER 函数生成的子表来计算销售总额。在 FILTER 函数中规定,对 SalesInfo 表只筛选 Product 值是 Computers 的数据作为返回值。因此,原始表经过 FILTER 函数过滤后生成的子表如图 5-52 所示,实现了只针对 Computers 产品计算销售额的需求。

图 5-52

5.7.2 ALL 函数和 ALLEXCEPT 函数

ALL 函数和 ALLEXCEPT 函数是筛选器类型函数中比较特殊的两个函数。使用 ALL 函数和 ALLEXCEPT 函数的目的正好与 FILTER 函数相反,这两个函数的功能是可以去除指定表或列上应用的筛选器,让表或者列中的所有数据都可以作为函数运算的上下文来参与计算。

1. ALL 函数定义

函数语法:

```
ALL( {<table> | <column>[, <column>[, <column>[,…]]]} )
```

参数:

- < table >: 需要清除筛选条件的表。该表只能是一个原始表或计算表,不能填写可以返回表的表达式。
- <column>(选填项): 需要清除筛选条件的列。如果有多个列时,用逗号进行分割。该列只能是一个原始数据列或计算列,不能使用可以返回列的表达式。

返回值: 被移除全部过滤条件的表或列。

说明:

如果 ALL 函数的参数只有< table >,没有具体列名,那么 ALL 函数会清除该表中所有列上的过滤条件。

如果 ALL 函数的参数只有一个具体的列,那么返回结果是去掉当前列上所有筛选条件并去掉列中重复值后得到的新列。

ALL 函数不能单独使用,只能作为用来清除表或列上筛选条件的子函数被其他函数所调用。

如果当前应用 ALL 函数的表与其他表之间有关联关系，那么 ALL 函数会按照关联关系属性一并去除关联表中的过滤条件。

2. ALLEXCEPT 函数定义

函数语法：

```
ALLEXCEPT(<table>,<column>[,<column>[,…]])
```

参数：

- < table >：需要清除筛选条件的表。该表只能是一个原始表或计算表，不能填写可以返回表的表达式。
- <column>：需要保留筛选条件的列。如果有多个列时，用逗号进行分隔。该列只能是一个原始数据列或计算列，不能使用可以返回列的表达式。

返回值：除了指定列以外，其他列上过滤条件全部被移除的表。

说明：

ALLEXCEPT 函数可以看作 ALL 函数的变体。例如，一个 Table 中包含 Column1 到 Column3 共 3 个列时。ALL（Table,Table [Column1],Table [Column2]）的含义与 ALLEXCEPT（Table,Table [Column3]）相同。

与 ALL 函数一样，ALLEXCEPT 函数不能单独使用，只能作为用来清除表或列上筛选条件的子函数被其他函数所调用。

3. 求百分比

ALL 函数或者 ALLEXCEPT 函数最常见的应用场景就是求某个元素在总体元素中所占的百分比。例如，图 5-53 是一张产品销售量表，如果要计算每种产品销售量的百分比，就需要用单个产品销售量去除以所有产品的销售量来获得。

Country	Product	Category	Amount
Australia	Accessories	Furnishings	800
Australia	Bathroom Furniture	Furnishings	200
Australia	Computers	Electronics	100
Australia	Audio	Electronics	300
Canada	Audio	Electronics	500
Canada	Computers	Electronics	200
Canada	Bathroom Furniture	Furnishings	200
Canada	Accessories	Furnishings	100
Canada	Clothes	Clothing	700

图 5-53

要计算每种产品的销售总量比较简单，只需用 SUM 函数创建一个度量值即可。但是如果要获得所有产品的销售总量，就必须去除筛选上下文的影响，因此需要借助 ALL 函数来进行运算。参考公式如下，结果参见图 5-54。

```
Amount% =
DIVIDE (
    SUM ( SalesInfo[Amount] ),
    SUMX ( ALL ( SalesInfo ), SalesInfo[Amount] )
)
```

Product	Amount	Amount%
Accessories	900	29.03 %
Audio	800	25.81 %
Bathroom Furniture	400	12.90 %
Clothes	700	22.58 %
Computers	300	9.68 %
总计	3100	100.00 %

图 5-54

在上面这个表达式中，作为分子的 SUM 函数的计算结果受到当前表中筛选上下文的影响，只会针对当前行内的 Product 值去找对应的 Amount 值进行求和计算。SUMX 函数中因为使用了 ALL 函数清空了 SalesInfo 表中所有的筛选条件，也就是说，此时当前表中的筛选上下文已经无法对 SUMX 函数的运算范围产生影响。因此，SUMX 函数会根据 ALL 函数的结果对原始表中 Amount 列下的所有数据进行求和运算，从而获得所有产品的销售总量。

上一个公式中 ALL 函数的参数使用了 SalesInfo 表，如果将公式修改为用 SalesInfo 下的 Amount 列作为参数，就会获得如图 5-55 所示的结果，与预期结果不一致。

```
Amount%_New =
DIVIDE (
    SUM ( SalesInfo[Amount] ),
    SUMX ( ALL ( SalesInfo[Amount] ), SalesInfo[Amount] )
)
```

Product	Amount	Amount%	Amount%_New
Accessories	900	29.03 %	34.62 %
Audio	800	25.81 %	30.77 %
Bathroom Furniture	400	12.90 %	15.38 %
Clothes	700	22.58 %	26.92 %
Computers	300	9.68 %	11.54 %
总计	3100	100.00 %	119.23 %

图 5-55

在上一个表达式中虽然 ALL 函数内使用了一个表列作为参数来去除应用在当前列上的过滤条件，但其返回结果是原始列中所有唯一值组成的新列，包含一个去重复数据的过程。从图 5-53 展示的数据中可知，原始 Amount 列内有重复数据（200 出现了 3 次，100 出现了 2 次），这就导致去重之后的求和结果不再是所有产品销售的总量。因此，用该结果作为分母就无法获得正确的产品销售百分比。

4. 数值对比

由于 ALL 函数和 ALLEXCEPT 函数可以指定保留或者去除某些列上应用的过滤条件，因此这两个函数还多与 MAX 函数或者 MIN 函数结合，用于对数据进行对比。例如，对图 5-56 所示的表，如果想标记哪种产品销量在当前国家最多，就可以创建一个度量值 BiggestAmount，利用 ALLEXCEPT 函数和 MAX 函数来获得，参考公式如下：

```
BiggestAmount =
IF (
    CALCULATE (
        MAX ( SalesInfo[Amount] ),
        ALLEXCEPT ( SalesInfo, SalesInfo[Country] )
    )
        = MAX ( SalesInfo[Amount] ),
    "Yes",
    "No"
)
```

Country	Product	Amount	BiggestAmount
Australia	Accessories	800	Yes
Australia	Audio	300	No
Australia	Bathroom Furniture	200	No
Australia	Computers	100	No
Canada	Accessories	100	No
Canada	Audio	500	No
Canada	Bathroom Furniture	200	No
Canada	Clothes	700	Yes
Canada	Computers	200	No
总计		**3100**	**Yes**

图 5-56

在上面的表达式中通过对比两个 MAX 函数的结果来对销售量最大的产品进行标记。第一个 MAX 函数的计算过程被限定在 CALCULATE 函数设定的运算环境当中，也就是其计算范围是针对 ALLEXCEPT 函数运算后获得的子表。在当前图表中，虽然 Country 列和 Product 列都作为筛选上下文参与计算，但是由于 CALCULATE 函数规定 MAX 函数的计算范围只跟 ALLEXCEPT 函数结果有关系，而 ALLEXCEPT 函数当中只有 Country 列一个参数，不涉及到 Product 列，因此第一个 MAX 的运算结果实际上是以当前 Country 列下每个值为单位，求其对应的最大 Amount 值是多少。由于第二个 MAX 函数的运算范围没有做限定，因此其运算结果就只受表中应用的筛选上下文限定，即 Country 列和 Product 列的影响。

该公式的运算逻辑过程可以简述为，当针对第一行 Country=Australia、Product=Accessories 进行计算时，由于 ALLEXCEPT 函数的结果是只保留 Country 列上的筛选条件，即

Country=Australia，因此其返回结果是原始 SalesInfo 表只包含 Australia 信息的子表。当 CALCULATE 函数内的 MAX 函数在这个子表基础上计算时，能获得的最大 Amount 值就是 800。对于第二个 MAX 函数，其求 Amount 最大值的运算范围是在筛选上下文 Country=Australia、Product=Accessories 的规定下，此时，Amount 值也为 800，两个 MAX 函数的运算结果相同，就说明当前行所对应的 Amount 值即为 Australia 产品销售量的最大值。以此逻辑类推，就可以对图表中的每一行进行对比，判断当前行中的 Amount 值是否是当前对应 Country 下的最大值。

5. 对于空白行的计算

对于使用一对多（1:*）关联关系相连接的两个表，有时会出现一张表内的数据在另外一张表内找不到对应数据的情况。例如在图 5-57 中，Shopping 表内的 Customer 列有一个值是 Rick，但在 User ID 表下的 Name 列中该值并不存在，也就是说这两列并具备数学意义上的一对多关系。但是为了方便计算，DAX 仍然允许用户使用这种不是完全一对多关系的两列来创建关联关系。在后台处理逻辑上，DAX 会自动给"一"方的列添加一个空白行，并将"多方"的列上没有匹配值的数据自动与增加的空白行相匹配。对于图 5-57 这个示例，Power BI 会在 User ID 表中自动添加一个隐藏的空白行，然后将 Shopping 表 Customer 列内的值 Rick 与这个空白行相对应。

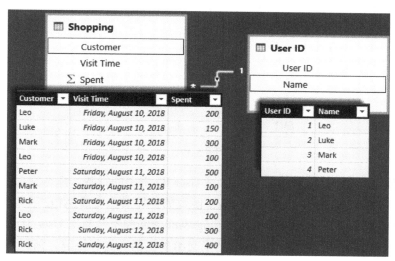

图 5-57

这种默认隐藏的空白行可以通过创建一个可视化对象来发现。如图 5-58 所示，使用 UserID 表中的 Name 列和 Shopping 表中的 Spent 列创建一个表后，就会发现 Name 列中多了一个空白值，并且其对应的 Spent 列聚合结果是所有 Shopping 表中 Customer 列下 Rick 值对应的 Spent 值总和。

Name	Spent
	900
Leo	400
Luke	150
Mark	400
Peter	500
总计	**2350**

图 5-58

大多数情况下，这个自动添加的空白行处于一种不可见的状态，对很多 DAX 函数的运算结果也不会产生影响。但是对于 ALL 函数这一类可以基于表关联关系进行计算的函数，该空白行会对计算结果产生影响。如图 5-59 所示，如果使用 COUNTROWS 函数计算 User ID 表中一共有多少行，那么在参数中不使用 ALL 函数和使用 ALL 函数会有差别。

```
Count_WithoutAll =
COUNTROWS ( 'User ID' )
Count_WithAll =
COUNTROWS ( ALL ( 'User ID' ) )
```

Name	Count_WithoutAll	Count_WithAll
Leo	1	5
Luke	1	5
Mark	1	5
Peter	1	5
		5
总计	**4**	**5**

图 5-59

如果直接使用 COUNTROWS 函数去计算 User ID 表中的行数，那么空白行默认隐藏不可见，因此其结果是 4。但是当 COUNTROWS 函数的计算对象变成 ALL 函数的返回结果后，由于 ALL 函数根据当前 User ID 表和 Shopping 表的关联关系判断出 User ID 表中包含一个隐藏的空白行，因此会把空白行也作为返回结果交给外围函数进行运算，所以得到的结果是 5。

5.7.3 CALCULATE 函数

CALCULATE 函数是筛选器类型函数中最重要的一个函数，同时也是比较难理解的一个函数。它的功能直译过来是计算由指定筛选器修改的上下文中的表达式。从表面上看类似于 FILTER 函数，允许用户设置筛选条件来定义表达式的运算范围，但实际上 CALCULATE 函数拥有重新设定筛选上下文并且将行上下文转换为筛选上下文的能力，常被用来重构表达式运行的上下文环境。

1. CALCULATE 函数定义

函数语法：

```
CALCULATE(<expression>,<filter1>,<filter2>…)
```

参数：

- <expression>：需要执行的运算表达式。
- < filter1>,< filter2>…（选填项）：定义表达式运行的上下文。可以填写一个布尔类型表达式，或者一个或多个返回值是表的筛选表达式。

返回值：表达式返回值。

说明：

　　CALCULATE 函数中第一部分表达式的返回结果本质上是一个度量值。

当< filter >处填写的是布尔类型表达式时，需要注意：

- 布尔类型表达式只能使用一个列作为参数。
- 不能以度量值作为参数，只能是原始数据列或计算列。
- 不能再嵌套 CALCULATE 函数。
- 不能使用遍历表类型的表达式，或者返回结果是表的表达式，以及聚合类型函数。
- 当有多个筛选表达式时，按照逻辑"与"来处理。

2. 工作原理

　　CALCULATE 函数的功能是可以重新设定其参数表达式的运算上下文。也就是说，当没有 CALCULATE 函数时，表达式是在外部条件限定的上下文中进行计算；当表达式作为 CALCULATE 函数的参数被调用时，其运算范围就由 CALCULATE 函数内设定的上下文所决定，而不再直接受外部上下文条件影响。不过，CALCULATE 函数内部使用的筛选条件仍然受到外部上下文影响。因此，通过使用 CALCUATE 函数，可以修改表达式运行所在上下文，从而获得不同结果。

　　如图 5-60 所示，CALCULATE 函数的运算逻辑过程可以分为以下几步,：

　　首先，执行设定的筛选参数表达式。这些筛选表达式将在外部已有上下文环境中被执行。

　　之后，执行运算参数表达式。上一步筛选表达式运算得到的新表会作为参数表达式的运算环境，对其运算结果产生影响。

　　最后，CALCULATE 函数将返回参数表达式在新的筛选上下文中的运算结果。

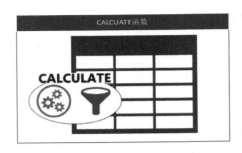

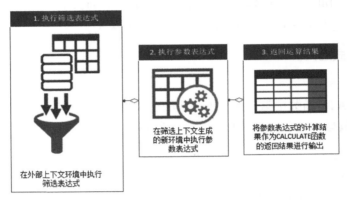

图 5-60

3. 使用布尔函数作为筛选参数

CALCULATE 函数中的筛选参数表达式可以使用布尔函数，也可以使用返回值是表的函数。例如，在图 5-61 的销售表 SalesInfo 中，可以创建一个度量值 Sum_Computers_CA，用来计算 Product 值为 Computers 的销售量。

Country	Product	Category	Amount
Australia	Accessories	Furnishings	800
Australia	Bathroom Furniture	Furnishings	200
Australia	Computers	Electronics	100
Australia	Audio	Electronics	300
Canada	Audio	Electronics	500
Canada	Computers	Electronics	200
Canada	Bathroom Furniture	Furnishings	200
Canada	Accessories	Furnishings	100
Canada	Clothes	Clothing	700

图 5-61

如果使用 CALCULATE 函数来进行计算，参考公式如下，结果如图 5-62 所示。

```
Sum_Computers_CA =
CALCULATE (
    SUM ( SalesInfo[Amount] ),
```

```
        SalesInfo[Product] = "Computers"
)
```

Product	Amount	Sum_Computers_CA
Accessories	900	300
Audio	800	300
Bathroom Furniture	400	300
Clothes	700	300
Computers	300	300
总计	3100	300

图 5-62

从表中的计算结果可以看到，使用 CALCULATE 函数的 Sum_Computers_CA 表达式可以正确计算出 Computers 销售量总和，但同时也将所有其他产品对应的运算结果都附成了 Computers 销售量总和。

之所以出现这种运算结果，是因为当 CALCULATE 函数的筛选表达式使用布尔函数时，其含义相当于调用了 FILTER 函数并使用了 ALL 函数作为 FILTER 函数内的筛选条件。按照这个逻辑，前面的 Sum_Computers_CA 表达式等同于下面这个包含 FILTER 函数和 ALL 函数的表达式。

```
Sum_Computers_CA =
CALCULATE (
    SUM ( SalesInfo[Amount] ),
    FILTER (
        ALL ( SalesInfo[Product] ),
        SalesInfo[Product] = "Computers"
    )
)
```

在 ALL 函数的作用下，外围筛选上下文条件将不再起作用，此时 FILTER 函数的返回结果变成了只包含 SalesInfo[Product] = "Computers"的子表。这样就使得无论外部筛选上下文是何种条件，SUM 函数都只会计算 Computers 的销售量总和，因此会得到图 5-62 所示的结果。

需要注意的是，如果使用了布尔类型的函数作为 CALCULATE 函数的筛选参数，那么布尔类型函数中的参数必须来自相同的数据列。例如，使用下面这个度量值 Sum_CA，可以计算 Audio 和 Computers 两个产品的销售量总和。

```
Sum_CA =
CALCULATE (
    SUM ( SalesInfo[Amount] ),
    SalesInfo[Product] = "Audio"
        || SalesInfo[Product] = "Computers"
)
```

如果将参数部分改成求 Country 是 Canada、Product 是 Computer 的销售量总和，那么 Power BI 会给出如图 5-63 所示的错误消息。

```
Sum_Computers_CA =
CALCULATE (
    SUM ( SalesInfo[Amount] ),
    SalesInfo[Country] = "Canada"
        && SalesInfo[Product] = "Computer"
)
```

```
Sum_CA =
CALCULATE (
    SUM ( SalesInfo[Amount] ),
    SalesInfo[Country] = "Canada"
        && SalesInfo[Product] = "Computer"
)
```
⚠ 该表达式包含多列，但只有一个列可用在用作表筛选表达式的 True/False 表达式中。

图 5-63

导致这个错误产生的原因是筛选参数表达式中的布尔函数使用了两个不同列作为参数，致使 CALCULATE 函数无法判断是要用 ALL 函数去除 Country 列上的所有筛选条件，还是用 ALL 函数去除 Product 列上的筛选条件，还是两列都需要去除。对于这种指向不明的操作，CALCULATE 函数无法进行处理，因此会有错误返回。

4. 使用表函数作为筛选参数

CALCULATE 函数的筛选参数常见的表达式是一类返回值是表的函数，例如 FILTER 函数、SUMMARIZE 函数、ALL 函数等。通过在这些函数中设置过滤、聚合或者分类等条件，可以修改外部已有上下文环境，从而改变 CALCULATE 函数中参数表达式的计算结果。

例如，图 5-64 就展示了 SalesInfo 表和 Product 表之间的关联关系。

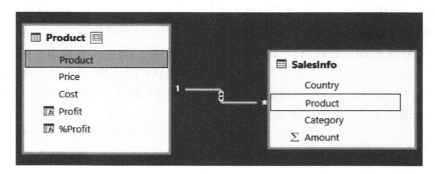

图 5-64

如果要计算国家为 Canada 并且收益率大于 30% 的产品销售量就可以创建一个度量值，然后利用 CALCULATE 函数和 FILTER 函数来获得，参考公式如下，结果参见图 5-65。

```
ProfitOver30% =
CALCULATE (
    SUM ( SalesInfo[Amount] ),
    FILTER (
        SalesInfo,
        RELATED ( 'Product'[%Profit] ) > 0.3
            && SalesInfo[Country] = "Canada"
    )
)
```

Country	Product	Amount	%Profit	ProfitOver30%
Australia	Accessories	800	42.86 %	
Canada	Accessories	100	42.86 %	100
Australia	Audio	300	33.33 %	
Canada	Audio	500	33.33 %	500
Australia	Bathroom Furniture	200	50.00 %	
Canada	Bathroom Furniture	200	50.00 %	200
Canada	Clothes	700	36.36 %	700
Australia	Computers	100	19.05 %	
Canada	Computers	200	19.05 %	
总计		**3100**		**1500**

图 5-65

在度量值 ProfitOver30% 这个表达式中，Power BI 会先在当前表生成的筛选上下文环境中执行CALCULATE函数内的筛选参数，即FILTER函数部分。当以表中第一行Country=Australia，Product =Accessories、Amount=800、%Proft= 42.86%这个筛选上下文生成的子表作为运算环境进行计算时，由于 FILTER 函数中的筛选条件要求 Country 值是 Canada，而当前子表中没有符合筛选条件的数据，因此 FILTER 函数的返回结果为空，从而使得 CALCULATE 函数整体运算结果也为空。

当 CALCULATE 函数执行到表中第二行 Country=Canada、Product =Accessories、Amount=100、%Proft= 42.86%时，FILTER 函数在这个筛选上下文生成的子表中可以找到一行数据符合其筛选条件，因此 SUM 函数在此结果上进行计算，获得的 Amount 值总和为 100，所以 CALCULATE 函数的整个返回结果也是 100。

需要特别牢记的是，CALCULATE 函数的运算逻辑一定是先在外围上下文条件下执行其筛选参数表达式，之后才会在筛选结果之上运行其运算参数表达式。可视化对象当中生成的筛选上下文条件并不会直接对 CALCULATE 函数中的运算参数表达式产生影响，该上下文条件只会作用在筛选参数表达式之上。当筛选参数表达式中运用了 ALL、ALLEXCEPT 或者 ALLSELECTED 等可以重置筛选条件的函数时，外围筛选上下文又会被修改，从而满足更为多样化的数据筛选需求。

5. 参数执行顺序

通常情况下，当一个 DAX 表达式中包含有多个嵌套关系函数时，其执行顺序都是从最内层函数开始进行；之后，内层函数的返回结果会作为外围函数的参数条件参与运算。但是当出现 CALCULATE 函数内嵌套其他函数时，情况会有所不同。

因为 CALCULATE 函数的特点是先去执行其筛选参数表达式，之后才在筛选表达式生成的新上下文环境中执行运算参数表达式，这就使得 CALCULATE 函数中的内层嵌套函数需要在执行完外层 CALCULATE 函数筛选参数表达式后才能进行运算。当出现 CALCULATE 函数内嵌另外一个 CALCULATE 函数时，要特别注意其执行顺序，否则可能无法获得所需结果。

仍然以图 5-61 所示的 SalesInfo 表为例，修改度量值 Sum_Computers_CA 作为一个包含 CALCULATE 函数嵌套关系的新表达式，参考公式如下，其计算结果如图 5-66 所示。

```
Sum_Computers_CA =
CALCULATE (
    CALCULATE (
        SUM ( SalesInfo[Amount] ),
        ALL ( SalesInfo[Product] )
    ),
    SalesInfo[Product] = "Computers"
)
```

Product	Amount	Sum_Computers_CA
Accessories	900	3100
Audio	800	3100
Bathroom Furniture	400	3100
Clothes	700	3100
Computers	300	3100
总计	3100	3100

图 5-66

根据 CALCULATE 函数的运算顺序，Power BI 会先执行最外层 CALCULATE 函数的筛选参数表达式 SalesInfo[Product] = "Computers"，其运算过程是对 Product 列进行过滤，然后返回所有 Product 值是 Computers 的数据表。之后，Power BI 会再执行内层 CALCULATE 函数中的筛选参数表达式。由于该参数使用 ALL 函数移除了所有曾经应用在 Product 列上的过滤条件，使得外层 CALCULATE 函数筛选表达式应用在 Product 列上的过滤条件被清空，SUM 函数以整个 Product 列作为上下文进行计算，因此其计算结果是所有产品销售量的总和，而不再是单独 Computers 产品的销售量。

在掌握 CALCULATE 函数执行顺序的特点后，可以利用其提高表达式的运算效率。例如，要获得某个产品于某一年份在某个国家的销售情况时，可以先通过外层 CALCULATE 函数筛选出只包含需要统计国家的数据子表；之后，利用中层 CALCULATE 函数筛选特定年份，再利用最内层 CALCULATE 函数筛选特定产品。这比直接在一个 CALCULATE 函数中设置 3 个筛选条件进行运算的效率要高很多。因为直接设置 3 个筛选条件意味着 Power BI 需要在原始表范围内分别执行 3 个函数，然后将 3 个结果取并集再作为最终的输出表。通过使用多个 CALCULATE 函数进行嵌套运算，只有最外层的筛选条件会在原始表范围内进行计算，后面的筛选条件都只会在前一个 CALCULATE 函数生成的筛选表基础上进行，从而缩短了计算时间，提高了运行效率。

6. 将行上下文转换成筛选上下文

CALCULATE 函数与其他过滤类型函数相比，其最大的特点是可以将函数运行所在的行上下文条件转换成筛选上下文条件，从而改变其内部运算参数表达式所在的上下文。例如，在 SalesInfo 表上创建一个计算列 Total，使用 SUM 函数来求产品销售量的总和，参考表达式如下，结果如图 5-67 所示。

```
Total =
SUM ( SalesInfo[Amount] )
```

Country	Product	Category	Amount	Total
Australia	Accessories	Furnishings	800	3100
Australia	Bathroom Furniture	Furnishings	200	3100
Australia	Computers	Electronics	100	3100
Australia	Audio	Electronics	300	3100
Canada	Audio	Electronics	500	3100
Canada	Computers	Electronics	200	3100
Canada	Bathroom Furniture	Furnishings	200	3100
Canada	Accessories	Furnishings	100	3100
Canada	Clothes	Clothing	700	3100

图 5-67

根据之前对 SUM 函数的介绍可知，作为聚合函数，其计算并不受当前行上下文的影响。因此，Total 列中的所有数据都相同，都等于 Amount 列下数值的总和。如果创建一个新的计算列 Total_CAL，在 CALCULATE 函数内调用 SUM 函数，就可以将外部的行上下文条件转换成筛选上下文，从而改变 SUM 函数的计算结果。参考公式如下，结果参见图 5-68。

```
Total_CAL =
CALCULATE ( SUM ( SalesInfo[Amount] ) )
```

Country	Product	Category	Amount	Total	Total_CAL
Australia	Accessories	Furnishings	800	3100	800
Australia	Bathroom Furniture	Furnishings	200	3100	200
Australia	Computers	Electronics	100	3100	100
Australia	Audio	Electronics	300	3100	300
Canada	Audio	Electronics	500	3100	500
Canada	Computers	Electronics	200	3100	200
Canada	Bathroom Furniture	Furnishings	200	3100	200
Canada	Accessories	Furnishings	100	3100	100
Canada	Clothes	Clothing	700	3100	700

图 5-68

对于当前表达式，当执行到表第一行时，根据 CALCULATE 函数的特点，其过滤参数表达式会在这个行上下文条件中被执行，由于当前表达式中的 CALCULATE 函数并没有使用过滤参数表达式，因此这一条件会被直接保留并转换成筛选条件传递给 CALCULATE 函数内的运算参数表达式来使用。此时，SUM 函数的运算环境由原来的整个 SalesInfo 表变成了只包含 Country=Australia、Product=Accessories、Category=Furnishings、Amount= 800、Total=3100 这一行数据的新表，因此其计算结果不再是 3100，而变成了 800。CALCULATE 函数就是通过其自身的功能，将外部的行上下文转换成筛选上下文，从而改变运算参数表达式的计算结果。

此外，通过增加 CALCULATE 函数中的筛选参数表达式，还可以将行上下文转换成的筛选上下文进行进一步修改，获得新的过滤条件。例如，可以修改计算列 Total_CAL 的表达式，以 Category 列为基准求 Amount 值总和。参考公式如下，结果如图 5-69 所示。

```
Total_CAL =
CALCULATE (
    SUM ( SalesInfo[Amount] ),
    ALLEXCEPT ( SalesInfo, SalesInfo[Category] )
)
```

Country	Product	Category	Amount	Total	Total_CAL
Australia	Accessories	Furnishings	800	3100	1300
Australia	Bathroom Furniture	Furnishings	200	3100	1300
Australia	Computers	Electronics	100	3100	1100
Australia	Audio	Electronics	300	3100	1100
Canada	Audio	Electronics	500	3100	1100
Canada	Computers	Electronics	200	3100	1100
Canada	Bathroom Furniture	Furnishings	200	3100	1300
Canada	Accessories	Furnishings	100	3100	1300
Canada	Clothes	Clothing	700	3100	700

图 5-69

在新的 Total_CAL 表达式中，CALCULATE 函数中的过滤参数使用了 ALLEXCEPT 函数。这样，虽然对于表第一行外围行上下文生成的筛选条件仍然是 Country=Australia、Product=Accessories、Category=Furnishings、Amount= 800、Total= 3100，但是经过 ALLEXCEPT 函数运算后，只有 Category=Furnishings 这一条件被保留，其他筛选条件被清空，这样

ALLEXCEPT 函数返回结果就变成如图 5-70 所示的只包含 Category=Furnishings 的子表。当用 SUM 函数对该子表进行运算时，即可获得所有 Category 是 Furnishings 的产品销售量总和。

Country	Product	Category	Amount	Total	Total_CAL
Canada	Accessories	Furnishings	100	3100	1300
Canada	Bathroom Furniture	Furnishings	200	3100	1300
Australia	Bathroom Furniture	Furnishings	200	3100	1300
Australia	Accessories	Furnishings	800	3100	1300

图 5-70

在 DAX 表达式中，度量值之所以能根据可视化对象每一行中的数值对表进行过滤，就是因为其最外围默认包裹了一个 CALCULATE 函数，能将行上下文转换成筛选上下文来进行计算。由此可见，通过 CALCULATE 函数，可以将计算列转换成度量值，实现依据特定筛选条件去获取计算结果的需求。

7. 常见应用示例：筛选相同值

CALCULATE 函数的应用示例非常多，例如可以用其来比较两张表中某些列下是否有相同的数据。基本思路是以其中一张表中的目标列数据为基准，将要比较的数据逐一取出，作为筛选另外一张表内目标列数据的条件。如果另外一张表中有相同数据，那么筛选结果就不为空；反之，如果筛选结果为空，就意味着两张表中要比较的目标列下没有相同数据。

例如，要比较图 5-71 所示的 Sales-1 和 Sales-2 这两张表中是否有相同的 Customer，就可以使用筛选器函数 CALCULATE 和 FILTER 来进行。

Product ID	Customer
100	Jason
101	Leo
102	Kate
103	Bill
104	Summer

Product ID	Customer
101	Leo
102	Leo
103	Jason
104	Sue
100	Peter
100	Bill
103	Kiki
102	Kate

Sales-1　　　　　　　　Sales-2

图 5-71

比较的方法是在 Sales-2 表中新建一个计算列 Matched，比较一下 Sales-1 表和 Sales-2 表中的 Customer 值，如果 Sales-2 表中的某个 Customer 值在 Sales-1 表中也存在，就标记为 TRUE，如果没有就标记为 FALSE。参考公式如下，结果参见图 5-72。

```
Matched =
CALCULATE (
    COUNTROWS ( 'Sales-1' ),
    FILTER ( 'Sales-1', 'Sales-1'[Customer] = 'Sales-2'[Customer] )
)
    > 0
```

Product ID	Customer	Matched
101	Leo	True
102	Leo	True
103	Jason	True
104	Sue	False
100	Peter	False
100	Bill	True
103	Kiki	False
102	Kate	True

图 5-72

在这个公式中，使用 CALCULATE 函数将 Sales-2 表中的行上下文转换成筛选上下文，然后作为 FILTER 函数的运算环境。在 FILTER 函数中定义了对 Sales-1 表的过滤条件，即找到所有与 Sales-2 表 Customer 列相同的数据来作为返回值。如果 FILTER 函数的返回值不为空，就说明当前两张表有相同的 Customer 值，这样 COUNTROWS 对该子表的运算结果就一定大于 0；反之，如果没有相同数据，那么 FILTER 函数返回的子表为空，COUNTROWS 对空表的运算结果就等于 0。因此通过跟 0 比较，就能判断 Sales-1 表和 Sales-2 表中是否有相同数据。具体执行过程如下：

例如，当表达式对 Sales-2 表中第 1 行数据 Product ID=101、Customer = Leo 进行运算时，CALCULATE 函数会将这个行上下文转换成筛选上下文，此时 Sales-2 函数被过滤成只包含 Product ID = 101、Customer = Leo 这一行数据的子表，当 FILTER 函数在此环境中进行运算时，其筛选条件变成查找所有 Sales-1 表中 Customer 值是 Leo 的数据。由于 Sales-1 表中有一行数据符合该筛选条件，因此 COUNTROWS 函数的计算结果为 1，满足大于 0 的判断设定。此时，对 Sales-2 表中第 1 行数据 Product ID = 101、Customer = Leo 的计算结果是 TRUE，说明两张表包含相同的用户名。

按照这一思路，还可以创建另外一个计算列 Matched_Two 来比较 Sales-1 表和 Sales-2 表是否有 Product ID 和 Customer 都相同的数据。可以在 Filter 函数中调用 IF 或者 SWITCH 函数做一个简单的判断处理。参考公式如下，返回结果如图 5-73 所示。

```
Matched_Two =
CALCULATE (
    COUNTROWS ( 'Sales-1' ),
    FILTER (
         'Sales-1',
        IF (
             'Sales-1'[Customer] = 'Sales-2'[Customer],
            IF (
                 'Sales-1'[Product ID] = 'Sales-2'[Product ID],
                TRUE ()
            )
        )
    )
) > 0
```

Product ID	Customer	Matched	Matched_Two
101	Leo	True	True
102	Leo	True	False
103	Jason	True	False
104	Sue	False	False
100	Peter	False	False
100	Bill	True	False
103	Kiki	False	False
102	Kate	True	True

图 5-73

8. 常见应用示例：去掉重复数据

在数据分析中去掉重复数据是一个很常见的操作，如果想从原始数据中完全剥离重复数据，可以使用 M 语言进行；如果只是在某个计算步骤中按照某一个条件去除重复数据，可以使用 CALCULATE 函数来进行。

例如，图 5-74 是一张员工打卡记录表。理论上每个员工每天只应该有两条打卡记录，上班一次，下班一次。实际员工可能会由于某些原因多打几次卡或者忘记打卡。这就导致表中的数据会出现重复或缺失的情况，不能直接作为考勤报表来使用。

ID	Time
1111	3/1/2018 8:27:31 AM
1111	3/1/2018 8:30:25 AM
1111	3/1/2018 5:33:55 PM
1112	3/1/2018 8:23:42 AM
1112	3/1/2018 5:35:51 PM
1112	3/1/2018 6:18:21 PM
1113	3/1/2018 8:26:46 AM
1113	3/1/2018 5:39:24 PM
1114	3/1/2018 8:23:42 AM
1114	3/1/2018 8:23:58 AM
1114	3/1/2018 5:36:55 PM
1115	3/1/2018 8:16:20 AM
1111	3/2/2018 8:15:36 AM
1111	3/2/2018 5:30:11 PM
1112	3/2/2018 8:56:09 AM
1112	3/2/2018 7:19:28 PM

图 5-74

为了解决该问题，可以通过创建几个 DAX 公式来对当前表进行整理。首先，根据打卡时间将日期值提取出来，以便按照日期列进行分类，整理员工打卡情况。提取日期的参考公式如下，结果参见图 5-75。

```
Day =
DAY ( Records[Time] )
```

图 5-75

接下来处理重复信息。根据考勤基准，认定员工最早一次打卡时间为有效的上班时间，最晚一次打卡的时间为有效下班时间。先创建一个计算列 First_Record，利用 CALCULATE 函数、FIRSTNONBLANK 函数和 ALLEXCEPT 函数来计算当前员工最早一次打卡时间。参考公式如下，结果参见图 5-76。

```
First_Record =
CALCULATE (
    FIRSTNONBLANK ( Records[Time], 1 ),
    ALLEXCEPT ( Records, Records[ID], Records[Day] )
)
```

图 5-76

FIRSTNONBLANK 函数隶属于智能时间函数组，其意义是返回列中经其表达式过滤后具有非空值的第一个值。其函数语法为：

```
FIRSTNONBLANK(<column>,<expression>)
```

参数：

- <column>：要查找计算的列。
- <expression>：填写用来对该列进行过滤的表达式。

在当前 First_Record 表达式中，CALCULATE 函数首先将外围的行上下文转换成筛选上下文；之后，ALLEXCEPT 函数会在这个子表基础上进行二次过滤，保留 ID 列和 Day 列上的过滤条件，清空其他列上的过滤条件，以此为结果来生成一个新的子表作为 FIRSTNONBLANK 函数的运算环境。由于 FIRSTNONBLANK 函数中定义的参数表达式使用了常量 1，就意味着不对参数列做过滤，因此会直接以子表中的 Time 列为基准，返回最早出现的非空值，即最早一次打卡时间。

以 ID=1111、Time=3/1/2018 8:27:31 AM、Day=1 这一行为例，通过 CALCULATE 函数的作用，Records 表被过滤成只包含 ID=1111、Time=3/1/2018 8:27:31 AM、Day=1 这一列的子表。之后，ALLEXCEPT 函数去掉该子表中除了 ID=1111 和 Day=1 以外的过滤条件，此时 Records 表被过滤成如图 5-77 所示的子表。FIRSTNONBLANK 函数在此环境中计算出最早一次打卡时间为 Time=3/1/2018 8:27:31 AM。

ID	Time	Day
1111	3/1/2018 5:33:55 PM	1
1111	3/1/2018 8:30:25 AM	1
1111	3/1/2018 8:27:31 AM	1

图 5-77

获得最早一次打卡时间后，可以根据同样的原理使用 FIRSTNONBLANK 函数的兄弟函数 LASTNONBLANK 函数来获取最后一次打卡时间，参考公式如下，结果如图 5-78 所示。

```
Last_Record =
CALCULATE (
    LASTNONBLANK ( Records[Time], 1 ),
    ALLEXCEPT ( Records, Records[ID], Records[Day] )
)
```

ID		Time		Day		First_Record		Last_Record	
1111		*3/1/2018 8:27:31 AM*		*1*		*3/1/2018 8:27:31 AM*		*3/1/2018 5:33:55 PM*	
1111		*3/1/2018 8:30:25 AM*		*1*		*3/1/2018 8:27:31 AM*		*3/1/2018 5:33:55 PM*	
1111		*3/1/2018 5:33:55 PM*		*1*		*3/1/2018 8:27:31 AM*		*3/1/2018 5:33:55 PM*	
1112		*3/1/2018 8:23:42 AM*		*1*		*3/1/2018 8:23:42 AM*		*3/1/2018 6:18:21 PM*	
1112		*3/1/2018 5:35:51 PM*		*1*		*3/1/2018 8:23:42 AM*		*3/1/2018 6:18:21 PM*	
1112		*3/1/2018 6:18:21 PM*		*1*		*3/1/2018 8:23:42 AM*		*3/1/2018 6:18:21 PM*	
1113		*3/1/2018 8:26:46 AM*		*1*		*3/1/2018 8:26:46 AM*		*3/1/2018 5:39:24 PM*	
1113		*3/1/2018 5:39:24 PM*		*1*		*3/1/2018 8:26:46 AM*		*3/1/2018 5:39:24 PM*	
1114		*3/1/2018 8:23:42 AM*		*1*		*3/1/2018 8:23:42 AM*		*3/1/2018 5:36:55 PM*	
1114		*3/1/2018 8:23:58 AM*		*1*		*3/1/2018 8:23:42 AM*		*3/1/2018 5:36:55 PM*	
1114		*3/1/2018 5:36:55 PM*		*1*		*3/1/2018 8:23:42 AM*		*3/1/2018 5:36:55 PM*	
1115		*3/1/2018 8:16:20 AM*		*1*		*3/1/2018 8:16:20 AM*		*3/1/2018 8:16:20 AM*	
1111		*3/2/2018 8:15:36 AM*		*2*		*3/2/2018 8:15:36 AM*		*3/2/2018 5:30:11 PM*	
1111		*3/2/2018 5:30:11 PM*		*2*		*3/2/2018 8:15:36 AM*		*3/2/2018 5:30:11 PM*	

图 5-78

如果想进一步获知哪些员工哪些天没有完整的打卡记录，可以创建一个计算列 Missing_Record，通过 IF 函数来获得。参考公式如下，结果如图 5-79 所示。

```
Missing_Record =
IF ( Records[First_Record] = Records[Last_Record], "Yes", "No" )
```

ID	Day	First_Record	Last_Record	Missing_Record
1111	1	3/1/2018 8:27:31 AM	3/1/2018 5:33:55 PM	No
1111	2	3/2/2018 8:15:36 AM	3/2/2018 5:30:11 PM	No
1112	1	3/1/2018 8:23:42 AM	3/1/2018 6:18:21 PM	No
1112	2	3/2/2018 8:56:09 AM	3/2/2018 7:19:28 PM	No
1113	1	3/1/2018 8:26:46 AM	3/1/2018 5:39:24 PM	No
1113	2	3/2/2018 8:15:29 AM	3/2/2018 5:08:13 PM	No
1114	1	3/1/2018 8:23:42 AM	3/1/2018 5:36:55 PM	No
1114	2	3/2/2018 8:09:18 AM	3/2/2018 9:08:05 PM	No
1115	1	3/1/2018 8:16:20 AM	3/1/2018 8:16:20 AM	Yes
1115	2	3/2/2018 8:45:37 AM	3/2/2018 7:39:07 PM	No

图 5-79

5.7.4　EARLIER 函数和 EARLIEST 函数

大多数筛选器函数都作用于筛选上下文，目的是将符合过滤条件的数据组成一列或者一个表来作为外层函数的运算条件。EARLIER 函数和 EARLIEST 函数则是比较特殊的一类筛选器函数，只作用于行上下文。当表达式中出现嵌套行上下文场景时，通过在内层表达式中使用 EARLIER 函数或者 EARLIEST 函数，可以从当前行上下文中跳出，到外层行上下文去引用数据进行计算。

1. EARLIER 函数定义

函数语法：

```
EARLIER(<column>, <number>)
```

参数：

- <column>：外层要引用的列，可以是一个原始数据列、计算列或者一个可返回列的表达式。
- <number>（可选项）：定义从外层中的第几层去引用列。默认值是 1，表示与使用 EARLIER 函数所在的上下文紧邻的第一层。

返回值：引用列中对应当前行的值。

2. EARLIEST 函数定义

函数语法：

```
EARLIEST(<column>)
```

参数：

- <column>：最外层要引用的列，可以是一个原始列，计算列或者一个可返回列的表达式。

返回值：引用列中对应当前行的值。

EARLIEST 可以看作是 EARLIER 函数的快捷方式，当 EARLIER 函数省略 number 参数时，引用的是紧邻层的列，而当使用 EARLIEST 时，则意味着引用最外层列，省去了填写 number 参数的步骤。

3. EARLIER 函数和 EARLIEST 函数运算逻辑说明

所谓嵌套上下文场景，可以理解为图 5-80 所示的情况。最内层是一张包含 4 个列的表，与紧邻的中间层并没有建立任何关联关系。常规计算逻辑是最内层中运行的 DAX 表达式会在当前表构成的行上下文环境中进行计算，之后其返回结果可以如图中实线箭头所示被传递给中间层的表达式所使用。这 3 个表彼此之间相互隔离，每个层内的数据列并不会与其他层数据列产生任何关系。

图 5-80

例如，对图 5-81 所示的信息，之前介绍 MAX 函数功能时使用过下面的度量值来计算最近 90 天内每种产品的销售额。

```
Last90_TS =
SUMX (
    FILTER (
        Customer,
        Customer[Date] <= MAX ( Customer[Date] )
            && Customer[Date]
                > MAX ( Customer[Date] ) - 90
    ),
    Customer[Total_Sales]
)
```

Customer	Product	Date	Amount	Total_Sales
Fourth Coffee	Accessories	1/1/2017	150	1500
Blue Yonder Airlines	Bathroom Furniture	2/1/2017	45	1350
Fourth Coffee	Computers	3/1/2017	50	25000
Blue Yonder Airlines	Bathroom Furniture	4/1/2017	55	1650
Fourth Coffee	Accessories	5/1/2017	30	300
Tailspin Toys	Audio	6/1/2017	110	11000
Tailspin Toys	Audio	7/1/2017	90	9000
Fourth Coffee	Accessories	8/1/2017	250	2500
Litware	Computers	9/1/2017	20	10000
Fourth Coffee	Computers	10/1/2017	30	15000

图 5-81

这个表达式中就包含有两层嵌套关系：内层是由 FILTER 函数过滤出来的子表，由满足特定条件的 Customer 列，以及与之相对应的 Product 列、Date 列、Amount 列和 Total_Sales 列所组成。外层则是由 Customer 列构成的行上下文环境，并以此作为 SUMX 函数求和的条件。这里面，外层子表中的 Customer 列与内层子表中的行上下文并不产生任何影响。内层表的计算都限定于从子表生成的上下文环境中获取满足条件的数据。

通过 EARLIER 函数或者 EARLIEST 函数，可以如图 5-82 中的虚线所示，将中间层或者最外层的列引用到最内层中与已有的列组成一个新的上下文环境，从而影响表达式的计算结果。

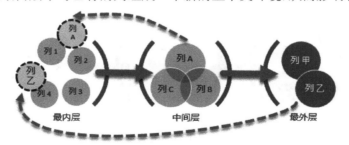

图 5-82

例如，根据图 5-82 所示的销售数据计算每个客户的累计消费额，就需要以当前时间为基准，以每个用户为单位将之前的消费额进行累加。可以创建一个计算列 Cum_Sales，然后利用

EARLIER 函数来计算。参考公式如下，计算结果参见图 5-83。

```
Cum_Sales =
SUMX (
    FILTER (
        Customer,
        Customer[Customer] = EARLIER ( Customer[Customer] )
            && Customer[Date] <= EARLIER ( Customer[Date] )
    ),
    Customer[Total_Sales]
)
```

Customer	Product	Date	Amount	Total_Sales	Cum_Sales
Fourth Coffee	Accessories	1/1/2017	150	1500	1500
Blue Yonder Airlines	Bathroom Furniture	2/1/2017	45	1350	1350
Fourth Coffee	Computers	3/1/2017	50	25000	26500
Blue Yonder Airlines	Bathroom Furniture	4/1/2017	55	1650	3000
Fourth Coffee	Accessories	5/1/2017	30	300	26800
Tailspin Toys	Audio	6/1/2017	110	11000	11000
Tailspin Toys	Audio	7/1/2017	90	9000	20000
Fourth Coffee	Accessories	8/1/2017	250	2500	29300
Litware	Computers	9/1/2017	20	10000	10000
Fourth Coffee	Computers	10/1/2017	30	15000	44300

图 5-83

计算列 Cum_Sales 中包含两层嵌套环境，内层是通过 FILTER 函数形成的子表所规定的上下文环境，外层是计算列 Cum_Sales 本身所在表中的上下文环境。通过 EARLIER 函数功能，将当前外层表中的 Customer 列和 Date 作为条件，引入到 FILTER 函数之中，然后将其作为生成子表的筛选条件。

例如，对于原始表中 Customer=Forth Coffee、Product=Computers、Date= 3/1/2017、Amount = 50、Total_Sales = 25000 这一行数据来说，当对其计算 Cum_Sales 值时，逻辑过程可以描述为，首先 EARLIER 函数从外层上下文环境中获得 Customer=Forth Coffee 和 Date= 3/1/2017 的两个值，然后将其带入到 FILTER 函数里作为过滤条件；之后，FILTER 函数生成子表的过滤条件就变成必须满足 Customer 值是 Forth Coffee 并且 Date 值小于等于 3/1/2017。由于原始表中只有两行数据满足该条件，其对应的 Total_Sales 值分别为 1500 和 25000，因此当前行对应的 Cum_Sales 值就为两者之和，等于 26500。

这样，通过 EARLIER 函数的功能将外层环境中的行值引入到内层中形成新的上下文关系，从而实现了求累计消费额的需求。

4. 利用 EARLIER 函数筛选特定数据

EARLIER 函数可以在多层嵌套上下文环境中将外层行上下文作为条件引入到内层中参与计算，其多被使用在需要按条件进行分类计算的场景当中。例如，需要在图 5-84 所示的销售报表基础上获知每位客户购买产品的间隔时间，就可以利用 EARLIER 函数进行计算。

图 5-84

要求每位客户每次购买产品的间隔时间，实际上就是以该客户的数据为基准，用当前行的购买日期减去相隔最近一次产品的购买日期。解决该问题需要分两步进行：首先，以客户为基准，对原始数据按照购买时间进行排序，得到一个排序列；然后，求相邻序号列购买日期的时间差。

创建一个计算列 RankNo，然后调用 RANKX 函数以及 FILTER 和 EARLIER 两个过滤器函数即可获得排序结果（见图 5-85）参考公式如下：

```
RankNo =
RANKX (
    FILTER ( Customer, Customer[Customer] = EARLIER ( Customer[Custom
er] ) ),
    Customer[Date],
    ,
    ASC
)
```

图 5-85

调用 RANKX 函数的目的是对 Date 列进行排序，而要排序的对象表则由 FILTER 函数生成。通过调用 EARLITER 函数将外层上下文环境中的 Customer 列值作为条件引入到 FILTER

函数内用作生成子表的条件，从而实现了以 Customer 列进行分组，然后生成排序表的要求。

当对原始表 Customer=Forth Coffee、Product=Computers、Date=3/1/2017、Amount=50、Total_Sales=25000、Cum_Sales= 26500 这一行所对应的 RankNo 值进行计算时，逻辑运算过程可以描述为：首先，EARLITER 函数先从外层上下文环境中获取当前行对应的 Customer 列值，即 Forth Coffee；然后，FILTER 函数以 Customer=Forth Coffee 为条件生成一个子表作为 RANKX 函数的排序对象；之后，RANKX 函数对这个子表以 Purchasing Date 大小为依据对数据进行升序排序；最后，根据当前 RANKX 函数所处的行上下文（Customer=Forth Coffee，…，Date = 3/1/2017）获得所对应的排序序号值为 2。

当计算原始表中 Customer = Blue Yonder Airlines，…，Date = 4/1/2017 这行数据所对应的 RankNo 值时，EARLITER 函数从外层上下文环境中获取到的 Customer 值变成了 Blue Yonder Airlines。此时，FILTER 函数返回的子表只包含 Blue Yonder Airlines 的相关数据，从而改变了 RANKX 函数的排序对象，实现了以 Customer 值为依据进行分组排序的要求。

在获取到了以 Customer 作为分类的购买日期排序序号后，可以创建一个计算列 NextDate，再次利用 EARLIER 函数功能获得当前行 Date 的近邻下一次消费日期。为了方便计算，设置当前表的统计截止日期为 12/31/2017，以避免出现消费日期为空的情况出现。参考公式如下，结果参见图 5-86。

```
NextDate =
VAR Next =
    CALCULATE (
        VALUES ( Customer[Date] ),
        FILTER (
            Customer,
            Customer[Customer] = EARLIER ( Customer[Customer] )
                && Customer[RankNo]
                    = EARLIER ( Customer[RankNo] ) + 1
        )
    )
RETURN
    IF ( ISBLANK ( Next ), DATE ( 2017, 12, 31 ), Next )
```

Customer	Product	Date		RankNo	NextDate
Fourth Coffee	Accessories	1/1/2017	500	1	3/1/2017
Blue Yonder Airlines	Bathroom Furniture	2/1/2017	60	1	4/1/2017
Fourth Coffee	Computers	3/1/2017	00	2	5/1/2017
Blue Yonder Airlines	Bathroom Furniture	4/1/2017	00	2	12/31/2017
Fourth Coffee	Accessories	5/1/2017	600	3	8/1/2017
Tailspin Toys	Audio	6/1/2017	00	1	7/1/2017
Tailspin Toys	Audio	7/1/2017	50	2	12/31/2017
Fourth Coffee	Accessories	8/1/2017	00	4	10/1/2017
Litware	Computers	9/1/2017	000	1	12/31/2017
Fourth Coffee	Computers	10/1/2017	00	5	12/31/2017

图 5-86

这里创建自定义变量 Next 的目的是获取与当前行 Date 值紧邻的下一个日期。Next 表达式运算在一个两层嵌套上下文环境中，内层上下文环境来自于 FILTER 函数生成的子表；而外层环境则来自于通过 CALCULATE 函数形成的子表。通过 EARLIER 函数从外层环境中获取当前行上下文对应的 Customer 列值和 RankNo 列值，之后传递给 FILTER 函数，作为生成子表的条件。

当需要计算原始表中 Customer=Forth Coffee、Product=Accessories、Date=1/1/2017、Amount = 150、Total_Sales = 1500、Cum_Salse= 1500、RankNo= 1 这一行数据对应的 Next 值时，其逻辑运算过程可以描述为：首先，EARLIER 函数从 CALCULATE 函数所在的外层上下文环境中获取当前行对应的 Customer 列值和 RankNo 列值，此时分别为 Forth Coffee 和 1。然后，FILTER 函数在 Customer 表的基础上以 Customer 值等于 Forth Coffee、RankNo 值等于 2（1+1）作为条件，生成另外一个子表。该子表只包含一行数据，即 Customer=Forth Coffee，…，Date= 3/1/2017。之后，根据 CALCULATE 函数定义，VALUES 函数需要提取 FILTER 函数返回表中的 Date 列下的数据，此时数据值只有一个，即 3/1/2017；最后，由于自定义变量 Next 在当前上下文条件下的返回结果是 3/1/2017，不为空，因此 IF 函数的返回结果为 3/1/2017，即客户 Forth Coffee 在 1/1/2017 消费后下一次消费时间为 3/1/2017。

获得了相邻日期后就可以利用时间智能函数 DATEDIFF 来计算两次消费日期的时间差。参考公式如下，结果参见图 5-87。

```
Duration =
DATEDIFF ( Customer[Date], Customer[NextDate], DAY )
```

Customer	Product	Date	A	RankNo	NextDate	Duration
Fourth Coffee	Accessories	1/1/2017	500	1	3/1/2017	59
Blue Yonder Airlines	Bathroom Furniture	2/1/2017	350	1	4/1/2017	59
Fourth Coffee	Computers	3/1/2017	600	2	5/1/2017	61
Blue Yonder Airlines	Bathroom Furniture	4/1/2017	000	2	12/31/2017	274
Fourth Coffee	Accessories	5/1/2017	800	3	8/1/2017	92
Tailspin Toys	Audio	6/1/2017	000	1	7/1/2017	30
Tailspin Toys	Audio	7/1/2017	000	2	12/31/2017	183
Fourth Coffee	Accessories	8/1/2017	300	4	10/1/2017	61
Litware	Computers	9/1/2017	000	1	12/31/2017	121
Fourth Coffee	Computers	10/1/2017	800	5	12/31/2017	91

图 5-87

5.8 统计函数

统计函数主要用于统计学上的相关计算。DAX 中的统计类函数功能与 Excel 中的计算公式相似，主要包括用于分类合并操作的 SUMMARIZE、GROUPBY 和 SUMMARIZECOLUMNS 函数，用来计算平均值的 AVERAGE 系列函数，用来计数的 COUNT 系列函数，以及用来计算最大值/最小值的 MAX/MIN 函数等。

5.8.1　SUMMARIZE 函数

SUMMARIZE 函数是早期统计类型函数中最重要、使用频率最高的函数之一。它的功能是允许用户基于当前表及其关联表中的数据来创建筛选或聚合条件,之后根据该条件对表数据进行计算并生成一个新的计算表。

1. SUMMARIZE 函数定义

函数语法:

```
SUMMARIZE(<table>, <groupBy_columnName>[, <groupBy_columnName>]…[,
<name>, <expression>]…)
```

参数:

● <table>: 需要进行整理的表,可以是原始表,也可以是经过表达式计算后生成的表。

● <groupBy_columnName>: 用来指定基于哪一个或几个列来整理数据表。

● <name>,<expression>(选填项): <name>部分填写自定义列的列名,需要用英文双引号引起来; <expression>部分填写一个表达式,用来计算新建列中的数值。

返回值: 一个由<groupBy_columnName>[, <groupBy_columnName>]…列以及[, <name>]…列组成的计算表。

说明:

在 SUMMARIZE 函数中, 如果选择新建自定义列, 就必须指定一个表达式来计算新建列中的值, 否则将有错误返回。

<groupBy_columnName>中只能填写来自于参数<table>或者其关联表中的原始数据列或计算列, 不能填写表达式。

由于 SUMMARIZE 函数的输出结果是一个计算表, 因此不能直接用在计算列或者度量值当中。

2. SUMMARIZE 函数的逻辑运算过程

SUMMARIZE 函数的逻辑运算过程如图 5-88 所示, 分成 3 步来进行:首先, 对原始表按照指定列中的值为条件进行拆分, 生成一个一个的子表;然后, 将上一步生成的子表依次作为表达式的运算环境来进行计算;之后, 将生成的结果存储在与表达式对应的新建列中;最后, 将基准列和新建列中的数据进行存储, 生成一张新的计算表。

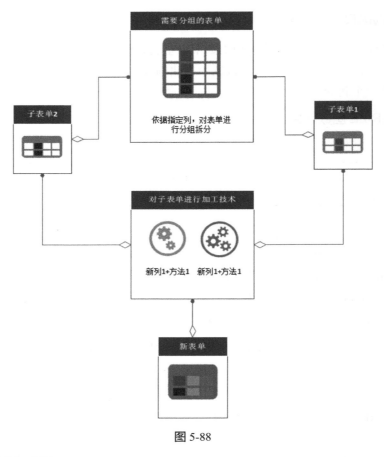

图 5-88

3. 对数据进行分组

SUMMARIZE 函数最常见的应用场景就是对原始表中的数据进行重新分组，然后根据分组信息将相应数据进行聚合运算。例如，图 5-89 展示了一张销售表 SalesInfo 和与其对应的产品报价表 ProductList。

Country	Product	Quantity
Australia	Accessories	800
Australia	Bathroom Furniture	200
Australia	Computers	100
Australia	Audio	300
Canada	Audio	500
Canada	Computers	200
Canada	Bathroom Furniture	200
Canada	Accessories	100
Canada	Clothes	700

Product	Price
Accessories	10
Bathroom Furniture	30
Computers	500
Audio	100
Clothes	30

SalesInfo　　　　　　　　ProductList

图 5-89

可以用 SUMMARIZE 函数新建一张计算表，按照 Country 列值对销售表进行整理，从而获得该国家的产品销售总额。参考公式如下，结果参见图 5-90。

```
SumCountry =
SUMMARIZE (
    SalesInfo,
    SalesInfo[Country],
    "Total Sales", SUMX ( SalesInfo, SalesInfo[Quantity] * RELATED ( P
roductList[Price] ) )
)
```

Country	Total Sales
Australia	94000
Canada	178000

图 5-90

在这个公式中，SUMMARIZE 函数以 Country 列中的数据作为分组，之后用 SUMX 函数对分组后的数据进行求和运算。SUMX 函数使用的参数表 SalesInfo 已经不再是原始表，而是经过 SUMMARIZE 函数按照 Country 进行分组后的子表。求和的过程也变成针对一个 Country 的子表，先求每种产品销售额再汇总求总销售额的过程。SUMX 函数的返回结果被存放在名为"Total Sales"的列中，最后按照定义要求，SUMMARIZE 函数的返回结果是一个包含 Country 列和 Total Sales 列的新表。

4. 对数据进行分类计数

SUMMARIZE 函数另一种常见的应用场景就是先对数据进行分组，然后求分组后的数据行数，即找到满足特定条件数据的个数。例如，图 5-91 是一个游乐场的年票使用记录。这种年票的特点是按月进行结算，一个月当中只要使用过一次，就需要支付 100 元门票费用。一个月内使用多次也是按照 100 元进行收费。当月没有使用过，则无须缴费。

ID	Date	Month
A-1	Monday, January 1, 2018	January
A-2	Tuesday, January 2, 2018	January
A-1	Wednesday, January 3, 2018	January
A-3	Thursday, January 4, 2018	January
A-4	Friday, January 5, 2018	January
A-1	Tuesday, February 6, 2018	February
A-2	Wednesday, February 7, 2018	February
A-2	Thursday, February 8, 2018	February
A-3	Friday, February 9, 2018	February
A-2	Saturday, March 10, 2018	March
A-3	Sunday, March 11, 2018	March
A-3	Monday, March 12, 2018	March
A-4	Tuesday, March 13, 2018	March

图 5-91

如果要计算每个用户的全年花销，就需要以用户为单位，计算该用户一共有多少个月使用过该年票进行参观，如果一个月中有多个记录，那么取一次记录即可。这个问题初看可以创建一个度量值，用 DISTINCTCOUNT 函数计算月份数，之后乘以 100 获得总缴费额。参考公式如下，结果参见图 5-92。

```
TotalCost_DISTINCTCOUNT =
DISTINCTCOUNT ( Tickets[Month] ) * 100
```

ID	TotalCost_DISTINCTCOUNT
A-1	200
A-2	300
A-3	300
A-4	200
总计	300

图 5-92

从图 5-92 的结果可以看到，用 DISTINCTCOUNT 函数统计每个用户的消费额没有问题，但是总计处的结果只有 300，并不是所有用户消费额的总和。它的计算结果其实是当前表中的月份个数乘以 100 所得的数值（3×100），不具有实际意义。因此用 DISTINCTCOUNT 函数来计算这一类需求并不合适。

要解决该问题，可以改用 SUMMARIZE 函数来进行。参考公式如下，结果见图 5-93。

```
TotalCost_Summarize =
COUNTROWS (
    SUMMARIZE (
        Tickets,
        Tickets[ID] ,
        Tickets[Month],
    )
) * 100
```

ID	TotalCost_DISTINCTCOUNT	TotalCost_Summarize
A-1	200	200
A-2	300	300
A-3	300	300
A-4	200	200
总计	300	1000

图 5-93

在这个表达式中，调用 SUMMARIZE 函数的目的是获得一份以用户和月份为单位的记录表。由于 SUMMARIZE 函数对数据进行聚合时有去重的特点，因此在输出表中每个用户同一个月份的记录只会出现一次。使用 COUNTROWS 函数的目的是获取 SUMMARIZE 函数生成的子表的行数。在表中使用 ID 列作为筛选上下文，SUMMARIZE 函数会根据 ID 列中不同的值返回不同的子表，即针对每个用户生成一个反映他哪个月去过游乐场的子表，因此，该子表的行数代表该用户在全年中有多少个月至少去过一次游乐场。用该行数再乘以 100，即可获得用户总消费额。

5.8.2　SUMMARIZECOLUMNS 函数

SUMMARIZECOLUMNS 函数是 SQL Server Analysis Services 2016 架构最新推出的一个函数，功能与 SUMMARIZE 函数几乎相同，都是允许用户基于特定列内容对数据进行提取分组，之后根据表达式条件对分组数据进行计算并生成一个新的计算表，但其书写语法稍有不同。

1. SUMMARIZECOLUMNS 函数定义

函数语法：

```
SUMMARIZECOLUMNS ( <groupBy_columnName> [, < groupBy_columnName >]…,
[<filterTable>]…[, <name>, <expression>]…)
```

参数：

- <groupBy_columnName>：用来指定基于哪一个或几个列来整理数据表。当 groupBy_columnName 来自不同表时，DAX 会按照交叉连接规则进行组合来生成新表。当 groupBy_columnName 都来自同一个表或其关联表时，按照原始表规则进行组合来生成新表。
- <filterTable>（选填项）：填写一个返回结果是表的过滤表达式，用来对上一步生成的表进行过滤。
- <name>, <expression>（选填项）：<name>部分填写自定义列的列名，需要用英文双引号引起来。<expression>部分填写一个表达式，用来计算新建列中的数值。

返回值：一个由<groupBy_columnName>[, <groupBy_columnName>]…列以及[, <name>]…列组成的计算表。

说明：

由于<filterTable>表达式的目的是对<groupBy_columnName>列组成的表进行过滤，因此<filterTable>表达式中的参数列必须至少与其中一个<groupBy_columnName>列来自同一个表才能实现过滤目的。

例如，对图 5-94 中的 SalesInfo 表按照 Country 列进行整理。

Country	Product	Category	Amount
Australia	Accessories	Furnishings	800
Australia	Bathroom Furniture	Furnishings	200
Australia	Computers	Electronics	100
Australia	Audio	Electronics	300
Canada	Audio	Electronics	500
Canada	Computers	Electronics	200
Canada	Bathroom Furniture	Furnishings	200
Canada	Accessories	Furnishings	100
Canada	Clothes	Clothing	700

图 5-94

如果使用下面的参考公式，在 SUMMARIZECOLUMNS 函数中<filterTable>位置处使用 ProductList 表作为过滤条件，那么从结果图 5-95 中可以看出无法按照期望结果对 Country 列进行过滤，因为 FILTER 函数中使用的表与<groupBy_columnName>列并非来自同一表。

```
Filter =
SUMMARIZECOLUMNS (
    SalesInfo[Country],
    FILTER ( ProductList, ProductList[Product] = "Clothes" )
)
```

图 5-95

将上述公式进行改写，将 FILTER 函数中的表替换为 SalesInfo 表后可以实现过滤目的，结果如图 5-96 所示。

```
Filter =
SUMMARIZECOLUMNS (
    SalesInfo[Country],
    FILTER ( SalesInfo, SalesInfo[Product] = "Clothes" )
)
```

图 5-96

2. SUMMARIZECOLUMNS 函数与 SUMMARIZE 函数

SUMMARIZECOLUMNS 函数是 SUMMARIZE 函数的升级变体，从函数语法定义上来看，

SUMMARIZECOLUMNS 函数不需要像 SUMMARIZE 函数一样在对数据进行整合前指定基础表,并可以在参数中直接定义过滤表达式来对整合后的表数据进行二次调整。从计算效率上看,微软在后台对 SUMMARIZECOLUMNS 函数进行了优化,对同样的数据进行处理,其效率要高于 SUMMARIZE 函数。因此,当需要对数据进行分组整合时,应该尽量使用 SUMMARIZECOLUMNS 函数。

5.8.3　GROUPBY 函数

GROUPBY 函数也与 SUMMARIZE 函数的实现功能近似,都用来对数据进行分类整合处理。与 SUMMARIZE 函数不同,GROUPBY 函数中并未隐式地包含 CALCULATE 函数定义,其生成的新表无法直接作为筛选上下文作用于后续表达式之中。因此 GROUPBY 函数只能与迭代函数(例如 SUMX、MAXX、AVERAGEX 等)一起使用,而无法与聚合函数(例如 SUM、MAX、AVERAGE 等)一起使用。

1. GROUPBY 函数定义

函数语法:

```
GROUPBY (<table>, [<groupBy_columnName1>], [<name>, <expression>]… )
```

参数:

- <table>: 需要进行整理的表,可以是原始表,也可以是经过表达式计算后生成的表。
- <groupBy_columnName>(选填项):用来指定基于哪一个或几个列来整理数据表,不能填写表达式。
- <name>,<expression>(选填项):<name>部分填写自定义列的列名,需要用英文双引号引起来。<expression>部分需要使用迭代函数,并且迭代函数中的<table>参数只能使用 CURRENTGROUP 函数。

返回值:一个由<groupBy_columnName>[, <groupBy_columnName>]…列以及[, <name>]…列组成的计算表。

说明:

在 GROUPBY 函数中,如果新建了自定义列,就必须指定一个表达式来计算新建列中的值,否则将有错误返回。

<groupBy_columnName>中只能填写来自于参数<table>或者其关联表中的原始数据列或计算列,不能填写表达式。

在 GROUPBY 函数中,如果要对数据进行计算,只能使用迭代函数,并且迭代函数中的表参数位置必须填写 CURRENTGROUP 函数,不能是原始表或者可以返回表的表达式。

CURRENTGROUP 函数是一个非常特殊的函数,不需要输入参数,目前只与 GROUPBY 函数配合使用。目的是向迭代函数指明其作用范围是经当前 GROUPBY 函数整理过的表。

2. GROUPBY 函数与 SUMMARIZE 函数

GROUPBY 函数与 SUMMARIZE 函数在很多场景下都可以相互替换，两者最大的区别在于 GROUPBY 函数可以嵌套使用，而 SUMMARIZE 函数不能。例如，对之前的图 5-93 所示的 SalesInfo 表按照 Country 列和 Category 列进行销售量汇总，无论使用下面的 GROUPBY 函数还是 SUMMARIZE 函数都可以获得如图 5-97 所示的结果。

```
TotalSales by Category (Groupby) =
GROUPBY (
    SalesInfo,
    SalesInfo[Country],
    SalesInfo[Category],
    "Total Sales", SUMX ( CURRENTGROUP (), SalesInfo[Amount] * RELATED
( ProductList[Price] ) )
)
TotalSales by Category (Summarize) =
SUMMARIZE (
    SalesInfo,
    SalesInfo[Country],
    SalesInfo[Category],
    "Total Sales", SUMX ( SalesInfo, SalesInfo[Amount] * RELATED ( Pro
ductList[Price] ) )
)
```

SalesInfo_Country	SalesInfo_Category	Total Sales
Australia	Furnishings	14000
Australia	Electronics	80000
Canada	Electronics	150000
Canada	Furnishings	7000
Canada	Clothing	21000

图 5-97

当需要在该表基础上再进行一次分类汇总时，获取一张以 Country 和其下 Category 最高销售额组成的表时，如果使用下面的 SUMMARIZE 函数进行嵌套求解，DAX 会返回如图 5-98 所示的错误消息，提示无法识别内层 SUMMARIZE 函数创建的"Total Sales"列。

```
BestSales-Summarize =
SUMMARIZE (
    SUMMARIZE (
        SalesInfo,
        SalesInfo[Country],
```

```
            SalesInfo[Category],
        "Total Sales", SUMX ( SalesInfo, SalesInfo[Amount] * RELATED (
ProductList[Price] ) )
        ),
        SalesInfo[Country],
        "Best Sales", MAX ( [Total Sales] )
    )
```

```
SUMMARIZE (
    SUMMARIZE (
        SalesInfo,
        SalesInfo[Country],
        SalesInfo[Category],
        "Total Sales",
        SUMX ( SalesInfo, SalesInfo[Amount] * RELATED ( ProductList[Price] ) )
    ),
    SalesInfo[Country],
    "Best Sales", MAX ( [Total Sales] )
)
⚠ 无法标识包含 [Total Sales] 列的表。
```

图 5-98

当将上一个函数中的外围 SUMMARIZE 函数替换为 GROUPBY 函数进行嵌套时，由于 MAXX 函数中调用的 CURRENTGROUP 函数可以正确解析出内层函数创建的"Total Sales"列，因此能获得如图 5-99 所示的返回结果。

```
BestSales-Groupby =
GROUPBY (
    SUMMARIZE (
        SalesInfo,
        SalesInfo[Country],
        SalesInfo[Category],
        "Total Sales", SUMX ( SalesInfo, SalesInfo[Amount] * RELATED (
ProductList[Price] ) )
    ),
    SalesInfo[Country],
    "Best Sales", MAXX ( CURRENTGROUP (), [Total Sales] )
)
```

SalesInfo_Country	Best Sales
Australia	80000
Canada	150000

图 5-99

从运算效率来看，对同样的数据进行处理，GROUPBY 函数比 SUMMARIZE 函数和 SUMMARIZECOLUMNS 函数的效率都要低一些，但在数据量较少时并不明显。因此，通常情况下，当有嵌套需求时，外层运算可以使用 GROUPBY 函数来进行。在其他情况下，优先考虑使用 SUMMARIZECOLUMNS 函数。

5.8.4 TOPN 函数

在数据报表中常有一类需求是按照某一规则对数据进行排序，之后根据排序结果获取排名前 N 的数据相关情况。例如，求考试总成绩排名前 10 的学生姓名、求利润率最高的前 10 个产品等。

在 DAX 中要实现该需求，通常使用两个函数来获得：一个是之前介绍过的可以对数据排序、返回排序序列号的 RANKX 函数；另一个是可以返回前 N 行数据表的 TOPN 函数。

1. TOPN 函数定义

函数语法：

```
 TOPN(<n_value>,    <table>,    <orderBy_expression>,    [<order>[,
<orderBy_expression>, [<order>]]…])
```

参数：

- <n_value>：用来指定返回前多少行数据，即 N 值，可以是一个数字，也可以是一个返回单一数字的表达式。
- <table>：用来指定基于哪一个数据表获取前 N 个数据，可以填写一个表或者可以返回表的表达式。
- <orderBy_expression>：此处需要填写一个表达式，该表达式的返回结果将作为<table>表的排序依据。
- <order>（可选项）：如果填写 0、FALSE 或者 DESC，就代表以降序方式对表进行排序，然后返回前 N 行数据；如果填写 1、TRUE 或者 ASC，就按照升序规则对表进行排序，然后返回前 N 行数据。当<order>省略时，DAX 会默认按照 0 处理；如果填写其他数值，DAX 就会报错。

返回值：一个由前 N 行数据组成的新表。

说明：

对 n_value 值，如果填写的是正小数，那么 DAX 会取整数部分以及小数点后一位数，然后按照四舍五入规则转换成整数来确定 N 值。如果填写的值小于或者等于 0，那么返回的结果表为空。

当按照排序结果获取前 N 行数据时，如果有相同排名的数据在前 N 行范围内，那么 TOPN 函数会把这些相同值的数据行都放入返回表中。换句话说，TOPN 函数返回结果表中的行数会大于等于<n_value>值。

TOPN 的输出结果属于无序排序，也就是说虽然会返回前 N 行数据，但是返回结果表中的第一行数据对应的排序数值可能并不是<orderBy_expression>表达式计算结果中的最大值或最小值。

TOPN 函数的返回结果是一个表，意味着如果只使用 TOPN 函数进行计算，就只能通过创建一个计算表来调用。如果想在度量值或者计算列中使用 TOPN 函数，就必须作为其他函数的参数来使用。

2. 对前 N 行数据进行汇总求和

TOPN 函数最常见的应用场景是对某个表按照某个条件获取前 N 行数据，之后再对这些行数据的某一列进行汇总求和。例如，图 5-100 是一张产品销售表 SalesInfo，包含 3 个列，分别是国家（Country）、对应国家的产品（Product）以及销售量（Sales Volume）。

Country	Product	Sales Volume
Australia	Accessories	800
Australia	Bathroom Furniture	200
Australia	Computers	100
Australia	Audio	300
Canada	Audio	500
Canada	Computers	200
Canada	Bathroom Furniture	200
Canada	Accessories	100
Canada	Clothes	700
US	Audio	200
US	Computers	120
JP	Audio	150
JP	Computers	80
UK	Computers	100

图 5-100

如果以国家和产品为依据，求销售量排名前三的产品的销售量总和，就可以创建一个度量值 TopN_Sum，利用 SUMX 函数和 TOPN 函数来获得，参考公式如下，结果参见图 5-101。

```
TopN_Sum =
SUMX (
    TOPN (3,SalesInfo,SalesInfo[Sales Volume] ),
    SalesInfo[Sales Volume]
)
```

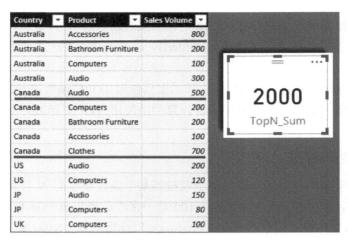

图 5-101

在这个公式中，TOPN 函数按照 Sales Volume 值对原始 SalesInfo 表进行筛选，获得 Sales Volume 值最大的前 3 行数据，将其组成一个新的表作为 SUMX 函数的参数来使用。

进一步用 Product 和刚刚计算获得的 TopN_Sum 创建一个图表，可以得到如图 5-102 所示的结果。

Product	TopN_Sum
Accessories	900
Audio	1000
Bathroom Furniture	400
Clothes	700
Computers	520
总计	2000

图 5-102

单看表统计结果，会造成一种错觉，以为获取的前 N 个产品销售量的总和有问题。因为图表中的"总计"处显示的统计值是 2000，按照理解应该是销售量排名前三的产品的销售额总和，但是显然 1000+900+700 的结果并不等于 2000。之所以出现这个现象，是因为在当前计算表中度量值 TopN_Sum 的计算结果受到 Product 列筛选上下文的影响。例如，当 Product 列值是 Computers 时，如图 5-103 所示，根据筛选上下文的作用，原始表根据 Product=Computers 的条件进行过滤，之后 TOPN 函数对该子表中的 Sales Volume 进行排序，获取前 3 个最大值（200+120+100+100），之后经过 SUMX 进行求和计算。

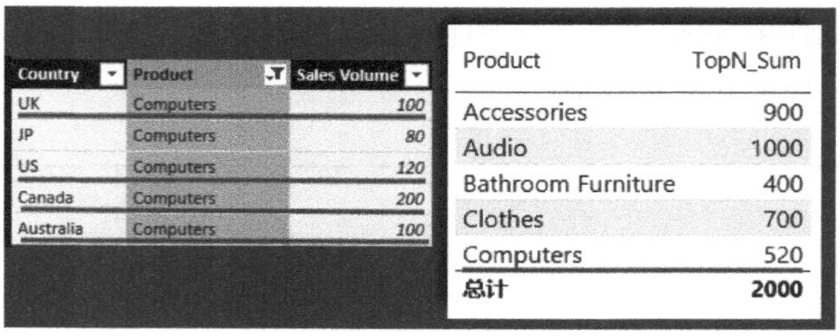

图 5-103

由于 TopN_Sum 的计算公式中表参数直接填写的是当前 SalesInfo 表，因此每次数据的计算都是依据被筛选上下文影响的整个 SalesInfo 表来进行的。如果不按照 Country 列对 Product 进行分类，只是单纯地对每种产品销售量前三的数据进行汇总求和，就需要对 TopN_Sum 函数进行修改，利用 SUMMARIZE 函数，将 TOPN 函数中的参数表变成按照 Product 值汇总过后的数据表，之后进行计算即可。参考公式如下，结果参见图 5-104。

```
TopN_Sum =
SUMX (
    TOPN (
        3,
        SUMMARIZE (
            SalesInfo,
            SalesInfo[Product],
            "Volume", SUM ( SalesInfo[Sales Volume] )
        ),
        [Volume], 0
    ),
    [Volume]
)
```

Product	Sales Volume	TopN_Sum
Accessories	900	900
Audio	1150	1150
Bathroom Furniture	400	400
Clothes	700	700
Computers	600	600
总计	3750	2750

图 5-104

5.9　逻辑函数

逻辑函数是 DAX 表达式中经常使用的一组函数，其主要功能用于条件判断分析，用来根据不同的条件设定来构建不同的返回结果，常见的函数包括 IF、SWITCH 以及 IFERROR 等。

5.9.1　IF 函数

IF 函数作为常见的逻辑函数被广泛地应用到各种逻辑条件判断中。IF 函数用来判断指定条件的真假值（TRUE 和 FALSE 值），之后根据真假返回值来对应输出预先设定的结果。

函数语法：

```
IF(<logical_test>,<value_if_true>, value_if_false)
```

参数:

- <logical_test>: 填写任何可以返回逻辑 TRUE 或者 FALSE 的表达式或值。
- <value_if_true>: 用来指定如果 logical_test 的返回值是 TRUE 时应该返回什么样的结果,若省略则返回结果为 TRUE。
- <value_if_false>: 用来指定如果 logical_test 的返回值是 FALSE 时应该返回什么样的结果,若省略则返回结果为 FALSE。

返回值: IF 函数中定义的 TRUE 或者 FALSE 返回结果。

说明:

当 IF 函数中没有定义 value_if_true 或者 value_if_false 的结果时,Power BI 会认为该处条件对应的 logical_test 的返回值是空字符串,然后根据 IF 函数中对空字符串的定义来返回相应结果。

如果 logical_test 处填写的表达式使用一个计算列作为参数,那么 IF 函数会对该计算列中的每一行进行运算,然后返回对应运算结果。

5.9.2　SWITCH 函数

SWITCH 函数是另外一个常用的逻辑函数,功能和 IF 函数相似。IF 函数只有两种返回结果:要么是逻辑 TRUE,要么是逻辑 FALSE。SWITCH 函数能定义 2 个以上的返回结果,可以根据表达式不同的计算结果来返回不同值。

函数语法:

```
SWITCH(<expression>,<value>, <result>[, <value>, <result>]…[, <else>])
```

参数:

- <expression>: 填写任何可以返回单一逻辑结果的表达式。该表达式将根据其所在上下文进行多次计算。
- <value>: 填写一个常量,该常量可能是<expression>处表达式可以返回的一个结果。
- <result>: 可以填写任何表达式。当<expression>处的返回结果是当前<result>对应的<value>时,就会对该表达式执行计算。
- <else>: 可以填写任何表达式。如果没有任何值符合<expression>处的返回结果,就输出该表达式返回值。

返回值:来自于某个<result>表达式的计算结果。

说明:所有表达式的计算结果必须是同种类型数据。

5.9.3　用 SWITCH 函数替换嵌套 IF 函数

IF 函数和 SWITCH 函数的应用场景都比较简单，主要是根据设定不同的条件来获取不同的返回结果。两个函数可以相互替换。例如，IF(<logical_test>,<value_if_true>, value_if_false) 可以用 SWITCH 函数改写为 SWITCH(<logical_test>, TRUE(), <value_if_true>, value_if_false)。

很多场景下，需要进行判断的条件只有两三种，因此相对来说 IF 函数使用的频率更高。但是有些时候需要判断的条件可能会多于 3 种，此时如果还使用 IF 函数进行书写，就会出现多层嵌套引用的情况，在阅读和书写上都会带来不便。

例如，下面是一个嵌套了 4 层 IF 函数的表达式，其中 IF 函数的判断条件使用了等于表达式：

```
IF Function =
IF (
    expression = 1,
    A,
    IF (
        expression = 2,
        B,
        IF (
            express = 3,
            C,
            IF (
                expression = 4,
                D
            )
        )
    )
)
```

上面的 IF 表达式可以用下面的 SWITCH 表达式进行替代。

```
SWITCH Function =
SWITCH (
    expression,
    1, A,
    2, B,
    3, C,
    4, D
)
```

如果 IF 内的判断条件是下面这种大于或者小于的比较条件：

```
If function =
IF (
    expression > A,
    1,
    IF (
        expression > B,
        2,
        C
    )
)
```

那么可以用下面这种形式的 SWITCH 表达式进行替换：

```
SWITCH function =
SWITCH (
    TRUE (),
    expression > A, 1,
    expression > B, 2,
    C
)
```

在这个 SWITCH 表达式中用 TRUE()函数作为条件判断表达式的参数，相当于无论这个 SWITCH 表达式在何种上下文环境中运行，该判断条件的结果都是 TRUE。根据 SWITCH 的运算特点，Power BI 会依次检查其后面设定的<value>，看其返回结果是否为 TRUE：如果是，就返回其对应的<result>参数结果；如果没有符合条件的<value>，就返回<else>设定值。这样，通过使用一个 TRUE()函数作为条件判断参数，使得后面的 SWITCH 表达式实现前一个 IF 表达式的功能。

5.10 文本函数

DAX 中包含了一系列可以进行文本处理的函数。这些函数的功能与 Excel 中的文本函数类似，但是基于 Power BI 表的特点进行了优化和改造。文本函数主要包括查找特定文本字符串、标记特定文本字符串所在位置、对特定文本进行替换和截取等操作。

5.10.1 FIND 和 SEARCH 函数

FIND 函数和 SEARCH 函数都可以实现文本查找功能。两个函数的作用都是返回一个文本字符串在另一个文本字符串内的起始位置，即 IF 函数或 SEARCH 函数的返回结果是一个数字，表明的是要查找的对象在某个文本中的位置编号。例如，在 "ABC-DE3,G" 这 9 个字符中，如果用 IF 函数或者 SEARCH 函数查找横杆符号（-），那么返回的结果是 4，因为横杆是当前字符串中第四位上的字符。

两个函数的语法基本一致，区别在于 SEARCH 函数支持通配符而 FIND 函数不支持。此外，FIND 函数和 SEARCH 函数都区分字母大小写，不过 SEARCH 函数还区分腔调字。

1. FIND 函数定义

函数语法：

```
FIND(<find_text>, <within_text>[, [<start_num>][, <NotFoundValue>]])
```

参数：

- find_text：定义需要查找的字符串。如果要查找空白字符串，可以直接输入一对双引号（""）。
- within_text：指定在哪一段文本或者包含文本的列中查找字符串。
- start_num（可选项）：定义从文本的哪一位开始进行查找。如果省略，就代表从第一位开始查找。
- NotFoundValue（可选项）：定义没有找到满足条件的字符串时 FIND 函数应该返回什么样的结果。一般可以定义为 0、-1 或者 BLANK()。

返回值：第一次在文本中查找到所需字符串的起始位置。

说明：

- FIND 函数区分字母大小写。
- FIND 函数不支持通配符。
- 查找字符串时，必须定义 NotFoundValue。如果 NotFoundValue 为空，那么当出现某行文本不包含所要查询的字符串时，Power BI 就会如图 5-105 所示，提示 "在给定的文本中找不到提供给函数 "FIND" 的搜索文本"，导致整个 FIND 的返回结果变成 ERROR。

⚠ 在给定的文本中找不到提供给函数"FIND"的搜索文本。

图 5-105

2. SEARCH 函数定义

函数语法：

```
SEARCH(<find_text>, <within_text>[, [<start_num>][,
<NotFoundValue>]])
```

参数：

- find_text：定义需要查找的字符串。允许试用通配符 "?" 和 "*" 进行查找。问号 "?"

可以匹配任意一个字符。星号"*"可以匹配任意多个字符。如果想要查找的是问号或者星号，就需要在问号或者星号前加波浪符"~"。

- within_text: 指定在哪一段文本或者包含文本的列中查找字符串。
- start_num（可选项）: 定义从文本的哪一位开始进行查找。如果省略，就代表从第一位开始查找。
- NotFoundValue（可选项）: 定义没有找到满足条件的字符串时 SEARCH 函数应该返回什么样的结果。一般可以定义为 0、-1 或者 BLANK()。

返回值：第一次在文本中查找到所需字符串的起始位置。

说明：

SEARCH 函数区分字母大小写并且区分腔调字。例如，当查找 Apple 时，apple 不满足查询条件；当查找 Itauguá 时，Itaugua 不满足查询条件。

使用 SEARCH 函数查找字符串，如果没有定义 NotFoundValue，就与 FIND 函数一样，当所要查找的文本不包含指定字符串时，Power BI 会返回"在给定的文本中找不到提供给函数"SEARCH"的搜索文本"的错误提示信息。

5.10.2 LEN、LEFT、MID 和 RIGHT 函数

LEN、LEFT、MID 和 RIGHT 函数是一组经常被用来对文本进行定位标记的函数。这几个函数经常与 FIND 或者 SEARCH 函数配合使用，可以根据特定字符串对原始数据进行拆分。

1. LEN 函数

LEN 函数的功能是可以返回字符串长度。

函数语法：

```
LEN(<text>)
```

参数：

- Text: 填写需要计算字符串长度的文本或列。空格符号会当作一个字符串进行计算。

返回值：一个整数，表示当前字符串的长度。

说明：DAX 函数中对字符的存储都采用 Unicode 方式，并不区分单字节语言或者双字节语言，因此 LEN 函数的返回结果也不区分语言设定。例如，LEN 函数对文本"ABC"和文本"一二三"的计算结果相同，都等于 3。

2. LEFT 函数

LEFT 的作用是返回从文本字符头开始指定数目的字符串。对文本"ABC-DE3,G"来说，当使用 LEFT 函数去返回前 5 个字符时，可以获取字符串"ABC-D"。

函数语法：

```
LEFT(<text>[, <num_chars>])
```

参数：

● text：需要查找的文本或者包含文本的列。
● num_chars（可选项）：用于指定需要返回多少个字符。如果没有填写，就默认返回一个字符。

返回值：按指定位数截取的字符串。

3. MID 函数

MID 的作用是返回从文本字中间开始指定数目的字符串。对文本"ABC-DE3,G"来说，当使用 MID 函数从第三个字节开始截取并返回 2 个字符时，可以获取字符串"C-"。

函数语法：

```
MID(<text>, <start_num>, <num_chars>)
```

参数：

● text：需要查找的文本或者包含文本的列。
● start_num：第一个满足查找条件字符所在的位置，从 1 开始。
● num_chars：用于指定需要返回多少个字符。

返回值：按指定位数截取的字符串。

4. RIGHT 函数

RIGHT 的作用是返回从文本字结尾开始倒序指定数目的字符。对文本"ABC-DE3,G"来说，当使用 RIGHT 函数返回后 5 个字符时，可以获取字符串"DE3,G"。

函数语法：

```
RIGHT(<text>[, <num_chars>])
```

参数：

● text：需要查找的文本或者包含文本的列。
● num_chars（可选项）：用于指定需要返回多少个字符。如果没有填写，就默认返回一个字符。

返回值：按指定位数截取的字符串。

5. 对数据按照特定符号拆分

FIND、LEN 以及 LEFT 函数等常见的一类应用是按照特定符号对数据进行拆分。例如，图 5-106 显示了一个包含城市、省份以及国家信息的列。

图 5-106

如果想从该数据列中提取城市信息，就可以通过创建一个计算列调用 FIND 函数和 LEFT 函数来获得。参考公式如下，结果参见图 5-107。

```
City =
LEFT (
    'Address'[Location],
    FIND (
        ",",
        'Address'[Location]
    ) - 1
)
```

图 5-107

在 City 这个表达式中，用 FIND 函数获取第一个逗号出现的位置，通过减 1 即可获得 City 部分字符串的长度，之后通过 LEFT 函数进行截取。

如果想要在 Location 列中获得国家的信息，除了使用 FIND 函数和 RIGHT 函数以外，还需要使用 LEN 函数。方法如下，结果参见图 5-108。

```
Country =
RIGHT (
    'Address'[Location],
    LEN ( 'Address'[Location] )
        - FIND ( ",", 'Address'[Location], FIND ( ",", 'Address'[Loca
tion] ) + 1 )
)
```

Location	City	Country
New York City,New York,US	New York City	US
Shenzhen,Guangdong,China	Shenzhen	China
Islington,London,UK	Islington	UK
Melbourne,Victoria,Australia	Melbourne	Australia

图 5-108

在获取 Country 信息的表达式中，用 RIGHT 函数从最右侧进行提取，提取的长度是通过 LEN 计算出的整个文本长度减去第二个逗号（包括该逗号）前的文本长度。第二个逗号的位置可以通过一个嵌套的 FIND 函数来获得。其中，最外围的 FIND 函数定义了需要在 Location 列去寻找逗号字符所在位置，而内层 FIND 函数则规定了查找的起始位置是从第一个逗号之后，所以可以顺利地获得第二个逗号前所有字符的长度。

要提取省份信息，就需要使用 MID 函数，并利用 City 列和 Country 列中的计算结果来获得。参考公式如下，结果参见图 5-109。

```
Province =
MID (
    'Address'[Location],
    LEN ( 'Address'[City] ) + 2,
    LEN ( 'Address'[Location] ) - LEN ( 'Address'[City] )
        - LEN ( 'Address'[Country] )
        - 2
)
```

Location	City	Country	Province
New York City,New York,US	New York City	US	New York
Shenzhen,Guangdong,China	Shenzhen	China	Guangdong
Islington,London,UK	Islington	UK	London
Melbourne,Victoria,Australia	Melbourne	Australia	Victoria

图 5-109

提取 Province 这部分信息是利用 MID 函数来获得的。从总文本长度中减去 City 部分字符长度，获得 City 中最后一个字符串的位置，通过+2 的操作，确认截取 Province 信息的起始位置。截取长度等于文本总长度先减去 City 和 Country 两列的字符长度再减去两个逗号的字符长度。这样，通过利用之前获得的 City 和 Country 列就可以轻松地得到 Province 列信息。

5.10.3 REPLACE 函数和 SUBSTITUTE 函数

1. REPLACE 函数

REPLACE 函数可以用来对文本中的部分内容进行替换，可以将指定数量的字符串替换成其他字符串。

函数语法：

```
REPLACE(<old_text>, <start_num>, <num_chars>, <new_text>)
```

参数：

- text：需要替换的文本或者包含文本的列。
- start_num：需要进行替换的字符串的起始位置。
- num_chars：需要进行替换的字符串长度。
- new_text：用于替换的新字符串。

返回值：返回替换后的新文本。

2. SUBSTITUTE 函数

SUBSTITUTE 函数也可以将文本中指定的字符串内容替换成新的字符串，多用于数据整理或者数据层次结构划分。

函数语法：

```
SUBSTITUTE(<text>, <old_text>, <new_text>, <instance_num>)
```

参数：

- text：需要替换的文本或者包含文本的列。
- old_text：需要进行替换的字符串。
- new_text：新字符串。
- instance_num（可选项）：用于指定需要替换多少个 old_text。如果省略，默认所有满足条件的字符都将被替换。

返回值：返回替换后的新文本。

说明：

- SUBSTITUTE 函数适用于批量替换某一个特殊字符串。REPLACE 函数更适合对某一长度的字符串进行替换。SUBSTITUTE 函数可以将文本中多次出现的特殊字符串通过一次操作就全部进行替换；而 REPLACE 函数则只能替换某一指定位置开始向后 N 个字节的字符串，即使该 N 个字节的字符串在文本中多次重复出现，也只能替换指定位置处的部分。
- SUBSTITUTE 函数区分字母大小写。

5.10.4　PATH 函数与 PATHITEM 函数

PATH 函数与 PATHITEM 函数严格来说隶属于父子函数类型，但是经常被用来处理文本类型数据。父子级关系数据是指一组数据，按照一定的层次结构关系进行排列划分。最基本的例子就是一个网站的 URL。例如，https://Power BI.microsoft.com/en-us/，其中主站点是 Power BI.microsoft.com，子站点是 en-us。再比如 C:\Program Files\Microsoft 这一个文件夹路径，根节点是 C，子节点是 Program Files，而 Program Files 本身又是 Microsoft 这个节点的父节点。

1. PATH 函数

PATH 函数可以用来构造数据之间的父子结构关系。

函数语法：

```
PATH(<ID_columnName>, <parent_columnName>)
```

参数：

- ID_columnName: 一类每一行都包含唯一标识符的数据列，只能是文本类型或者整数类型，并且与 parent_columnName 列的类型一致。
- parent_columnName: 包含唯一标识符的数据列，用来存储 ID_columnName 列父级信息。

返回值：用界定符号竖线"|"分隔的父子信息的文本。

说明：

- PATH 函数中一律用竖线符号"|"作为父子节点的分隔符。
- ID_columnName 和 parent_columnName 两列的数据类型必须相同，并且只能是文本或者整数类型。
- parent_columnName 中的值必须在 ID_columnName 中存在。
- 当 parent_columnName 列中包含空值时，PATH 函数会返回其对应的 ID_columnName 列值。
- ID_columnName 列值为空时，PATH 函数返回空值。
- ID_columnName 列中有重复数据，但是其对应的 parent_columnName 列中的数据不一致时，PATH 函数会返回错误。
- ID_columnName 列中包含竖线符号"|"时，PATH 函数会返回错误。

例如，对图 5-110 所示的员工信息表提取父子关系，就可以通过 PATH 函数来进行。

Employee	Manager
Rick	
Leo	Marry
John	Marry
Kate	Luke
Marry	Luke
Peter	Rick
Luke	Judy
Judy	Rick
Cindy	John
Jack	Leo

图 5-110

参考公式如下，结果参见图 5-111。

```
Structure =
PATH ( EmployeeList[Employee], EmployeeList[Manager] )
```

有一点需要注意，原始数据中 Employee 列下 Rick 这一行值对应的 Manager 列值为空，在 Power BI 数据视图下会显示成空白形式（图 5-111 所示的情况），但是在图 5-112 所示的查询编辑器中则显示为 null 形式。

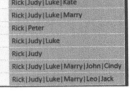

图 5-111 　　　　　　　　　　　图 5-112

如果查询编辑器中也显示成空白，那么应用 PATH 函数时会出错，提示 parent_columnName 列中的值没有都包含在 ID_columnName 列中。

2. PATHITEM 函数

PATHITEM 函数实现的是返回 Path 函数生成的分割列表中的第 N 项，可以用来做数据提取。

函数语法：

```
PATHITEM(<path>, <position>[, <type>])
```

参数：

- path：符合 PATH 函数返回值格式的文本。
- position：填写整数或者可以返回整数的表达式，用来指定返回第几级数据。
- type（可选项）：如果为空或者 0，那么函数返回结果为一个字符串；如果是 1，那么返回结果是整数。

返回值：PATH 函数返回字符串中指定层级位置上的数据。

说明：

- 指定返回的层级小于 1 或者不存在，PATHITEM 函数会返回空。
- type 位置填写了除 0 或者 1 以外的数据，PATHITEM 函数会报错。
- 利用 PATHITEM 函数可以对文本按照特定字符进行截取，相比利用 FIND、LEN、LEFT 函数等的组合形式要简单一些。例如，对图 5-106 的 Location 列提取 City 值时，可以创建一个计算列，利用 SUSTITUTE 函数和 PATHITEM 函数来获得。参考公式如下，结果如图 5-113 所示。

```
City =
PATHITEM ( SUBSTITUTE ( 'Address'[Location], ",", "|" ), 1 )
```

图 5-113

在这个新的获取 City 信息的公式中，利用原始数据具备父子级结构关系的特点，用 SUBSTITUTE 函数将 Location 列中的逗号都替换成竖线，构造出符合 PATH 函数返回结果的数据。之后利用 PATHITEM 函数去指定返回结果中的第 1 层级，就可以获得 City 列中的数据。

同理，将 PATHITEM 函数中的层级数改成 2 就可以返回 Province 信息，改成 3 就可以返回 Country 信息。相比利用 MID 函数和 RIGHT 函数去截取数据要简单方便一些。

5.11　日期和时间函数

时间是数据分析中经常使用到的条件。与 Excel 表中的时间函数类似，DAX 也提供了丰富的函数用于对时间类型数据进行运算，常见的主要有创建日历表单、将数字列转换成时间列、拆分日期列、将秒换算成"天:小时:分钟:秒"格式以及将"小时:分钟:秒"时间类型格式数据转换成秒等。

5.11.1　创建日历表

在对时间相关的数据进行分析时往往需要使用一个单独的日历表作为时间轴，以便将不同的时间数据关联起来，并以该时间轴为依据做进一步的分析计算。

例如，有一张表记录了一组文件的创建和修改时间，如图 5-114 所示。

Name	CreatedDate	ModifiedDate
!LZR2080.PDF	7/31/2005 12:00:00 AM	6/2/1994 12:00:00 AM
!LZR2080.PDF	7/31/2005 12:00:00 AM	6/3/1994 12:00:00 AM
#HT Menu.xls	11/28/2010 12:00:00 AM	11/17/2009 12:00:00 AM
_1Shortcut to SETUP.lnk	6/18/2008 12:00:00 AM	11/10/2005 12:00:00 AM
_FM_0000.IDX	7/31/2005 12:00:00 AM	3/6/1996 12:00:00 AM
inst16.ex	7/31/2005 12:00:00 AM	7/8/2000 12:00:00 AM
INST32I.EX	7/31/2005 12:00:00 AM	5/26/1998 12:00:00 AM
INST32I.EX	6/18/2008 12:00:00 AM	5/26/1998 12:00:00 AM
INST32I.EX	7/31/2005 12:00:00 AM	7/31/1998 12:00:00 AM
INST32I.EX	6/18/2008 12:00:00 AM	7/31/1998 12:00:00 AM
INST32I.EX	7/31/2005 12:00:00 AM	2/23/1999 12:00:00 AM
INST32I.EX	7/31/2005 12:00:00 AM	7/8/2000 12:00:00 AM
INST32I.EX	6/18/2008 12:00:00 AM	2/20/2002 12:00:00 AM
INST32I.EX	7/31/2005 12:00:00 AM	6/14/2002 12:00:00 AM

图 5-114

如果想要获得一张折线图显示每天都有多少文件被创建和修改，就需要使用一张日历表，然后以天为单位，统计当天被创建或修改的数据总和。通常情况下，这个日历表需要至少满足以下条件：

- 必须有一个日期类型的数据列。
- 日期列中的时间范围至少要包含所有原始表中涉及的时间点。
- 时间必须是连续完整的。
- 不能有重复数据。

创建表的方式有很多，最简单的方式是使用下面的 CALENDAR 函数定义一个 20 年的日历表。

```
Table =
CALENDAR (
    DATE ( 1998, 1, 1 ),
    DATE ( 2018, 12, 1 )
)
```

如果想获得一个自增长形式的日历，可以将上面的表达式改造一下变成下面这种形式：

```
Table =
CALENDAR (
    DATE ( 1998, 1, 1 ),
    NOW ()
)
```

如果想要基于某个表中日期列的最小值和最大值来创建日历，可以使用以下表达式来生成日历表：

```
Table =
CALENDAR (
    IF (
        MIN ( FileInfo[CreationTime] ) <= MIN ( FileInfo[LastModified
Time] ),
        MIN ( FileInfo[CreationTime] ),
        MIN ( FileInfo[LastModifiedTime] )
    ),
    IF (
        MAX ( FileInfo[CreationTime] ) >= MAX ( FileInfo[LastModified
Time] ),
        MAX ( FileInfo[CreationTime] ),
        MAX ( FileInfo[LastModifiedTime] )
    )
)
```

5.11.2　将数字列转换成时间列

有些外部数据源将时间数据存储采用了数字形式，例如用 20170122 表示 2017 年 1 月 22 日。采用这种存储方式的数据列在导入到 Power BI 中时会被认为是整数类型，无法自动转换成日期格式，不能做时间相关的运算，如图 5-115 所示。

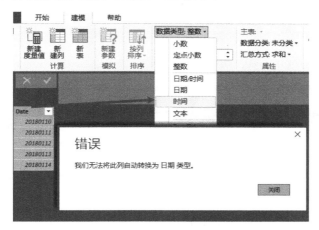

图 5-115

要解决该问题，有两种思路：

● 一种是在数字形式的日期上添加斜杠"/"，将年月日分开。例如，将 20170122 变成 2017/01/22 格式之后就能被 Power BI 自动识别并转换成日期类型数据。转换方法可以用下面的 DAX 表达式来进行：

```
DateFormat =
LEFT ( DateNumber[Date], 4 ) & "/"
    & MID ( DateNumber[Date], 5, 2 )& "/"
    & RIGHT ( DateNumber [Date], 2 )
```

● 另一种方式是根据原始数据将其拆分成年份、月份和日期，之后调用 DATA 函数将其转换成日期时间数据，参考表达式如下：

```
DateFormat =
DATE (INT (LEFT (DateNumber[Date],4)),
INT (MID (DateNumber[Date], 5,2)),
INT (RIGHT (DateNumber[Date],2))
 )
```

5.11.3　拆分日期列

有的时候需要将日期数据拆分成 3 列或者 4 列，以便单独存储年份、季度、月份以及星期信息。最简单的拆分方法就是使用 FORMAT 函数，方法如下，结果参见图 5-116。

```
Year =
FORMAT ( 'Table'[Date], "YYYY" )
Quarter =
FORMAT ( 'Table'[Date], "Q" )
Month =
FORMAT ( 'Table'[Date], "MMMM" )
Weekday =
FORMAT ( 'Table'[Date], "DDDD" )
```

Date	Year	Quarter	Month	Weekday
Weekday = FORMAT('Table'[Date],"DDDD")				
3/28/2018 12:00:00 AM	2018	1	March	Wednesday
3/29/2018 12:00:00 AM	2018	1	March	Thursday
3/30/2018 12:00:00 AM	2018	1	March	Friday
3/31/2018 12:00:00 AM	2018	1	March	Saturday

图 5-116

其中，如果月份位置使用的是"FORMAT ('Table'[Date], "MM")"就可以获得数字类型的月份信息。同样的，如果星期部分使用的是"('Table'[Date], "DD")"就会获得数字类型的日期。

需要注意的是，当拆分后得到的月份或者星期是文本类型数据时，Power BI 会按照字母顺序对该列数据进行排序。要解决该问题，需要创建一个数字类型的排序列，然后对文本类型数据选择以数字列为基准进行排序。例如，要对文本类型的月份列进行排序，可以先将原始日期列拆分出一个数字类型的月份，然后将文本类型月份按照数字类型月份进行排序，如图 5-117 所示。

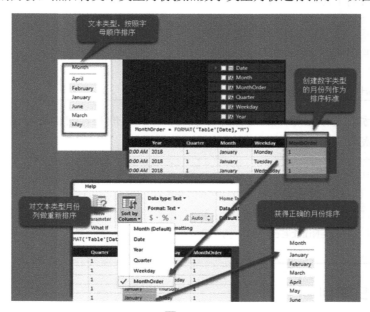

图 5-117

如图 5-118 所示，Power BI 在 2018 年之后发布的版本中默认开启了"在字段列表中将日期显示为层次结构"功能。该功能自动将日期类型数据列在后台转换，拆分成一个单独的表进行存储，并提供了年份、季度、月份以及日期的层次结构，供用户直接使用。这一功能简化了日期数据列的构造，使得用户无须再手动对日期列进行拆分。

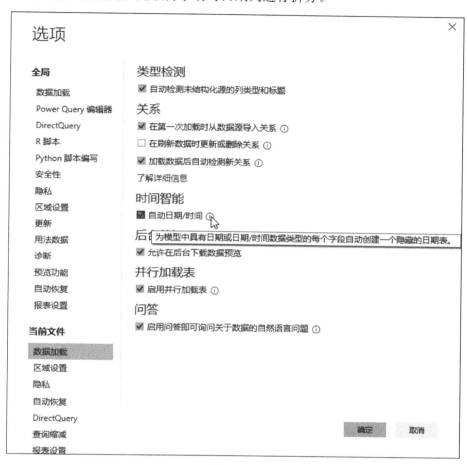

图 5-118

5.11.4　将秒换算成"天:小时:分钟:秒"格式

有一些原始数据会采用以秒为单位的形式记录时间，例如某个线程使用 CPU 的时间为 3600 秒。在某些应用场景中，将秒制单位的数据直接显示在报表中对于报表使用者来说并不方便。为了解决该问题，可以将秒转换成"天:小时:分钟:秒"这种格式，以方便用户阅读。

转换的思路可以利用除法函数和余数函数来进行，方法如下：

① 获取天数：1 天=86400 秒，用秒数除以 86400 得到的商（取整）就是转换后得到的天数。在 DAX 中可以通过 INT 函数获取商。

② 获取小时：1 小时=3600 秒，用原始秒数减去转换成天数的秒数后除以 3600，得到的商（取整）就是小时。

③ 获取分钟：1 分钟 = 60 秒，通过用原始秒数减去转换成天数和小时的秒数后除以 60，得到的商（取整）就是分钟。

④ 获取秒：用原始秒数减去转换成天、小时和分钟的秒数。

⑤ 将获得的天、小时、分钟以及秒使用&操作进行连接，即可获得所需的时间日期格式。

参考公式如下，结果参见图 5-119。

```
RunTime=
VAR Duration = [RunSeconds]
VAR Days =
    INT ( Duration / 86400 )
VAR Hours =
    INT ( ( Duration - ( Days * 86400 ) ) / 3600 )
VAR Minutes =
    INT ( ( Duration - ( Days * 86400 ) - ( Hours * 3600 ) ) / 60 )
VAR Seconds = Duration
    - ( Days * 86400 )
    - ( Hours * 3600 )
    - ( Minutes * 60 )
VAR D = "" & Days
VAR H =
    IF ( LEN ( Hours ) = 1, "0" & Hours, "" & Hours )
VAR M =
    IF ( LEN ( Minutes ) = 1, "0" & Minutes, "" & Minutes )
VAR S =
    IF ( LEN ( Seconds ) = 1, "0" & Seconds, "" & Seconds )
RETURN
    D & ":"& H& ":"& M& ":"& S
```

RunSeconds	RunTime
3600	0:01:00:00
27600	0:07:40:00
571099	6:14:38:19
876	0:00:14:36
426107	4:22:21:47
7652	0:02:07:32
216939	2:12:15:39
765	0:00:12:45
113981	1:07:39:41
9834	0:02:43:54

图 5-119

5.11.5 将"小时:分钟:秒"时间类型格式数据转换成秒

当原始数据中的时间以"小时:分钟:秒"（HH:MM:SS）形式进行显示时，虽然能提高用户的阅读性，但是如果要对其进行求和或者其他数学运算，就必须将"小时:分钟:秒"格式转

换成秒数来进行。换算过程可以通过创建一个度量值来进行，参考公式如下，结果如图 5-120
所示。

```
Seconds_Measure =
    SELECTEDVALUE ( 'Second'[Time] )* 86400
```

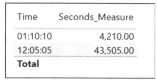

图 5-120

这个表达式由两部分组成：

● 第一部分使用 SELECTEDVALUE 函数获取'Second'[Time] 列下的值。目的是当使用
  Seconds_Measure 这个度量值创建可视化对象时，可以利用筛选上下文条件返回 Time
  列中的每一行值。

● 第二部分是将 Time 列中的值乘以 86400 来获得秒数（1 天=86400 秒），这是利用在
  DAX 语言中日期时间在内部的存储格式是小数这一特性来获得的。例如，1 天 1 小
  时 1 分 1 秒换算成小数就变为 1.042373。如图 5-121 所示，通过 Power BI 中提供的
  数据转换功能可以直接将时间类型数据转换成小数类型数据。

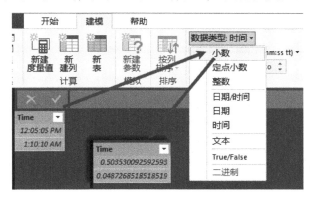

图 5-121

需要注意的是，通过使用 Power BI 数据类型功能进行秒数转换的前提是"小时:分钟:秒"
所在列必须是时间类型，即小时的数字范围是 0~24 之间的整数、分钟是 0~60、秒是 0~60。
在某些情况下，数据表中的小时数会超过 24 小时。例如，在图 5-122 中最后一行的数据是
25:01:01，代表 25 小时 1 分 1 秒。当将其转换成小数时，Power BI 会弹出错误提示，告知无
法将该列转换成时间类型。因此，无法使用上面的公式将其转换成秒。要解决该问题，需要对
"小时:分钟:秒"进行拆分，将拆分出来的数值先分别换算成秒再相加。创建一个计算列
ToSecond，参考表达式如下，结果参见图 5-123。

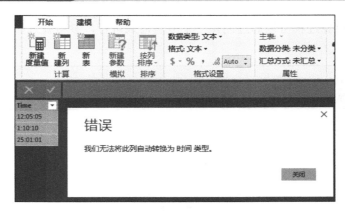

图 5-122

```
ToSecond =
VAR hh =
    PATHITEM ( SUBSTITUTE ( 'Second_O1D'[Time],":","|" ), 1 ) *3600
VAR mm =
    PATHITEM ( SUBSTITUTE ( 'Second_O1D'[Time],":","|" ), 2 ) * 60
VAR ss =
    PATHITEM ( SUBSTITUTE ( 'Second_O1D'[Time],":","|" ), 3 )
RETURN
    hh + mm+ ss
```

Time	ToSecond
12:05:05	43505
1:10:10	4210
25:01:01	90061

图 5-123

在这个表达式中，利用 SUBSTITUTE 和 PATHITEM 分别提取了原始数据列中小时、分钟和秒的数值。通过 SUBSTITUTE 函数将原始字符串中的冒号（:）都替换成竖线（|），用于构造出满足 PATH 函数返回字符串要求的数据。然后利用 PATHITEM 函数按照层级位置分别提取出代表小时、分钟和秒的数值，之后将小时和分钟换算成秒数再相加，获得以秒为单位的总时间。

5.12 自定义变量

自定义变量是 DAX 中一种非常特殊的变量，作用是将某个表达式的结果存储为一个参数，供其他函数使用。使用自定义变量可以在很大程度上简化复杂函数的书写过程，提高函数的可读性。同时，自定义变量本身的计算结果仅仅与定义它的最外围表达式最初所在的上下文有关，不会受到调用它的函数所在的上下文关系所影响，这就使得用自定义函数定义的参数具有固定性，可以当作是普通的计算列类型的参数所使用。

在 DAX 中使用自定义变量，需要使用 VAR 关键字来承载自定义变量内容，然后使用 RETURN 关键字来调用自定义变量的返回结果。

5.12.1　VAR 关键字

设定自定义变量时，需要先写出 VAR 关键字再设定自定义变量的具体内容。

关键字语法：

```
VAR <name> = <expression>
```

参数：

- name：用来设定自定义变量名称。支持英文字母和数字组合，但是不能以数字开头；除了可以使用双下画线 "__" 作为前缀以外，不支持使用其他的特殊字符，包括空格；不能跟内置函数重名；不能与已存在的表同名，但是可以跟已有的原始数据列重名。
- expression：可以返回单一值或表的表达式。

返回值：以自定义参数命名的表达式的返回结果。

说明：

- 一个自定义变量中使用的表达式可以用另一个自定义变量做参数。
- 自定义变量中使用的表达式将在定义它的最外围表达式最初所在的上下文中进行运算。也就是说，当一个表达式中使用了自定义变量时，DAX 会最先对自定义变量进行计算，之后会将其结果缓存起来，等外围函数对其进行调用时直接将结果代入进行计算。
- 在度量值中可以使用自定义变量，但需要注意自定义变量必须在当前度量值中定义，在其他函数中定义的自定义变量不能在当前度量值中使用。

5.12.2　RETURN 关键字

自定义变量全部设定完毕后，填写 RETURN 关键字，之后就可以在表达式中调用设定的自定义变量。

关键字语法：

```
VAR <name> = <expression>
[VAR <name2> = <expression2> [...]]
RETURN <result_expression>
```

参数：

- result_expression：填写使用自定义变量的表达式。

返回值：使用自定义变量表达式的返回结果。

5.12.3 自定义变量基本用例

使用自定义变量在很大程度上可以对复杂的 DAX 表达式进行简化,同时也能减轻后续表达式的相关维护工作。例如,图 5-124 是一张产品销售清单。根据之前的介绍可知,使用 RANKX 函数可以依据产品销售量对每种产品进行排序并获得其排序序号。

如果只想获得销售量排名前三的产品,在当前条件下,只能通过修改可视化对象使用的筛选器来获得,如图 5-125 所示。

Product	TotalA_SUM	RankQ_A
Accessories	900	1
Audio	800	2
Bathroom Furniture	400	4
Clothes	700	3
Computers	300	5
总计	**3100**	**1**

图 5-124

图 5-125

这种通过修改筛选器方式来过滤数据只能对当前可视化对象起作用,如果报表中还有一个如图 5-126 所示的与当前表有关联关系的柱形图,那么这一过滤方法对这个柱形图不会生效。

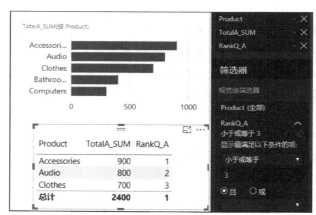

图 5-126

如果想制作一个切片器,通过选择切片器上不同的数值来动态获取 TopN 数据,就需要添加新的 DAX 表达式来获得。方法是先创建一个模拟参数(参考 2.6.11 小节)来作为切片器使用的字段,之后将该模拟参数作为获取 TopN 数据的参数来使用。

要获取销售量前 N 的数据,其思路是:如果某一行数据的销售量排序值(RankQ_A)小于等于根据切片器 TopN 中选择的值,就可以将该行数据显示到可视化对象当中;如果大于 TopN 中的值,就不显示。当选择不同的 TopN 值时,可视化对象就可以进行动态变化了。实现该过程的参考公式如下:

```
TopN_Amount =
VAR SelectedTop =
```

```
        SELECTEDVALUE ( 'TopN'[TopN] )
    RETURN
        SWITCH (
            TRUE (),
            SelectedTop = 0, [TotalA_SUM],
            [RankQ_A] <= SelectedTop, [TotalA_SUM]
        )
```

这个表达式中使用了一个自定义变量 SelectedTop 去调用 SELECTEDVALUE 函数来获取用户在 TopN 切片器中选择的数值。之后调用 SWITCH 函数去根据不同情况判断应该输出什么样的结果。使用自定义变量 SelectedTop 的好处是可以使当前表达式更加清晰易读。同时，如果今后需要对切片器 TopN 值进行修改，就可以直接编辑自定义变量 SelectedTop，而无须对 RETURN 中的内容做任何修改。

在 SWITCH 函数中的< expression>参数使用了 TRUE()表达式，这意味着 Power BI 会遍历后面设定的< value>条件，看其返回结果是否为 TRUE：如果是 TRUE，就返回当前<value>后面的< result>结果，如果不是 TRUE 就看下一个< value>条件的返回结果。

在 SWITCH 函数中，第一组< value>…< result>用来判断用户在切片器 TopN 中选择的结果是否为 0。如果是 0 就按照外围筛选条件输出度量值 TotalA_SUM 的计算结果（TotalA_SUM = SUM(SalesInfo[Amount])）。第二组< value>… < result>判断由度量值 RankQ_A 获得的排序序号是否小于或者等于用户在切片器处选择的 TopN 数值。如果是，就按照外围筛选条件对应输出度量值 TotalA_SUM 的结果。由于当前 SWITCH 没有定义<else>参数，因此当度量值 RankQ_A 计算出的结果大于 TopN 值时 SWITCH 函数的返回结果会变成 Error，相当于不输出后面的结果。

创建完这个度量值 TopN_Amount 之后就可以用其创建可视化对象来动态获取 TopN 数据，如图 5-127 所示。

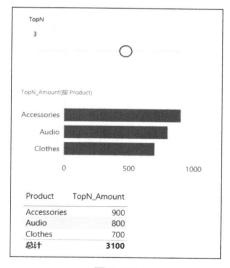

图 5-127

5.12.4 使用自定义变量代替 EARLIER 函数

前面介绍过 EARLIER 函数和 EARLIEST 函数，当表达式中出现嵌套行上下文场景时，通过在内层表达式中使用 EARLIER 函数或者 EARLIEST 函数，可以从当前行上下文中跳出，到外层行上下文去引用数据进行计算。自定义变量本身有一个特点，即其计算结果仅仅与定义它的最外围表达式最初所在的上下文有关，不会受到调用它的函数内部修改的上下文关系所影响。因此，可以通过使用自定义变量来替换 EARLIER 函数和 EARLIEST 函数，使表达式更加清晰易懂。

例如，可以使用下面的表达式计算图 5-128 中每种产品的累计销售额。

```
Cum_Sales =
SUMX (
    FILTER (
        Customer,
        Customer[Customer] = EARLIER ( Customer[Customer] )
            && Customer[Date] <= EARLIER ( Customer[Date] )
    ),
    Customer[Total_Sales]
)
```

Customer	Product	Date	Amount	Total_Sales	Cum_Sales
Fourth Coffee	Accessories	1/1/2017	150	1500	1500
Blue Yonder Airlines	Bathroom Furniture	2/1/2017	45	1350	1350
Fourth Coffee	Computers	3/1/2017	50	25000	26500
Blue Yonder Airlines	Bathroom Furniture	4/1/2017	55	1650	3000
Fourth Coffee	Accessories	5/1/2017	30	300	26800
Tailspin Toys	Audio	6/1/2017	110	11000	11000
Tailspin Toys	Audio	7/1/2017	90	9000	20000
Fourth Coffee	Accessories	8/1/2017	250	2500	29300
Litware	Computers	9/1/2017	20	10000	10000
Fourth Coffee	Computers	10/1/2017	30	15000	44300

图 5-128

Cum_Sales 表达式中包含两层嵌套上下文环境，内层是通过 FILTER 函数形成的子表所规定的上下文环境，外层是 Cum_Sales 表达式本身所在表中的上下文环境。通过 EARLIER 函数功能，将当前外层表中的 Customer 列和 Date 作为条件，引入到 FILTER 函数里面，用来作为生成子表的筛选条件。

这个 Cum_Sales 表达式可以使用下面包含自定义变量的 Cum_Sales_VAR 来替换，参考公式如下，结果如图 5-129 所示。

```
Cum_Sales_VAR =
VAR Current_Customer = Customer[Customer]
VAR Current_Date = Customer[Date]
```

```
RETURN
    SUMX (
        FILTER (
            Customer,
            Customer[Customer] = Current_Customer
                && Customer[Date] <= Current_Date
        ),
        Customer[Total_Sales]
    )
```

Customer	Product	Date	tal_Sales	Cum_Sales	Cum_Sales_VAR
Fourth Coffee	Accessories	1/1/2	1500	1500	1500
Blue Yonder Airlines	Bathroom Furniture	2/1/2	1350	1350	1350
Fourth Coffee	Computers	3/1/20	25000	26500	26500
Blue Yonder Airlines	Bathroom Furniture	4/1/20	1650	3000	3000
Fourth Coffee	Accessories	5/1/2	300	26800	26800
Tailspin Toys	Audio	6/1/2	11000	11000	11000
Tailspin Toys	Audio	7/1/20	9000	20000	20000
Fourth Coffee	Accessories	8/1/201	2500	29300	29300
Litware	Computers	9/1/20	10000	10000	10000
Fourth Coffee	Computers	10/1/201	15000	44300	44300

图 5-129

之所以自定义变量 Current_Customer 可以替换 EARLIER 函数，是因为自定义变量是在定义它的最外层函数 SUMX 本身所在上下文环境中进行运算的，而不是在 FILTER 函数内重新建立的上下文中运行的。

例如，当 Cum_Sales_VAR 表达式运行到 Customer = Forth Coffee、Product = Computers、Date = 3/1/2017、Amount = 50、Total_Sales = 25000、Cum_Sales = 26500 这一行数据时，自定义变量 Current_Customer 在当前上下文中获取的 Customer 值为 Forth Coffee，而另外一个自定义变量 Current_Date 的返回值则为 3/1/2017。这样，对于 FILTER 函数，其过滤条件就变成获取满足 Customer[Customer] = Forth Coffee 并且 Customer[Date] <= 3/1/2017 的子表。这与之前使用 EARLIER 来获取将当前外层表中的 Customer 列和 Date 作为 FILTER 函数内使用的过滤条件效果相同，因此可以用自定义变量来代替表达式中的 EARLIER 函数。

第 6 章

◄ 产品销售报表示例分析 ►

前几章介绍讲解了 Power BI 桌面应用服务和在线应用服务的基本功能以及使用方法，本章将通过一个具体的产品销售数据示例来介绍如何使用 Power BI 创建一张供销售人员使用的数据分析报表，具体操作包括数据的获取、整理、建模，图表的创建，以及报表用户角色的定义等内容。

本章示例使用的数据源是微软公司免费向公众提供的 AdventureWorks 示例数据库。该数据库记录了一家虚拟跨国公司管理、运营、销售等相关信息，可以在微软的官方网站进行下载，网址是 https://docs.microsoft.com/zh-cn/sql/samples/adventureworks-install-configure?view=sql-server-2017。

目前，微软提供了 5 个版本的 AdventureWorks 示例数据库供用户使用，本章将使用 SQL Server 2017 版本对应的数据库，文件名称是 AdventureWorksDW2017.bak。SQL Server 数据库还原以及加载方法可参考微软官方文档中的相应介绍。

6.1　数据源简介

AdventureWorks 示例数据库中一共包含 30 多张表，主要涉及的数据包括公司员工信息、产品属性信息、产品销售信息、采购运输信息等几大部分。本示例中将主要分析产品销售情况，因此加载的数据主要来自于员工（Person）、产品（Production）以及销售（Sales）这 3 组表中，具体包含的表如表 6-1 所示。

表 6-1　加载的数据表

表名	主要内容	主键
Person.Address	用户地址信息，主要包括所在州、城市、街道等信息	AddressID
Person.BusinessEntity	提供一个 ID 用于连接门店、客户以及员工相关地址联系信息	BusinessEntityID
Person.BusinessEntityAddress	中介表，将地址信息与相应的销售商、终端客户和员工进行关联	BusinessEntityID AddressID AddressTypeID
Person.CountryRegion	提供一组按照 ISO 标准编码的国家和地区信息 ID	CountryRegionCode

（续表）

表名	主要内容	主键
Person.StateProvince	提供一组省份/州名称的相关 ID 信息	StateProvinceID
Production.Product	记录了产品的基本属性信息，包括产品名称、类型、型号、尺寸、价格上市销售日期、下架日期等相关信息	ProductID
Production.ProductPhoto	记录了产品图片的 Base64 编码	ProductPhotoID
Production.ProductProductPhoto	中介表，用于连接产品和其对应的产品图片	ProductID ProductPhotoID
Sales.Customer	客户基本信息，包括客户 ID、出售该商品的商店 ID 以及所在地区 ID 信息	CustomerID
Sales.SalesOrderHeader	销售订单基本信息，包括订单创建时间、发货时间及状态、销售人员 ID、客户 ID 等相关信息	SalesOrderID
Sales.SalesOrderDetail	销售订单详细信息，包括销售的产品信息、单价、数量、折扣等相关信息	SalesOrderID SalesOrderDetailID
Sales.SalesPerson	销售人员基本信息，包括销售额、分成、去年销售业绩等相关信息	BusinessEntityID
Sales.SalesTerritory	销售地区信息，包括地区 ID、销售额、花销额等相关信息	TerritoryID
Sales.Store	门店信息	BusinessEntityID

在这些表中，Sales.SalesOrderHeader 表处于核心位置，从这张表中的信息出发可以查找客户的个人信息、所购买的产品信息、销售人员和门店的相关信息等。通过对这些信息的整理，可以进一步分析出每种产品的销售情况、销售人员的销售业绩以及线上线下门店的营业收入等信息；在此基础上，还可以再进一步地挖掘分析客户的购买习惯和消费倾向、每种产品在各个地区市场上的受欢迎程度以及销售人员或门店的业绩表现等信息。

此外，AdventureWorks 示例数据库中还提供了一部分视图，可以用来提取用户、产品以及销售情况等详细信息。这些视图也可以导入 Power BI 当中生产相应的表，用来进行数据分析。在本示例中将使用的视图如表 6-2 所示。

表 6-2　视图信息

视图名称	主要内容
Sales.vPersonDemographics	可以查询用户的个人信息，包括姓名、性别、受教育程度、年收入、以及基本家庭成员情况等
Sales.vStoreWithDemographics	能查询销售门店基本情况，包括门店位置、大小以及员工数量等

小贴士

在使用 Power BI 连接数据源之前需要花费一定的时间来充分了解原始数据构成、表之间的关联关系以及每张表中大致包含的数据内容。这样做的目的是明确所要分析的数据表，从而节省数据加载时间并提高数据建模效率。

6.2 加载数据

在 SQL Server 中还原完 AdventureWorks 示例数据库后，需要将其导入 Power BI 桌面应用服务中进行数据整理。导入 SQL Server 数据库表的操作步骤如下：

（1）单击 Power BI 桌面应用程序"主页"导航栏下的"获取数据"按钮，如图 6-1 所示，选择导入 SQL Server 类型的数据源。

图 6-1

（2）在图 6-2 所示的 SQL Server 数据库配置页面中填写服务器名称及数据库名称，之后单击"确定"按钮。

图 6-2

（3）在图 6-3 所示的连接凭证配置页面中可以根据当前环境信息选择恰当的认证方式，填写完毕后单击"连接"按钮来加载预览数据。

图 6-3

（4）如图 6-4 所示，在"导航器"窗口中选择所要导入的表，之后单击"编辑"按钮将数据以预览形式导入 Power BI 的查询编辑器中。

图 6-4

6.3　整理数据

绝大多数情况下，原始数据中都会缺少或者包含一些冗余信息，无法直接进行建模制图。

因此，在将数据导入到 Power BI 后需要对其进行整理，整理方向主要包括：删除原始表中的空列，无用列，更改部分表名称，替换部分数据信息，合并或拆分某些列内容，统一表时间格式单位，添加时间轴表等。

小贴士
目前，Power BI 有两处位置可以对原数据进行加工整理，分别是 Power Query 查询编辑器和数据视图。在查询编辑器中对数据进行整理意味着在数据导入到 Power BI 生成数据集前进行编辑，这种方式能优化并减少需要进行导入的数据量，可以从根本上提升数据分析效率。因此，制作可视化报表时应该首先使用查询编辑器中的功能对数据进行整理，之后再使用数据视图中的功能加工数据。如果两者提供相同的功能，应优先考虑在查询编辑器中对数据进行整理。

6.3.1　修正问题数据

在 AdventureWorks 示例数据库中有部分数据不完整，有一些列中的部分内容是空值（null），对报表分析结果会产生一定影响。为了便于报表阅读和使用，可以假设根据需要对这部分数据进行修正。如图 6-5 所示，在 Production.Product 表内的 ProductLine 列下有部分数据是空值，如果想要以 ProductLine 为单位分析产品的销售情况就不太方便，此时可以根据需要对这些值进行替换。

1²₃ DaysToManufacture	A^BC ProductLine	A^BC Class
0	null	null
0	null	null
1	R	H
1	R	H
0	S	null
0	S	null

图 6-5

如果想要将空值（null）统一替换成字母 A，操作方法如下：

（1）选中 ProductLine 列，如图 6-6 所示，单击"主页"导航栏下的"替换值"按钮。

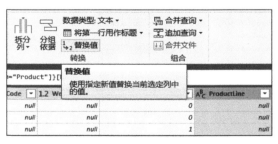

图 6-6

（2）在图 6-7 所示的"替换值"窗口中将"null"替换成"A"，单击"确定"按钮。之后 Power BI 就会自动对所有 ProductLine 列中符合条件的内容进行替换。

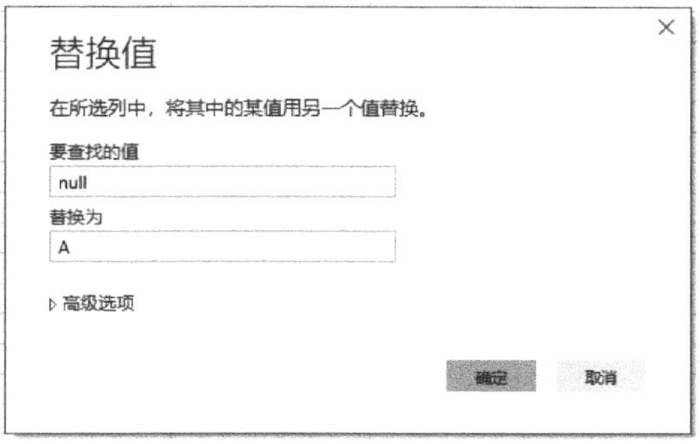

图 6-7

这一操作中所使用的 M 语言脚本如下：

```
    #"Replaced Value" = Table.ReplaceValue(Production_Product,null,"A",
Replacer.ReplaceValue,{"ProductLine"})
```

在替换操作中使用了 Table.ReplaceValue 函数。该函数的功能是查找指定文本，如果存在就按照规定条件进行替换；如果不存在就不做操作。该函数使用语法如下：

```
 Table.ReplaceValue(#"Changed Type","Text to find","Text to
replace",Replacer.ReplaceText,{"Target Column Name"})
```

如果要基于一定条件来对值进行替换，如当 Class 列值是 L 时，将 ProductLine 列中的值替换成 T，就需要打开高级编译器，然后填写一段 M 脚本，如图 6-8 所示。

图 6-8

按照既定条件进行数值替换需要使用 M 语言中的 if … else … 函数组来进行。方法是在 Table.ReplaceValue 函数中添加判断条件，只有当 Class 列中的数值是 M 时才进行替换，不符合条件则保持不变。M 语言参考脚本如下，执行结果如图 6-9 所示。

```
#"Replaced Conditional Value" = Table.ReplaceValue(#"Replaced
Value",each[ProductLine],each if [Class]="M " then "T" else [ProductLine],
Replacer.ReplaceValue,{"ProductLine"})
```

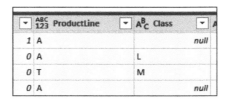

图 6-9

	小贴士

在 AdventureWorks 示例数据库中有一些数值存储得不规范。例如，Class 列中的字母值后面有一个空格，因此在书写 each if [Class]="M "这段脚本时必须书写成字母 M 后跟一个空格的形式，否则无法获得期望结果。

6.3.2　数据格式转换

数据格式转换指的是将外部数据源存储的某些特殊数据转换成便于 Power BI 识别使用的数据形式，主要包括更改数据类型、数据单位以及数据存储方式等。在进行数据准备时要确保需要加载的数据格式可以被 Power BI 正常使用，以避免造成加载出错。此外，还需要注意不要加载无用数据到 Power BI 数据集当中以免影响后续的建模分析。

如图 6-10 所示，在 AdventureWorks 示例数据库中以二进制的方式存储了产品的图片信息。如果想在 Power BI 报表中显示这些图片信息，就需要对其进行 Base64 编码处理，然后将该编码存储到表中，最后通过解析将图片显示在可视化对象内。

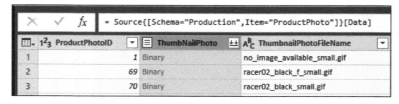

图 6-10

对 Production.ProductPhoto 表中的二进制格式图片进行 Base64 编码处理，步骤如下：

（1）选中 ThumbNailPhoto 列，如图 6-11 所示，单击"主页"导航栏上的"数据类型"按钮，将这列数据类型从"二进制"改为"文本"。

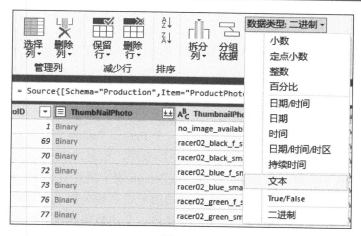

图 6-11

（2）选择"添加列"导航栏中的"自定义列"按钮，打开"自定义列"对话框，如图 6-12
所示，对 ThumbNailPhoto 列中的数据添加"data:image/jpg;base64,"前缀，以便将其内容转换
成 Power BI 可以识别的 Base64 编码文件，参考公式如下：

```
#"Added Custom" = Table.AddColumn(#"Changed Type", "ThumbPicture", each
"data:img/jpg;base64,"&[ThumbNailPhoto])
```

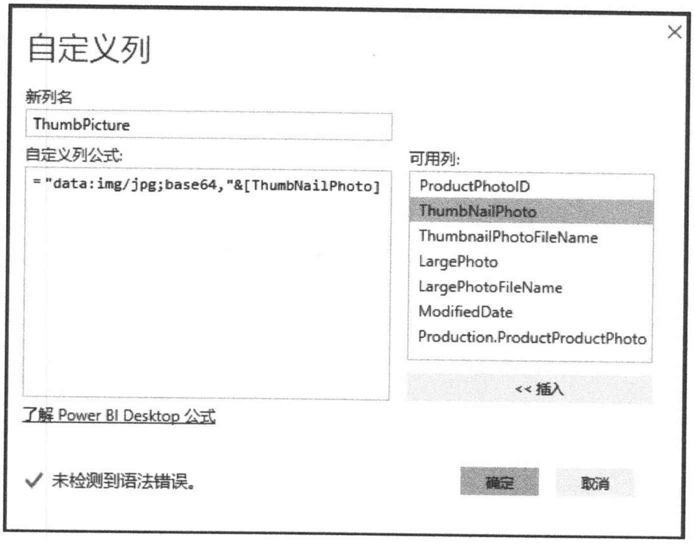

图 6-12

（3）单击"确定"按钮后 Power BI 会创建一个新列 ThumbPicture，用于存储 Base64
编码文件。之后，为了提高建模效率，可以将 ThumbNailPhoto 列删除，以便减少需要
加载的数据。

6.3.3 提取必要信息

通常情况下，外部数据源中会存储大量的数据表，很多对象描述信息会分散存储在不同表中，然后通过特定的标识进行关联。在使用 Power BI 进行数据分析时，为了提高数据分析效率，很多情况下只需加载包含主体数据信息的表。对于补充说明信息，可以通过使用自定义函数进行查询，然后将其追加到主表中来使用即可。

例如，在 AdventureWorks 示例数据库中有一个 Person.Person 表，主要存储了用户的个人信息，包括 ID、姓名、职位、联系方式等。其他涉及用户信息的表只存储了用户 ID，当需要具体查看用户信息时，可以通过这个 ID 到 Person.Person 表中进行查询来获取。由于创建 Power BI 产品销售报表只需要使用 Person.Person 表中的用户姓名相关信息，因此为了减少数据加载量，可以选择不导入 Person.Person 表，而是通过自定义函数将其包含的用户姓名信息追加到 Sales.SalesPerson 表中来使用。提取方法如下：

（1）AdventureWorks 示例数据库中提供了一个获取用户联系信息的函数 ufnGetContactInformation。如图 6-13 所示，新建一个查询，打开导航器，选择将 ufnGetContactInformation 函数导入 Power BI 中。

图 6-13

（2）导入成功后选中 Sales.SalesPerson 表，选择"添加列"导航栏下的"调用自定义函数"功能，打开如图 6-14 所示的配置窗口。创建一个新列，用来存储用户姓名信息，在"功能查询"处选择刚刚导入的 ufnGetContactInformation 函数。之后将 PersonID 参数的类型更改为"列名"并使用 Sales.SalesPerson 表中的 BusinessEntityID 列作为查询依据。

图 6-14

（3）单击"确定"按钮后如图 6-15 所示，Power BI 会在 Sales.SalesPerson 表中新建一个 Sales 列，列中以嵌套表的形式存储了对应用户的信息。

图 6-15

（4）如图 6-16 所示，单击 Sales 列名旁的展开按钮，选择 FirstName 和 LastName 两个数据列，之后单击"确定"按钮将用户姓名信息提取到当前 Sales.SalesPerson 表中。

图 6-16

6.3.4　补充说明信息

在数据分析中有时会使用一些标识信息对特定数据进行分类，通常这种信息在外部数据源中并不存在，需要另行创建并存储在 Power BI 数据集中。如果需要补充的说明信息比较少且固定,可以直接在 Power BI 中创建表进行添加。如果要补充的信息数据量比较大并需要定期更新,可以通过创建 Excel 或者文本/CSV 文件进行存储,之后再加载到 Power BI 中来使用。

为了了解 AdventureWorks 示例数据库中消费者的消费习惯,可以在 Power BI 中新建一个 IncomeCategory 表,用来将消费者的年收入进行分类,以此来分析不同收入群体对不同产品的购买倾向。

IncomeCategory 表创建方法如图 6-17 所示,选择"主页"导航栏下的"输入数据"选项,在"创建表"窗口中输入 ID 列和与其对应的收入分类信息。单击"确定"按钮之后 Power BI 就会自动将这些信息添加到数据集当中。

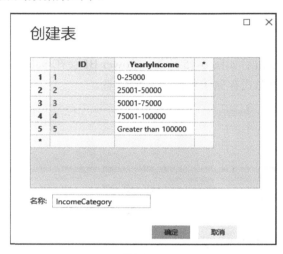

图 6-17

小贴士
这部分信息也可以使用 Excel 来添加。需要注意,如果 Excel 文件存储在了本地磁盘,当 Power BI 数据集文件被复制到其他机器进行编辑时,Excel 文件也需要被一同复制,并且更新引用 Excel 文件的路径,以便 Power BI 可以正确加载相关数据信息。

6.3.5　添加日历表

很多数据分析都会要求以时间为横坐标来分析某一变量在某一特定时期内的增减情况。在 Power BI 中要想实现这种基于时间变化的数据分析就需要使用一个特定的日历表,该表需要至少满足以下几个条件:

- 必须有一个日期类型的数据列。
- 日期列中的时间范围至少要包含所有原始表中涉及的时间点。
- 时间必须是连续完整的。
- 不能有重复数据。

如果外部数据源中没有符合条件的日历表,就需要在 Power BI 内部进行创建。创建方式有两种:一种是使用 M 语言在查询编辑器中进行,另一种是使用 DAX 语言在数据视图中创建。

要想使用 M 语言创建日历表，需要先新建一个"空查询"，之后打开"高级编译器"用 date 函数来编写一段脚本。如果要创建一个固定区间的日历，就可以直接使用 date 函数确定日期表中的起始时间，然后调用 List.Dates 函数创建一个列表，参考公式如下，结果参见图 6-18。

```
Source= #date(2019,1,1),
CreateDateList = List.Dates(Source, 365, #duration(1,0,0,0)),
```

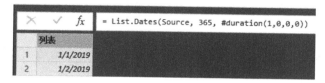

图 6-18

这里面 List.Dates 函数的功能是创建一个日期列表，它的函数定义语法如下：

```
List.Dates(start as date, count as number, step as duration)
```

其中，start 定义列表中日期的起始时间，count 定义列表中数据的个数，step 定义日期间隔值。

列表创建完毕后，选择"转换"导航栏下的"到表"功能（见图 6-19），将该列表转换成表，之后对该列进行重命名并将类型设定为"日期"即可使用。

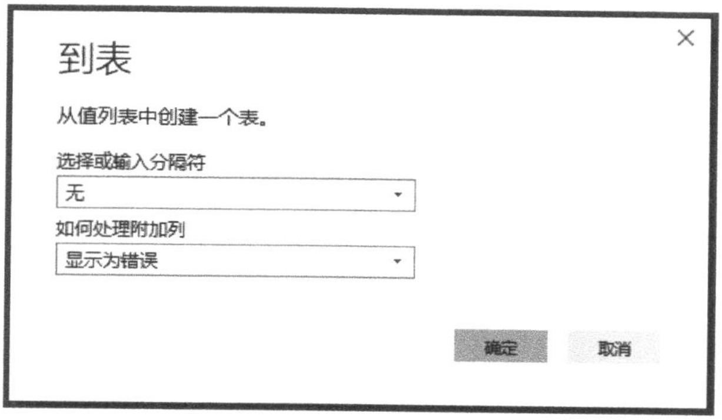

到表

从值列表中创建一个表。

选择或输入分隔符
无

如何处理附加列
显示为错误

确定　　取消

图 6-19

如果想创建一个自增长类型的日历，即日历的结束日期与当天查看报表的日期相同，就需要对上面的 M 脚本进行修改，将 List.Dates 内的 count 参数改成实时日期与起始日期的天数差值。参考公式如下：

```
List.Dates(Source,Number.From(DateTime.LocalNow())-Number.From(Source), #duration(1,0,0,0))
```

要使用 DAX 语言创建日历表，可以在数据视图页面创建一个新表，然后使用 CALENDAR 函数来实现。如果需要固定日期范围的日历表，可以参考下面的公式来创建：

```
Calendar = CALENDAR(DATE(2019,1,1),DATE(2019,12,31))
```

如果想基于某一数据表中的最小和最大日期来创建日历，就可以在 CALENDAR 函数内嵌套 MIN 函数和 MAX 函数来实现，参考公式如下：

```
Calendar =
CALENDAR (
MIN ( 'Sales SalesOrderHeader'[OrderDate] ),
MAX ( 'Sales SalesOrderHeader'[OrderDate] )
)
```

用 DAX 语言的 CALENDAR 也可以创建自增长日历，方法是确定日历起始日期后使用 NOW 函数获取当前时间即可。参考公式如下：

```
Calendar =
CALENDAR ( DATE ( 2019, 1, 1 ), NOW () )
```

表创建完毕后，还需要对其进行进一步整理，将年、月、日等信息进行提取并排序，从而提供一个多时间粒度体系的日历表。默认情况下，如图 6-20 所示，Power BI 会自动使用"时间智能"功能，为模型中日期或者日期/时间类型的数据列创建一个隐藏的日期表，这个日期表会按照当前表中的日历范围将时间分成年、季度、月份和日。在进行时间相关数据统计时可以直接使用这些日期单位进行统计。

图 6-20

如果导入或创建的日历表没有自动生成相应的日期层次结构，也可以通过手动方式进行创建。方法是在"数据视图"中选择日历表，单击"主页"菜单上的"新建列"选项，之后使用 FORMAT 函数来提取日期中的年、季度、月份以及日期信息。参考公式如下，结果参见图 6-21。

```
Year = FORMAT('Calendar'[Date],"YYYY")
Month_Name = FORMAT('Calendar'[Date],"MMMM")
Month_No = FORMAT('Calendar'[Date],"M")
Quarter = FORMAT('Calendar'[Date],"Q")
Quarter = FORMAT('Calendar'[Date],"Q")
```

其中，需要创建两个计算列对月份类型数据进行保存。第一个计算列获取的是英文单词形式的月份信息；第二个计算列是阿拉伯数字形式的月份信息。之所以需要创建两个月份列，是因为英文单词形式的月份列的数据类型是文本，当对该列进行排序时 Power BI 会如图 6-22 所示按照字母顺序进行，与实际月份排序意义不符。

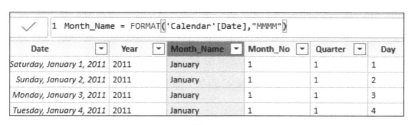

图 6-21　　　　　　　　　　　　　　　　　　　　　图 6-22

要想修正该问题，就需要创建一个对应的阿拉伯数字形式的月份列，然后以此列为依据对之前的英文单词月份列进行排序。方法是如图 6-23 所示，选中英文单词形势的月份列"Month_Name"，单击"建模"导航栏上的"按列排序"按钮，之后选中阿拉伯数字形式的月份列"Month_No"即可。

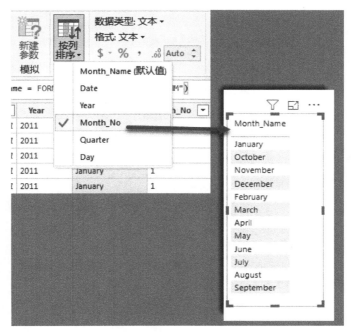

图 6-23

6.4　设置表关联关系

数据导入 Power BI 桌面应用之后需要根据表之间的业务联系来设置关联关系，从而实现跨表的数据查询需求。如果事先在 Power BI 桌面应用选项菜单中勾选了"加载数据后自动检测新关系"复选框，在加载数据时，Power BI 会自动尝试在各个表之间建立连接关系。不过很多情况下自动添加的关联关系并不正确，需要根据实际情况进行手动修改。修改点主要包括更改关联列、修改基数关系以及确定交叉筛选器方向。

6.4.1　确定主表

建立表关联关系应该首先确定导入表之间的业务逻辑关系，然后找到主表，再从主表出发将其他表关联起来。如果导入的表涉及不同业务组，就需要先将同组表规整到一起，然后确定主表，最后根据业务组之间的关系将这些表关联起来。

如图 6-24 所示，根据业务逻辑，导入的 AdventureWorks 示例数据库表可以分为 3 个业务组：一组是用户（Person）相关表，存储了用户的个人信息，主表是 Person.BusinessEntity；一组是销售记录（Sales）相关表，记录了公司产品的销售信息，主表是 Sales.SalesOrderHeader；还有一组是产品（Product）相关表，包括产品型号、特征、发布时间等信息，该组的主表是 Production.Product。

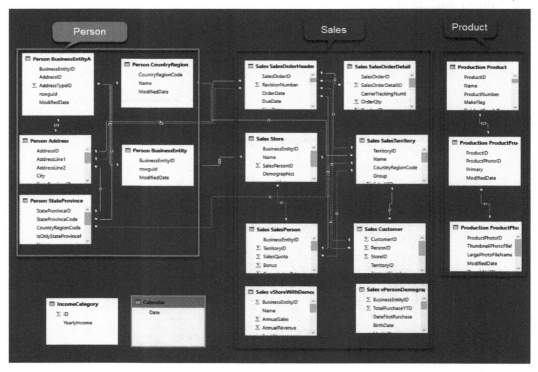

图 6-24

此外，对于补充表信息，例如日期表（Calendar）和收入分类表（IncomeCategory），可以将其暂放一边，等其他数据表关联完毕后再进行处理。

6.4.2　建立关联关系

确定好主表后就可以从它出发根据业务逻辑将其他表与其关联起来。对于用户（Person）组，主表 Person.BusinessEntity 中的 BusinessEntityID 是主键，通过这列 ID 信息可以查找相应用户的地址信息、所在省份以及国家信息。因此，可以根据这一业务逻辑，设置如图 6-25 所示的关联关系。

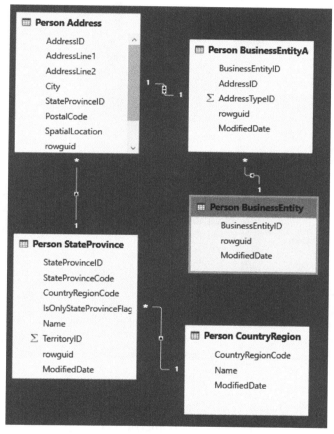

图 6-25

其中，Person.BusinessEntity 表中的 BusinessEntityID 列存储的是用户信息标识，通过该列可以在 Person.BusinessEntity 表和 Person.BusinessEntityAddress 表之间创建一个一对多基数的关联关系，即 Person.BusinessEntityAddress 表中的每一行数据都可以在 Person.BusinessEntity 表中找到其对应行。对于 Person.BusinessEntityAddress 表和 Person.Address 表，通过 AddressID 列可将其关联起来，进而可以查询到用户的地址信息。

在销售记录（Sales）组中，Sales.SalesOrderHeader 表是主表，其下包含了销售商品的主要信息。以它为基准，可以创建如图 6-26 所示的关联关系。

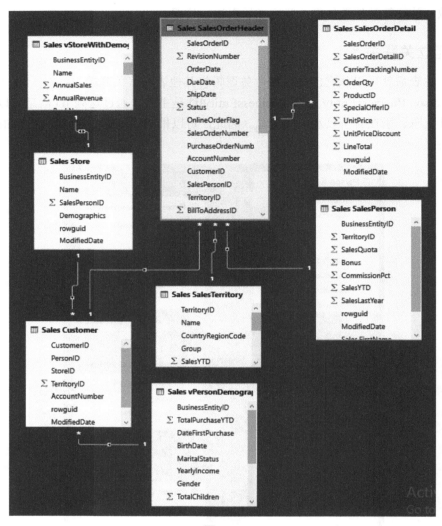

图 6-26

其中，Sales.SalesOrderHeader 表通过 SalesOrderID 这个主键与 Sales.SalesOrderDetail 形成一个一对多的关联关系，即 Sales.SalesOrderHeader 表中的每一行信息都可以在 Sales.SalesOrderDetail 表中查到对应信息。而 Sales.Customer 表则可以通过 CustomerID 这一主键与 Sales.SalesOrderHeader 表建立一对多的关联关系。进一步的，Sales.Customer 表可以通过其下的 StoreID 列与 Sales.Store 表下的 BusinessEntityID 列建立多对一关联关系，从而使得 Sales.SalesOrderHeader 表与 Sales Store 表也形成了关联关系。

最后，对于产品（Product）组，以 Production.Product 表为主表，可以创建如图 6-27 所示的关联关系。

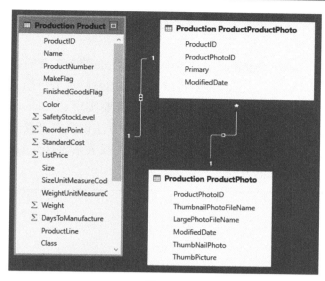

图 6-27

产品（Product）组的逻辑比较简单，Production.ProductProductPhoto 表通过 ProductID 列与 Product.Product 表实现了一对一关联，通过 ProductPhotoID 列与 Production.ProductPhoto 表建立了多对一的关联关系，从而使得 Product.Product 表也与 Production.ProductPhoto 表形成了多对一的关联关系。

3 个组内部的关联关系创建完毕后可以开始建立组之间的关联关系。思路也是从各个组内的主表出发，看是否能直接建立关联关系。如果不能，就以其他表为基准尝试创建。

对于 AdventureWorks 示例数据库，Sales.SalesOrderDetail 表和 Production.Product 表有比较明显的联系，两者可以通过其下的 ProductID 列进行关联，从而实现销售（Sales）组和产品（Product）组之间的跨区域查询。对于用户（Person）组和销售（Sales）组，通过观察发现 Person.BusinessEntity 表和 Sales.Store 表之间可以通过 BusinessEntityID 列建立起一对一的关联关系，这样就使得 3 组之间的数据可以进行相互查询。

处理完原始表后就可以将补充信息表与其进行关联。对于日历表（Calendar），其功能是建立时间轴以对特定数据进行分析，因此可以将其与 Sales.SalesOrderHeader 表中的 OrderDate 列进行关联，从而分析产品在不同时间段的销售情况。对于收入分类表（IncomeCategory），由于其目的是对用户收入情况进行概括分组，因此直接将其与收入列表相关联即可。

6.4.3　指定交叉筛选器方向

Power BI 桌面应用中的"交叉筛选器方向"用于限定数据的查询方向。当使用 "单一"交叉筛选器时，就意味着只能以箭头起始端表中的数据为条件去箭头尾端的表中进行查询，反之则无法进行。使用"两个"交叉筛选器设定则允许以两张表中的数据互为条件进行查询，可以使数据筛选变得更为灵活。

默认情况下，除了一对一关联关系的表，Power BI 会自动将其他类型的关联关系设置成 "单一"交叉筛选器以避免表之间出现闭合回路。在 AdventureWorks 示例数据库中，由于需要从用户、产品和销售量 3 个角度来对数据进行分析，因此需要对部分交叉筛选器进行调整，以实现表之间的相互查询。

例如，默认情况下 Sales.Customer 表和 Sales.SalesOrderDetail 表的关联关系是"一对多"且交叉筛选器的设定为"单一"。这种设定可以从客户出发筛选分析出其购买的产品情况。反之，如果想从产品角度出发分析客户的消费倾向，就要实现从 Sales.SalesOrderDetail 表向 Sales.Customer 表进行查询，因此需要将交叉筛选器的方法设置成"双向"。

设定交叉筛选器方向的方法是，双击所要修改的关联关系，打开如图 6-28 所示的"编辑关系"对话框，将"交叉筛选器方向"设定为"双向"即可。

图 6-28

6.5　数据建模

整理完表内数据和表间的关联关系后，就可以着手开始进行数据建模了。在建模前应先明确所要分析的数据对象和相应的分析点，之后再根据所需创建计算列或度量值来对数据进行汇总、拆分、归类、排序等计算。例如，对于 AdventureWorks 示例数据库中的内容，可以从订单内容出发来分析消费者的消费行为，从而有针对性地提高产品销售额；也可以从产品角度出发，分析每种产品的销售额、销售量、利润率等，进而找到提高产品销售利润的方法；还可以以销售人员为主，分析其销售业绩、擅长销售的产品种类以及开发新客户的能力等，从而为评估销售人员的工作业绩提供有力的数据支持。

6.5.1　总销售额

无论从何种角度出发进行数据分析，都离不开使用产品总销售额这一基本因素。为了对产品销售额进行汇总，可以创建一个度量值来使用 DAX 中的 SUM 函数去实现。通过之前对表结构的分析可知，在 Sales.SalesOrderHeader 表中存储了产品销售额的相关信息，其中 SubTotal 列记录的是产品销售的不含税价，TaxAmt 列记录了税额，Freight 列记录了运输费，最后 TotalDue 列是对这 3 个列中金额的汇总。

为了简便计算，本示例中使用 SUM 函数对 TotalDue 列数值进行汇总，方法是在"主页"导航栏下单击"新建度量值"按钮，之后在 DAX 编辑器中输入下面的公式即可：

```
Sum_Due = SUM('Sales SalesOrderHeader'[TotalDue])
```

度量值 Sum_Due 创建完毕后即可用来生成相应的可视化对象。例如，如图 6-29 所示，可以创建一个堆积条形图，将 Sales.vPersonDemographics 表中的 Gender 列作为轴、度量值 Sum_Due 作为值来对比男性和女性消费额差异。

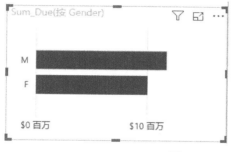 

图 6-29

如图 6-30 所示，还可以将 Education 列作为图例添加进来，分析不同学历人群的消费能力。

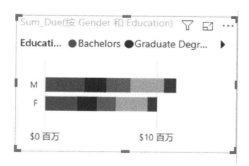 

图 6-30

6.5.2　累计销售额

除了总销售额，累计销售额也是一个经常使用到的分析指标。例如，计算年初至今的商品销售额，就需要以年为时间段对销售数据进行逐一汇总。要实现该需求，最基本的方法是创建一个度量值 SalesYTD，然后通过 DAX 语言中的 CACULATE 函数以及 FILTER、ALL 和 MAX 函数来实现。参考公式如下，结果如图 6-31 所示。

```
SalesYTD =
CALCULATE (
[Sum_Due],
FILTER (
    ALL ( 'Calendar' ),
    'Calendar'[Date].[年] = MAX ( 'Calendar'[Date].[年] )
        && 'Calendar'[Date] <= MAX ( 'Calendar'[Date] )
)
)
```

年	月份	Sum_Due	SalesYTD
2011	May	$4,529.4926	$4,529.4926
2011	June	$343,382.426	$347,911.9186
2011	July	$369,531.093	$717,443.0116
2011	August	$332,638.3504	$1,050,081.362
2011	September	$346,263.31	$1,396,344.672
2011	October	$341,942.9478	$1,738,287.6198
2011	November	$440,535.4374	$2,178,823.0572
2011	December	$370,618.256	$2,549,441.3132
2012	January	$433,707.2022	$433,707.2022
2012	February	$574,329.7658	$1,008,036.968
2012	March	$668,137.1504	$1,676,174.1184
2012	April	$583,045.0312	$2,259,219.1496
总计		$21,764,628.6441	$6,075,876.529

图 6-31

这个公式中调用了之前用于计算总销售额的度量值 Sum_Due，然后使用 CALCULATE 函数定义其运行上下文，即规定只计算当前订单生成年份内小于等于当前订单时间点内所有产品的销售总额。其中，FILTER 函数内使用 ALL 函数将日历表做了清空，去除外围所有筛选过滤条件。之后，在此基础上通过对比操作，获取了一个当前外围筛选上下文中日期所对应的年初至该日期的子日历表。再之后，使用度量值 Sum_Due 对这个日期范围内的产品销售额进行了汇总。

微软为了方便用户对数据做时间方面相关的统计，推出了一系列时间智能函数，用于简化计算公式，对于求年初至当前日期的累计计算，可以通过 TOTALYTD 函数来实现，其函数公式定义如下：

```
TOTALYTD(<expression>,<dates>[,<filter>][,<year_end_date>])
```

- <expression>：需要填写一个可以返回单一数值的表达式。
- <dates>：需要指定一个日期列，可以是原始数据列或能返回单一日期时间列表类型的表达式，再或者是能返回单一日期时间列的布尔表达式。

- <filter>（选填项）：填写一个表达式，用于对当前上下文进行筛选。这个表达式可以是布尔类型表达式，也可以是一个用于定义过滤条件的表类型表达式。
- <year_end_date>（选填项）：需要填写一个常量，用于指定当前年份的结束日期，省略时截止日期是 12 月 31 日。

创建一个新的度量值 SalesYTD_New，使用 TOTALYTD 函数来计算年初至今的累计销售额，参考公式如下，结果如图 6-32 所示。

```
SalesYTD_New =
TOTALYTD ( 'Sales SalesOrderHeader'[Sum_Due], 'Calendar'[Date] )
```

年	月份	Sum_Due	SalesYTD	SalesYTD_New
2011	May	$567,020.9498	$567,020.9498	$567,020.9498
2011	June	$507,096.469	$1,074,117.4188	$1,074,117.4188
2011	July	$2,292,182.8828	$3,366,300.3016	$3,366,300.3016
2011	August	$2,800,576.1723	$6,166,876.4739	$6,166,876.4739
2011	September	$554,791.6082	$6,721,668.0821	$6,721,668.0821
2011	October	$5,156,269.5291	$11,877,937.6112	$11,877,937.6112
2011	November	$815,313.0152	$12,693,250.6264	$12,693,250.6264
2011	December	$1,462,448.8986	$14,155,699.525	$14,155,699.525
2012	January	$4,458,337.4444	$4,458,337.4444	$4,458,337.4444
2012	February	$1,649,051.9001	$6,107,389.3445	$6,107,389.3445
2012	March	$3,336,347.4716	$9,443,736.8161	$9,443,736.8161
2012	April	$1,871,923.5039	$11,315,660.32	$11,315,660.32
2012	May	$3,452,924.4537	$14,768,584.7737	$14,768,584.7737
2012	June	$4,610,647.2153	$19,379,231.989	$19,379,231.989
2012	July	$3,840,231.459	$23,219,463.448	$23,219,463.448
2012	August	$2,442,451.1831	$25,661,914.6311	$25,661,914.6311
总计		$123,216,786.1159	$22,419,498.3157	$22,419,498.3157

图 6-32

有了度量值 SalesYTD 后就可以用它生成相应的可视化对象来分析产品累计销售情况。例如，在图 6-33 所示的折线和堆积柱形图中，柱形图代表度量值 Sum_Due 的计算结果，显示的是每个月产品的销售情况，实线则代表度量值 SalesYTD 的计算值，统计的是 2013 年内产品的累计销售额。

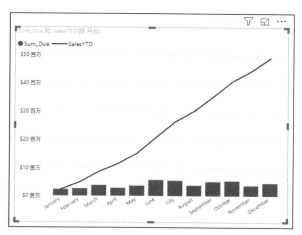

图 6-33

<table>
<tr><td colspan="2" align="center">小贴士</td></tr>
<tr><td>

时间智能函数要求其所使用的时间日期列必须拥有日期结构。对于使用导入方式加载的数据，由于 Power BI 可以自动给日期时间列创建一个隐藏的日期表，因此可以直接使用时间智能函数来对数据进行计算。对于以 DirectQuery 模式加载的数据，由于 Power BI 并不会对其中的日期时间列进行预处理，因此如果原始数据表中没有完整日期结构的日历表就不能直接使用时间智能函数来计算。
</td></tr>
</table>

6.5.3 近 N 天销售额

为了分析产品销售的近期情况，通常会统计最近 N 天/月的销售额。要获取这类统计信息，其计算思路与 6.5.2 小节中介绍的求累计销售额类似，都是需要先获得一个所需时间段的子日历表，之后在这个时间范围内统计产品的销售总额。

要求最近 N 天时间内的累计数据量，最方便的方法是通过 DAX 中的时间智能函数 DATESINPERIOD 来获得。DATESINPERIOD 函数可以根据设定的起始日期以及时间间隔返回一个包含一个日期列的表，其函数定义如下：

```
DATESINPERIOD(<dates>,<start_date>,<number_of_intervals>,<interval>)
```

- <dates>：指定一个时间日期列。
- <start_date>：指定日期段的起始日期。
- <number_of_intervals>：指定所需日历表内的时间间隔，正数表示从起始日期开始向后推多少天，负数表示从起始日期开始向前数多少天。
- <interval>：定义间隔单位，可以是日（Day）、月（Month）、季度（Quarter）以及年（Year）。

例如，对于 AdventureWorks 示例数据库中的内容，如果以某一时间点为基准去统计最近 3 天的产品销售量，可以创建一个度量值 Last3Days，之后在 CALCULATE 函数内调用 DATESINPERIOD 函数来进行计算。参考公式如下，结果见图 6-34。

```
Last3Days =
CALCULATE (
[Sum_Due],
DATESINPERIOD ( 'Calendar'[Date], MAX ( 'Calendar'[Date] ), -3, DAY )
)
```

Date	Sum_Due	Last3Days
Tuesday, May 31, 2011	$567,020.9498	$567,020.9498
Wednesday, June 1, 2011	$15,394.3298	$582,415.2796
Thursday, June 2, 2011	$16,588.4572	$599,003.7368
Friday, June 3, 2011	$7,907.9768	$39,890.7638
Saturday, June 4, 2011	$16,588.4572	$41,084.8912
Sunday, June 5, 2011	$15,815.9536	$40,312.3876
Monday, June 6, 2011	$8,680.4804	$41,084.8912
Tuesday, June 7, 2011	$8,680.4804	$33,176.9144
Wednesday, June 8, 2011	$23,105.3072	$40,466.268
Thursday, June 9, 2011	$11,664.9658	$43,450.7534
Friday, June 10, 2011	$15,815.9536	$50,586.2266
Saturday, June 11, 2011	$15,618.9542	$43,099.8736
Sunday, June 12, 2011	$7,907.9768	$39,342.8846
Monday, June 13, 2011	$27,677.9188	$51,204.8498
Tuesday, June 14, 2011	$12,409.8444	$47,995.74
总计	**$123,216,786.1159**	

图 6-34

如果不使用时间智能函数 DATESINPERIOD，也可以通过 CALCULATE、FILTER、ALL 以及 MAX 函数的组合来获得。要使用这种方法，需要先判断一下实际需求。当需要查看最近 *N* 天的数据（有明确的天数要求）时，可以直接套用这个函数组合来进行。例如，求最近 3 天的产品销售量就可以创建一个度量值 Last3_D 来获得。参考公式如下，结果参见图 6-35。

```
Last3_D =
CALCULATE (
[Sum_Due],
FILTER (
    ALL ( 'Calendar' ),
    'Calendar'[Date]
        > MAX ( 'Calendar'[Date] ) - 3
        && 'Calendar'[Date] <= MAX ( 'Calendar'[Date] )
    )
)
```

Date	Sum_Due	Last3Days	Last3_D
Tuesday, May 31, 2011	$567,020.9498	$567,020.9498	$567,020.9498
Wednesday, June 1, 2011	$15,394.3298	$582,415.2796	$582,415.2796
Thursday, June 2, 2011	$16,588.4572	$599,003.7368	$599,003.7368
Friday, June 3, 2011	$7,907.9768	$39,890.7638	$39,890.7638
Saturday, June 4, 2011	$16,588.4572	$41,084.8912	$41,084.8912
Sunday, June 5, 2011	$15,815.9536	$40,312.3876	$40,312.3876
Monday, June 6, 2011	$8,680.4804	$41,084.8912	$41,084.8912
Tuesday, June 7, 2011	$8,680.4804	$33,176.9144	$33,176.9144
Wednesday, June 8, 2011	$23,105.3072	$40,466.268	$40,466.268
Thursday, June 9, 2011	$11,664.9658	$43,450.7534	$43,450.7534
Friday, June 10, 2011	$15,815.9536	$50,586.2266	$50,586.2266
Saturday, June 11, 2011	$15,618.9542	$43,099.8736	$43,099.8736
Sunday, June 12, 2011	$7,907.9768	$39,342.8846	$39,342.8846

图 6-35

但是，如果要计算最近一年的累计销售量，直接使用上面的数据就会出现问题。因为有闰年的情况存在，并不是所有年份都是 365 天。例如，AdventureWorks 示例数据库中就包括 2012 年 2 月 29 号相关的销售信息，如果将 Last3_D 表达式直接改造成 Last365_D 去获取最近一年的累计销量，对 2012 年销售数据的统计就会出现如图 6-36 所示的错误。

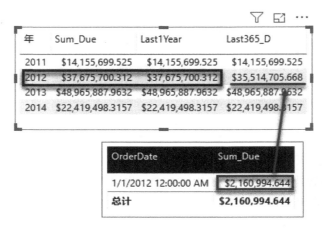

图 6-36

由于 2012 年是闰年，一共有 366 天，当公式统一定义为 MAX 'Calendar'[Date] – 365 时，其获取的时间段是从 2012 年 12 月 31 日到 2012 年 1 月 2 日，而非到 2012 年 1 月 1 日。这就导致 1 月 1 日的销售数据无法被统计进去，从而使得 2012 年累计一年的销售额出现误差。

要解决该问题，需要对日历表做一步加工，新增一个计算列对每个日期时间标注序号，将闰年的数据做特殊处理。方法是将 2 月 29 日的序列号标记成与 2 月 28 日相同，这样 2 月 29 日相关数据以序号为基准去查看就会归为 2 月 28 日，从而使得闰年相关信息统计也可以以 365 这一单位来进行。

添加日期序号的方法是在"数据视图"下选择日历表，单击"主页"导航栏上的"新建列"按钮，然后使用 COUNTROWS 函数来实现。参考公式如下，结果参见图 6-37。

```
DayID =
 COUNTROWS (
FILTER (
    ALL ( 'Calendar'[Date] ),
    'Calendar'[Date] <= EARLIER ( 'Calendar'[Date] )
        && NOT (
            MONTH ( 'Calendar'[Date] ) = 2
                && DAY ( 'Calendar'[Date] ) = 29
        )
    )
)
```

Date	Year	Month_Na	Month_Nc	Quarter	Day	DayID
Sunday, February 26, 2012	2012	February	2	1	26	422
Monday, February 27, 2012	2012	February	2	1	27	423
Tuesday, February 28, 2012	2012	February	2	1	28	424
Wednesday, February 29, 2012	2012	February	2	1	29	424
Thursday, March 1, 2012	2012	March	3	1	1	425
Friday, March 2, 2012	2012	March	3	1	2	426
Saturday, March 3, 2012	2012	March	3	1	3	427

图 6-37

有了用来标记日期序号的 DayID 列后就可以创建一个新的度量值来重新计算近一年的产品累计销量。公式如下，结果参见图 6-38。

```
Last1Year_New =
CALCULATE (
[Sum_Due],
FILTER (
    ALL ( 'Calendar' ),
    'Calendar'[DayID]
        > MAX ( 'Calendar'[DayID] ) - 365
        && 'Calendar'[DayID] <= MAX ( 'Calendar'[DayID] )
)
)
```

年	Sum_Due	Last1Year	Last365_D	Last1Year_New
2011	$14,155,699.525	$14,155,699.525	$14,155,699.525	$14,155,699.525
2012	$37,675,700.312	$37,675,700.312	$35,514,705.668	$37,675,700.312
2013	$48,965,887.9632	$48,965,887.9632	$48,965,887.9632	$48,965,887.9632
2014	$22,419,498.3157	$22,419,498.3157	$22,419,498.3157	$22,419,498.3157

图 6-38

经过修正，不使用时间智能函数 DATESINPERIOD 也可以求最近一年产品的销售额。以此思路也可以求最近一个月的销售额，但是由于月份包含的日期长短不一，添加序列号时处理会相对复杂，因此如果条件允许就应尽量使用时间智能函数，从而避免书写复杂的判断公式。

6.5.4　同比增长

同比增长是一个很常见的数据统计分析指标。要想获得同比增长率，就需要获得本期数与历史同期数。在 DAX 中，获取本期（当期）数值的方法很简单，只需要通过筛选上下文定义时间，再通过聚合函数即可获得。要获得历史同期数据，就需要通过 CALCULATE 函数来重置时间轴，将其内聚合函数所在的运算上下文更改成所需的历史时间段来实现。

例如，若要求当前时间段对应的上一年历史同期时间段，可以使用时间智能函数

SAMEPERIODLASTYEAR 来获得，其函数定义如下：

```
SAMEPERIODLASTYEAR(<dates>)
```

● <dates>：指定一个日期列，之后 SAMEPERIODLASTYEAR 函数会根据这个日期返回一个历史同期数据。

对于 AdventureWorks 示例数据库，要获得历史同期销售额，可以创建一个度量值 SalesPriorY，之后使用 CALCULATE 函数和 SAMEPERIODLASTYEAR 函数来获得，参考公式如下：

```
SalesPriorY =
CALCULATE ( [Sum_Due], SAMEPERIODLASTYEAR ( 'Calendar'[Date] ) )
```

有了历史同期销售额，就可以通过简单的除法运算获得同比增长率，参考公式如下，结果如图 6-39 所示。

```
Changes% =
DIVIDE ( ( [Sum_Due] - [SalesPriorY] ), [SalesPriorY] )
```

年	月份	Sum_Due	SalesPriorY	Changes%
2012	July	$3,840,231.459	$2,292,182.8828	67.54%
2012	August	$2,442,451.1831	$2,800,576.1723	-12.79%
2012	September	$3,881,724.186	$554,791.6082	599.67%
2012	October	$2,858,060.197	$5,156,269.5291	-44.57%
2012	November	$2,097,153.1292	$815,313.0152	157.22%
2012	December	$3,176,848.1687	$1,462,448.8986	117.23%
2013	January	$2,340,061.5521	$4,458,337.4444	-47.51%
2013	February	$2,600,218.8667	$1,649,051.9001	57.68%
2013	March	$3,831,605.9389	$3,336,347.4716	14.84%
2013	April	$2,840,711.1734	$1,871,923.5039	51.75%
2013	May	$3,658,084.9461	$3,452,924.4537	5.94%
2013	June	$5,726,265.2635	$4,610,647.2153	24.20%
2013	July	$5,521,840.8445	$3,840,231.459	43.79%
2013	August	$3,733,973.0032	$2,442,451.1831	52.88%
2013	September	$5,083,505.3374	$3,881,724.186	30.96%
总计		$123,216,786.1159	$100,797,287.8002	22.24%

图 6-39

6.5.5 环比增长

环比增长是本期与上一期数量进行比较获得的结果，也是数据分析中经常需要使用的一个指标。与同步增长类似，求环比增长的关键点也是获得当期数据所对应的上一期数据。在 DAX 中可以通过时间智能函数 PREVIOUSMONTH 来返回当前日期月所对应的上一个日期月，之后再通过 CALCULATE 函数将这个返回的日期作为其内部聚合函数运算的上下文即可计算出相应的上一期数据值。

对于 AdventureWorks 示例数据库，要求某期数据对应的上一期数据值，可以创建一个度量值使用 PREVIOUSMONTH 函数来获得。参考公式如下：

```
SalesPriorM =
CALCULATE ( [Sum_Due], PREVIOUSMONTH ( 'Calendar'[Date] ) )
```

获得上一期销售额后就可以计算环比增长率，结果参见图 6-40。

年	月份	Sum_Due	SalesPriorM	RingChange
2012	July	$3,840,231.459	$4,610,647.2153	-16.71%
2012	August	$2,442,451.1831	$3,840,231.459	-36.40%
2012	September	$3,881,724.186	$2,442,451.1831	58.93%
2012	October	$2,858,060.197	$3,881,724.186	-26.37%
2012	November	$2,097,153.1292	$2,858,060.197	-26.62%
2012	December	$3,176,848.1687	$2,097,153.1292	51.48%
2013	January	$2,340,061.5521	$3,176,848.1687	-26.34%
2013	February	$2,600,218.8667	$2,340,061.5521	11.12%
总计		$123,216,786.1159		

图 6-40

6.5.6　销售排名

很多销售分析报表中都会有销售排名这一指标，可以用来评定销售人员的业绩表现、比较产品的盈利能力或客户消费情况信息等。对于销售人员的销售业绩，最简单的排名方式是直接将销售人员和相应的销售额放到可视化对象当中，之后按照销售额大小进行排序展现。

当数据量较多时，报表使用者往往不会去浏览全部销售人员的业绩，而只会重点关注销售额排名靠前的销售人员信息。为了满足这种需求，就不能简单地将所有数据罗列出来进行排序，而需要根据某个列值大小对数据先进行排序，然后只在可视化对象中显示排名前 N 的数据。要满足这种需求，并支持报表使用者自定义显示排名前多少位的信息，就需要使用 RANKX 函数对数据排序，然后通过模拟参数来设定排名前 N 中的 N 值。具体实现过程如下：

首先，在"建模"导航栏内单击"新建参数"按钮，创建一个模拟参数来设定 N 值（见图 6-41），即用来定义需要显示排名前几的销售人员信息。

图 6-41

单击"确定"按钮后，如图 6-42 所示，Power BI 会自动创建一个名为 TopN 的内置表，并在视图页面内添加一个对应的切片器。这个模拟参数 TopN 可以作为常规参数用在之后任何的 DAX 公式当中。当用户设定 TopN 是 5 时，Power BI 会自动将 5 替换到使用 TopN 作为参数的公式中进行计算。

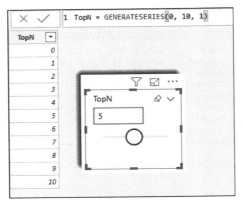

图 6-42

设定完模拟参数 TopN 后可以创建一个度量值 RankbyDue_Sales，使用 RANKX 函数对销售人员按照销售业绩进行排名。参考公式如下，结果参见图 6-43。

```
RankbyDue_Sales =
  RANKX ( ALL ( 'Sales SalesPerson' ), [Sum_Due],, DESC )
```

Sales.FirstName	Sales.LastName	Sum_Due	RankbyDue_Sales
		$32,441,339.1228	1
Linda	Mitchell	$11,695,019.0605	2
Jillian	Carson	$11,342,385.8968	3
Michael	Blythe	$10,475,367.0751	4
Jae	Pak	$9,585,124.9477	5
Tsvi	Reiter	$8,086,073.6761	6
Shu	Ito	$7,259,567.8761	7
José	Saraiva	$6,683,536.6583	8
Ranjit	Varkey Chudukatil	$5,087,977.212	9
David	Campbell	$4,207,894.6025	10

图 6-43

排名第一的销售人员姓名为空，原因是 Sales.SalesOrderHeader 表和 Sales.SalesPersons 表是多对一的关联关系，并且 Sales.SalesOrderHeader 表中有部分 SalesPersonID 值为空，如图 6-44 所示。由于 RANKX 函数在进行排序计算时会将 SalesPersonID 值为空的数据对应的销售额进行合并，并将结果参与排序，因此会出现排名第一的销售人员姓名为空的情况。

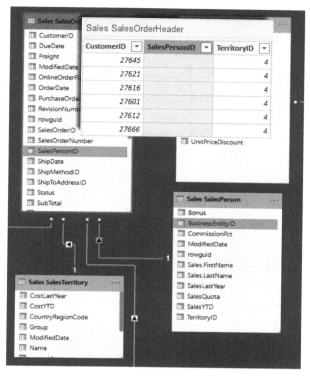

图 6-44

要解决该问题，最简单的方法是直接在页面筛选器上进行设置，将 SalesPersonID 为空的数据过滤掉，如图 6-45 所示。

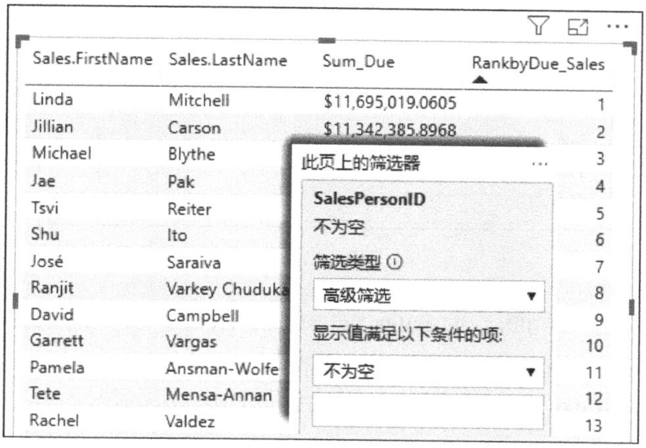

图 6-45

注意，此处需要使用页面筛选器进行过滤。如果只在当前的可视化对象中过滤掉 Sales.FirstName 为空的用户，会出现如图 6-46 所示的情况，可视化对象中会缺少排序序号为 1 的数据信息。原因是 RankbyDue_Sales 公式仍然将 SalesPersonID 为空的数据进行了汇总排序，只是将其在可视化对象中做了隐藏，而非真正将 Sales.FirstName 为空的数据进行过滤。

图 6-46

当然，像上面这种直接通过页面过滤方式去掉表排名中为空的数据会对当前表内其他可视化对象中的信息产生影响，因此如果当前表并不只分析销售人员的相关业绩信息，那么直接过滤法就不适用了。此时，要去除空值对排序的影响，可以通过修改当前排序度量值 RankbyDue_Sales 内使用的函数来实现。思路是将 SalesPersonID 为空的数据进行剔除，之后再通过 RANKX 函数进行排序。参考公式如下，结果参见图 6-47。

```
RankbyDue_Sales =
IF (
SUM ( 'Sales SalesOrderHeader'[SalesPersonID] ) <> 0,
RANKX ( ALLNOBLANKROW ( 'Sales SalesPerson' ), [Sum_Due],, DESC )
)
```

Sales.FirstName	Sales.LastName	RankbyDue_Sales
Linda	Mitchell	1
Jillian	Carson	2
Michael	Blythe	3
Jae	Pak	4
Tsvi	Reiter	5
Shu	Ito	6

图 6-47

这个公式调用 IF 函数去判断当前 Sales.SalesOrderHeader 表中的 SalesPersonID 值是否为空，如果不为空就通过 RANKX 函数来计算其排序序号。在 RANKX 函数中，需要将原来使用的 ALL 函数替换成 ALLNOBLANKROW 函数，用以去除表中的空白行。这样做的原因是因为 Sales.SalesOrderHeader 表和 Sales.SalesPersons 表是多对一的关联关系，Power BI 会在后台自动给 Sales.SalesPersons 表增加一个隐藏的空行，并将 Sales.SalesOrderHeader 表中找不到对应关系的数据与这个空数据相关联。因此，为了避免排序中出现空白信息，需要使用 ALLNOBLANKROW 函数来去除表上所有的筛选过滤条件以及空白行。

有了 RankbyDue_Sales 度量值之后，就可以利用之前创建的模拟参数来获取销售排名前 N 人员的信息。方式是新建一个度量值 TopN_Sales，之后通过 SELECTEDVALUE 来获取用户通过模拟参数设定的具体 N 值，再将符合条件的数据返回。参考公式如下，结果参见图 6-48。

```
TopN_Sales =
VAR SelectedTop =
SELECTEDVALUE ( 'TopN'[TopN] )
RETURN
IF (
    SUM ( 'Sales SalesOrderHeader'[SalesPersonID] ) <> 0,
    SWITCH (
        TRUE (),
        SelectedTop = 0, [Sum_Due],
        [RankbyDue_Sales] <= SelectedTop, [Sum_Due]
    )
)
```

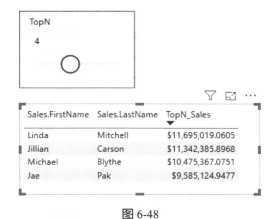

图 6-48

在度量值 TopN_Sales 中，自定义变量 SelectedTop 的目的是用来获取用户通过模拟参数设定的排名 N 值。之后，通过 SWITCH 函数进行条件判断并返回排名序号小于等于 N 的相应数据。与前面求排名序号的度量值 RankbyDue_Sales 类似，为了排除空值对排序结果的影响，在度量值 TopN_Sales 中也使用 SUM 函数将 SalesPersonID 为空的数据过滤掉，从而实现按照销售量对销售人员进行排名。

6.6　添加可视化对象

完成数据建模后就可以开始着手创建可视化对象来展示数据分析结果。关于可视化对象，应该尽量选择使用能突出反映数据特性的工具。例如，要重点体现时间变化对某一变量的影响，应该尽量采用折线图类型的可视化对象；如果想比较某个变量在整体中所占比重，就优先考虑饼图或环形图。如果涉及地理区域相关变量，那么使用地图或者着色地图能得到更好的数据体验。

如果两个或多个可视化对象都能提供相同的数据分析效果,那么可以考虑选择外型更加美观、能将数据以更加生动的形式展现出来的控件。例如,散点图对于三维数据的展现效果更好;当所需分组较多时,漏斗图比饼图的直观体验可能更好;相比内置饼图或环形图,自定义对象 Sunburst 和 Chord 对需要按照组结构进行显示的数据能提供更好的视觉体验。

内置可视化对象的使用方法在之前的章节中介绍过,本节主要介绍 3 种常见的自定义可视化对象的使用方法。

6.6.1 Synoptic Panel

数据可视化的一大特点就是能给报表使用者带来感官上的享受,将枯燥的数字变成一个个亮丽的图形。Power BI 内置的可视化对象基本都是柱状、圆形、线条等简单的几何图形,在样式上很传统,很难设计出特别突出的视觉效果。

为了让可视化图形样式更加丰富多样,由第三方公司设计发布了一个名为 Synoptic Panel 的自定义可视化对象。它允许 Power BI 用户自己定义可视化图像,然后将数据模型与之关联,形成一个可视化对象。

例如,图 6-49 所示的一个统计 Car Accidents 报表就使用了这个 Synoptic Panel 的可视化对象。当前这个报表的特点是嵌入了一张展示汽车主要组成部件的平面图,只要用户单击某个部件,Power BI 就会显示基于该部件的事故统计次数,使用户可以非常清晰地了解当前数据信息,比使用传统的柱形图或者饼图更加直观明了。

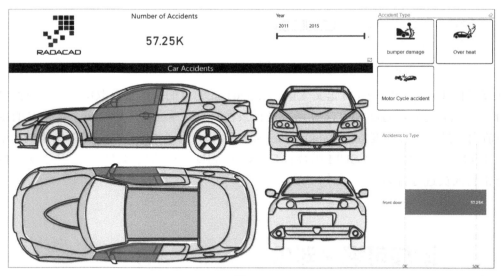

图 6-49

使用 Synoptic Panel 自定义可视化对象无须编程基础,只需要简单几步设定即可。首先,从 OKVIZ 官网(https://okviz.com/synoptic-panel/)或微软 Power BI 应用商店中下载 Synoptic Panel 自定义可视化对象,之后将其添加到 Power BI 桌面应用当中。

之后,根据实际需求,准备一张包含数据元素特征的图片,然后将其做成 Synoptic Panel

中显示的可视化对象。对于 AdventureWorks 示例数据库，可以如图 6-50 所示，制作一张自行车车型图来展示每种类型的销量情况。

图 6-50

制作方法如图 6-51 所示，打开 OKVIZ 网站（https://synoptic.design/）上的 Synoptic Designer for Power BI 图片制作工具，将所要制作的图片上传到该网站中进行绘制。

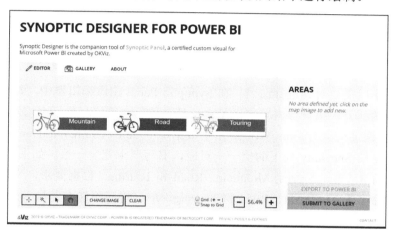

图 6-51

图片绘制指的是将图片中需要制作成可点击的区域添加涂层，之后进行命名标记。网站上提供了两种在图形区域上绘制涂层的方法。一种是"自定义"绘制，方法是选择左下角的十字图标（见图 6-52），在需要绘制的区域周边以连线的方式圈出图形。另外一种是"智能识别"绘制，方法如图 6-53 所示，选择左下角第二个魔法棒图标，之后选择图片上的区域块，程序就会自动识别并绘制出相应涂层。

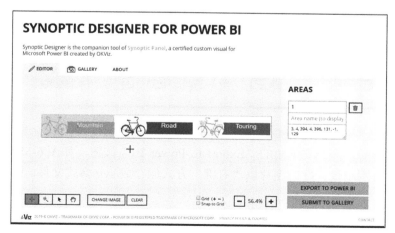

图 6-52

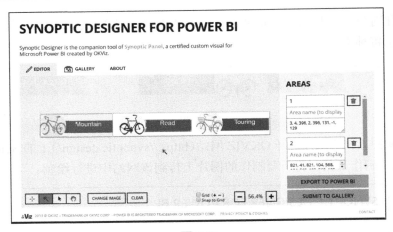

图 6-53

涂层设定完毕后需要对其进行命名。在 Synoptic Panel 图像编辑器中，每个涂层（Areas）对应的属性都有两部分：第一行内置名（Area）是必填项，第二行显示名（Area Name）是选填项。内置名需要跟之前 AdventureWorks 示例数据库中 Sales.vStoreWithDemographics 表内用于标记自行车车型的 Specialty 列下的值一一对应，书写要求完全一致。如图 6-54 所示，当前 Specialty 列一共有 3 个值，分别是 Mountain、Road 和 Touring。根据要求，绘制出的 3 个涂层必须依据其位置命名为 Mountain、Road 和 Touring，单词拼写不能有差异，否则 Power BI 无法识别。如果想要图片中显示的区域名称与原始表中不一样，可以在显示名一栏中对区域添加描述。

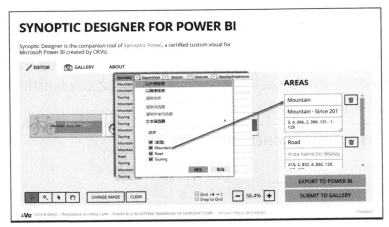

图 6-54

图形绘制完毕后，选择右下角的"Export to Power BI"按钮，如图 6-55 所示，会弹出一个提示框，提示将刚刚设计好的图片以"右键"方式保存成 svg 格式文件。

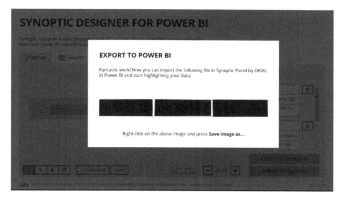

图 6-55

打开 Power BI 桌面应用，将 Synoptic Panel 自定义可视化对象添加到报表中。如图 6-56 所示，选择 Sales.vStoreWithDemographics 表的 Specialty 列作为 Category 值，并将之前创建的度量值 TopN_Sales 添加到 Measure 处来计算销售额。

图 6-56

设置完成后单击 Synoptic Panel 中的 "Local maps" 按钮，上传之前制作的 svg 格式文件，之后就可以得到如图 6-57 所示的显示效果。当选择不同的自行车车型时，下面的销售人员排行榜会发生相应的变化。

图 6-57

目前，1.5 版本的 Synoptic Panel 自定义可视化控件中一共有 8 个设置选项，其功能含义如下：

- Category：必须选择在 Synoptic Designer 中设定 Area Name 时使用的数据列。
- Subcategory：对 Category 的说明，需要选择与 Category 列相关联的数据列。
- Measure：添加一个可以计算涂层区域数据相关信息的度量值。
- Maps：针对地图类图形使用的选项，需要选择包含地图信息的度量值。
- Target：添加一个用于进行效率对比的度量值。
- States：可以添加多个数字类型度量值，用来代表效率状态。
- Tooltips：允许添加多个数字类型的度量值，用来在鼠标滑过涂层区域时显示额外补充信息。

与内置可视化对象类似，Synoptic Panel 也可以对显示的信息格式进行设置，包括数据颜色、标题、背景、边框等。创建数据报表时，可以根据整体样式风格对 Synoptic Panel 自定义可视化对象进行调整，以使其能完美贴合用户使用要求。

6.6.2　Table Sorter

在制作可视化报表时经常使用"表"类型的可视化对象，这种对象的好处是可以将数据以平铺方式进行展现，非常适合显示数据的详细信息。除了 Power BI 内置可视化对象中的"表"以外，自定义可视化对象中有一个 Table Sorter，也是一个常见的用来展示表信息的工具。相比内置的"表"，Table Sorter 这个自定义对象的特点是提供了合并列功能，并允许对组内的数据列设定权重，进行二次计算。

Table Sorter 自定义对象可以从微软的应用商店内下载，然后导入到 Power BI 桌面版当中。如图 6-58 所示，如果要创建一个显示销售人员今年和去年销售业绩的表，可以将 Table Sorter 添加到报表中，然后配置相应的数据列。

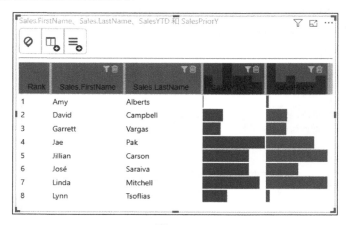

图 6-58

默认情况下，Table Sorter 会对数字类型的列自动添加数据条来对比不同行数值之间的差异，条形图越长，代表数值越大。同时，会在数字类型列的列头上添加一个柱形图来显示该列中数值的分布情况，显示依据是对列中数值进行分组，然后按照组内成员个数多少来决定柱形图的高矮。

Table Sorter 自定义可视化对象提供的核心功能是对数字列进行合并，即允许创建一个列组，将需要合并显示的数据列添加进去。之后，Table Sorter 会根据每个列上设定的比例系数计算相应的权重值。如图 6-59 所示，单击左上角的 "Add Stacked Column" 按钮，选择想要添加到当前合并列中的数字列并设定相应的比例系数，之后单击 "ok" 按钮即完成了合并列的创建。

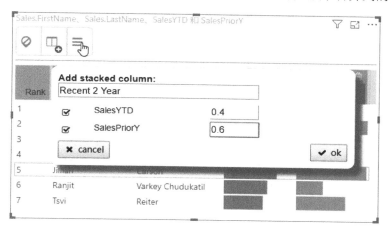

图 6-59

合并列创建完毕后，Table Sorter 自定义对象会根据设定的比例系数给每个数值标定其相应权重数。之后，当选择按合并列进行排序时，Table Sorter 会根据几个列相应的权重值之和来输出排序结果，而不是按照列值总和进行排序。例如，如图 6-60 所示，当按照 SalesYTD 和 SalesPriorY 两列值相加的结果进行排序时，Michael 的排名在 Jae 之前。但是在 Table Sorter 中，通过权重数的设定，当 SalesPriorY 的比重大于 SalesYTD 时（6:4），Jae 的排名会比 Michael 靠前。

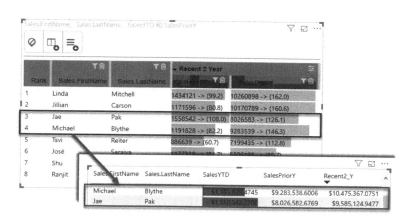

图 6-60

355

通过 Table Sorter 重设数据比重功能，可以实现对数据的二次计算分析。例如，公司年初刚刚向市场投放了一种新型产品，在年底统计销售人员业绩时，可以适当调高新产品销售额所占业绩比例，从而鼓励销售人员多推销新产品，以便提升公司产品竞争力。

如果要修改合并列中的设置，可以如图 6-61 所示，单击合并列列头右侧的图标。设置项从左到右依次为删除、重命名、重置权重值。

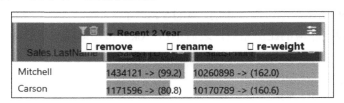

图 6-61

需要注意的是，当通过拖曳方式调整合并列内部子列所占位置大小时，实际上调整的也是每个子列的权重值大小，在拖曳的过程中能看到相应列的权重数值会相应发生变化。

如图 6-62 所示，当单击 Table Sorter 自定义对象中常规列标题头旁边的删除按钮时，这一列会在 Table Sorter 表中被隐藏,而不是被真正删除。如果想要将这一列重新显示在 Table Sorter 表中，可以单击左上角的"Add Column"按钮，勾选刚刚被隐藏的列，再单击"OK"按钮。

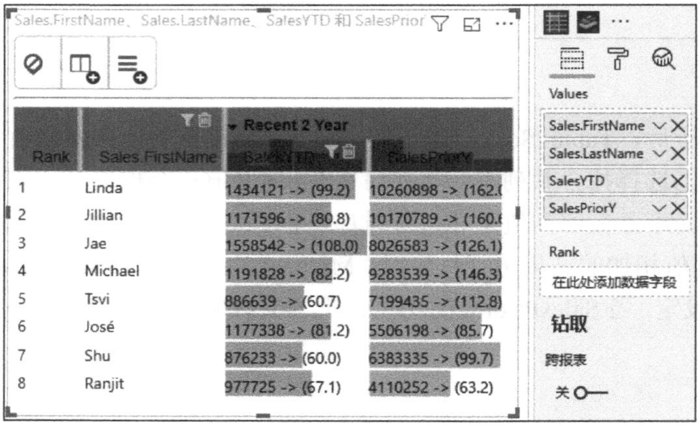

图 6-62

与内置表类似，Table Sorter 表也可以进行格式设定，包括调整颜色、数字单位、合并数值显示方式以及标题、背景边框等。设计报表时可以根据整体风格对其进行调整，以达到最佳使用效果。

6.6.3　Horizontal Bar Chart

簇状条形图是创建报表时经常使用的一个可视化对象,可以清晰地比对不同对象之间某一属性的差异。簇状条形图不会根据筛选条件的变化自动对数据进行过滤，在一定程度上会影响数据分析效果。例如，如图 6-63 所示，使用 Sales.FirstName、Sales.LastName 以及 TopN_Sales 创建一个簇状条形图，用来显示销售人员排名情况。当在漏斗图中选择国家 CA 时，理想情况下簇状条形图应将各个销售人员在 CA 国家的销售数据进行汇总，并取排名前 *N* 的数据进行展示。然而，实际上簇状条形图仍然会将不符合筛选条件的国家销售数据展示出来，而不是类似于"表"一样，将不满足条件的数据自动过滤掉。簇状条形图这一数据的显示特点无法让用户获得在 CA 国家销售的前 *N* 名销售人员的信息。

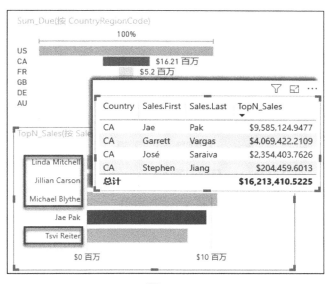

图 6-63

要解决该问题，可以使用自定义对象 Horizontal Bar Chart。Horizontal Bar Chart 是由微软开发的第三方 Power BI 可视化对象，主要特点是可以在一个条形图上展示多种类型数据。如图 6-64 所示，当要统计每个销售人员总销售额以及最近一年的销售额时，如果用内置的簇状条形图，那么对于每一个销售人员，Power BI 都会创建两个横条，用以代表总销售额以及最近一年的销售额。而使用 Horizontal Bar Chart 时，对于每一个销售人员，Power BI 只会显示一个横条，然后通过填充颜色来区分总销售额和最近一年的销售额。相比内置簇状条形图，Horizontal Bar Chart 更能体现不同类型数据之间所占的比重。

图 6-64

此外，Horizontal Bar Chart 还有一个特点，就是可以将不符合条件的数据信息进行隐藏。例如，对于之前的用例，当使用 Horizontal Bar Chart 代替簇状条形图时可以获得如图 6-65 所示的结果。如果某个销售人员没有在 CA 国家相关的销售数据，Horizontal Bar Chart 会将他自动隐藏，使其不影响其他数据的排名统计。

图 6-65

因此，如果想使用条形图来显示数据分析结果，同时又不想让不符合条件的数据出现在条形图中，可以考虑使用 Horizontal Bar Chart 自定义可视化对象。与其他内置可视化对象类似，Horizontal Bar Chart 也支持定义数据显示格式，包括设定条形图宽窄和颜色，开启或关闭数据显示标签，设置相关字体大小、颜色以及常规的标题、背景边框等。

6.7 用户角色设定

通过前几节的设定，基本已经完成了对 AdventureWorks 示例数据库中内容的建模分析以及相应的图表设计，下一步需要对报表使用者的权限进行管理，从而保证特定用户只能浏览查看其管辖地区范围内的特定信息。

目前 Power BI 提供两种用户权限设定：一种是固定角色分配；另外一种是动态角色分配。固定角色分配指的是在 Power BI 桌面应用上根据现有数据特征去配置一些角色组，之后在 Power BI 在线应用服务中将报表使用者添加到这些角色组内，以实现访问特定数据的需求。使用固定角色分配方法创建角色组时需要定义数据过滤条件；而动态角色分配方法则不需要在此指定过滤条件，而是通过表之间既定的关系列来判断当前用户角色与数据之间的关联关系，然后依据相应条件对数据进行过滤。

6.7.1 固定角色分配

对于 AdventureWorks 示例数据库，当使用固定角色分配方法以国家为基准对用户角色进行分配时，可以单击"建模"导航栏上的"管理角色"按钮，创建一个用户角色"Canada"，之后选择 Sales.SalesTerritory 表下的 CountryRegionCode 列作为筛选条件，定义表达式 [CountryRegionCode] ="CA"，如图 6-66 所示。

图 6-66

设定完毕后，单击"建模"导航栏下的"以角色身份查看"工具。如图 6-67 所示，选择"Canada"角色身份后单击"确定"按钮。之后，Power BI 会根据之前设定的过滤条件只在报表中显示 CountryRegionCode 值是 CA 相关的数据。

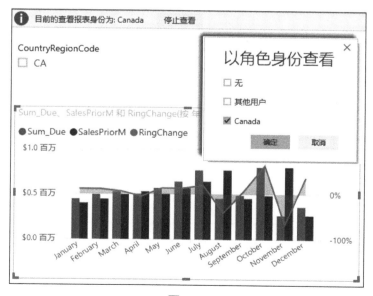

图 6-67

角色定义完毕后将报表发布到 Power BI 在线应用服务，参考 2.4.6 小节中的介绍，向角色组添加用户后即可限定该用户所见的数据范围。

6.7.2　动态角色分配

如果要使用动态角色分配，需要保证数据表集中有一张表包含用户信息，并且该列数值具有唯一性。同时，还需要包含用户用于登录 Power BI 在线应用服务的账户，通常情况下为邮箱地址。

在 AdventureWorks 示例数据库中，有一个专门用来存储用户邮件地址信息的表 Person.EmailAddress，目前还没有加载到 Power BI 桌面应用中。假设公司内所有用户都使用邮箱地址登录 Power BI 在线应用，可以将 Person.EmailAddress 表中的邮件信息追加到 Sales.SalesPerson 表上，这样就可以以销售人员为基准，允许其在 Power BI 在线应用中查看只与他个人有关的销售信息。

将邮件地址追加到 Sales.SalesPerson 表内的方法是先打开 "Power Query" 查询编辑器，通过 "新建源" 将 Person.EmailAddress 表加载到 Power BI 中。之后，选中 Sales.SalesPerson 表，选择 "主页" 导航栏上的 "合并查询" 功能。如图 6-68 所示，在 "合并" 窗口中选择 Person.EmailAddress 表，之后选择 BusinessEntityID 列作为两张表合并的依据列。然后在 "联接种类" 处选择 "左外部"，再单击 "确定" 按钮。

图 6-68

合并完成后，如图 6-69 所示，找到合并进来的 "Person.EmailAddress" 列，单击列头旁边的 "展开" 按钮，选择展开 "Email.Address"，之后单击 "确定" 按钮。再将这些修改加载到 Power BI 桌面服务中即可。

图 6-69

在"关系"视图模式下，选择编辑"Sales SalesPerson"表和"Sales SalesOrderHeader"表之间的关联关系，如图 6-70 所示，"交叉筛选器方向"设定为"两个"，确保"在两个方向上应用安全筛选器"为未选中状态后单击"确定"按钮。

图 6-70

之后回到"报表"视图页面，单击"建模"导航栏上的"管理角色"按钮，如图 6-71 所示，创建一个用户角色"SalesRep"，之后选择 Sales.SalesPerson 表下的 Person.EmailAddress.EmailAddress 列作为筛选条件，设定表达式为 [Person EmailAddress.EmailAddress] =USERPRINCIPALNAME()即可。

图 6-71

完成上述设置后，当用户使用邮箱地址登录到 Power BI 在线应用服务时，Power BI 会自动从 Sales.SalesPerson 表内记录的信息出发，去其他表中筛选只与当前用户有关联关系的数据，并将这部分数据加载到可视化对象中供该用户查看。要验证当前角色设定是否正确，可以单击"建模"导航栏上的"以角色身份查看"选项进行模拟登录。例如，图 6-72 就展示了用户 Linda Mitchell 使用账号 linda3@adventure-works.com 登录 Power BI 在线应用服务的场景。

图 6-72

6.8 报表发布

报表制作完毕后就可以将其发布到 Power BI 在线应用上供用户使用。在发布前需要确定以下两个问题：

- 报表存放位置：如果公司购买了 Office 365 整体服务，可以优先考虑将报表存放在 SharePoint 特定站点中，这样能方便更新数据信息以及后续报表的维护和管理。如果要存储在本地磁盘中，要确保存放报表的服务器能访问外网并且网络环境稳定畅通。
- Power BI 本地网关：无论是使用个人版还是企业版网关，都需要确保网关所在服务器一直处于活跃状态并且能持续不断地与外网进行连接，不能处于休眠状态，否则将会对数据更新产生影响。

报表发布到 Power BI 在线应用服务后可以开始根据用户角色来对其权限进行相应设定，主要需考虑的方面如下：

- 如果希望该用户能访问表全部内容信息，并且可以基于当前数据集创建自己的表内容，就应该在"管理权限"页面内添加用户，然后设定相应权限，如图 6-73 所示。

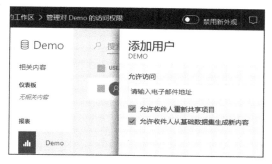

图 6-73

- 如果希望某一用户只能根据其角色定义访问部分表信息，就应在"安全性"页面将用户添加到之前表建模过程中创建的"角色"中，如图 6-74 所示。

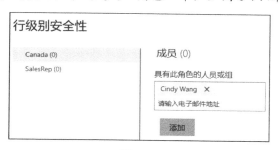

图 6-74

设定完用户角色后，参考 3.4 节中介绍的网关配置设定相应的数据刷新计划即可完成整个报表的发布设置。